諧振運動

Harmonics Motion
與身達成和諧共振的運動

願將此書竭誠獻給您

並祝福您 身心靈健康愉快

葉宏駿

1921 年特斯拉曾說：
「如果你想發現宇宙的奧妙，那就請從能量、頻率和振動的角度去思考它」。

如今 2021 年已逝，就在特斯拉整整 100 年後，本書也下了以下這段文字：
「如果你想發現人類的奧秘，那就請從能量、頻率和振動的角度去思考它」。

～葉宏駿

本書將揭櫫：
・人類大架構及身體運作時藏身於幕後所隱含的奧秘！
・能量醫學 / 中醫經絡 / 西醫細胞及神經科學之關聯！
・人類光體 / 身心靈 / 自律神經 / 經絡共振 / 末梢循環 / 動脈循環
之關係！
・疾病發生根源及種類。

同時本書也將解開：
三焦經為何沒有對應器官的千年之謎！

關於葉宏駿這個人

作者簡介：葉宏駿 (本名葉東龍) /1958

　　作者是一位工程師，大學攻讀機械工程，研究所自動控制工程，畢業後進入台灣工業技術研究院機械所。

　　在工研院花了十年時間從事機器手臂研發，專精於伺服馬達電子驅動控制系統軟硬體設計，離開工研院之後到民營馬達廠，復又歷經十年進行伺服馬達暨電子驅動控制開發。

　　之後，自行創業將伺服馬達應用於運動及健康產業，期間再精進研發「伺服馬達振動專利技術」，再經歷二十年時間完善本書「諧振運動」理論及設備的開發。

　　諧振運動係以伺服馬達振動專利技術應用，實現中醫經絡共振理論，完全以自動化設備協助人們快速 / 輕鬆地恢復健康，期間再導入磁能的應用，所研發的「動態磁能床」增強能量效果，已經超越身體經絡共振理論，進入了「東方氣功暨西方能量預防醫學領域」，經由多年人體實驗確認無形能量才是掌控身體運作的根源。

　　作者合計四十年實務磨練，經由設備研發及臨床實驗，再反覆考據博覽古今中外名家的著作，參考西方「光場能量療癒」經典，結合量子力學粒子 / 波動能量及東方陰陽理論，抽絲剝繭大膽揣測及小心求證之下，探索人類的大架構，突破現有醫療體系各自的範疇及侷限性，解釋了黃帝內經「上工治未病，中工治已病，下工治末病」及華佗「三焦統領五臟六腑」的道理，找到了幾千年來中醫尋尋覓覓，三焦所對應的器官，完善了人類大健康的整體架構。

　　作者「振動肌力訓練」專利，增加運動員爆發力訓練，是重量訓練的革命，具備省時 / 省力效果，亦是改善銀髮族肌少症及關節退化很好的設備。

　　本書諧振運動原來目的是揭露人類架構，以追求健康 / 遠離病痛為述求，但在探索過程中，根據科學發現「胚胎發育重演物種進化和經絡成長的過程」，特地以靈魂體驗「二元性」目的為假設，慎重提出「神造人遐想」與「身心靈」的探討，書中教導如何提升能量，活化「松果體」，跳脫因果輪迴業力束縛心法，完善人類身心健康及靈性進化，最終得以回歸宇宙太一，跳脫傳統宗教思維，值得人類省思及參考。

諧振運動 遠離病痛

目 錄 CONTENTS

【諧振運動 / 疾病篇】

【諧振運動 / 體驗心得篇】

【諧振運動 / 要點整理篇】

這是一本
探究身體奧秘
實驗論證
提升健康品質的指導書

1|修護
水平運動床

2|成長
振動跑步機

結合東方經絡共振理論
與西方運動及神經科學
以機器人伺服馬達專利振動技術
實現人體器官諧振運動

活力
振動肌力機

黃明問（左）書法家 諧振運動 遠離疾病

由右至左：徐佳銘賢伉儷、許重義教授、許秋田教授

諧振運動 理論 與會討論

作者（右二）與許重義教授（中間）與毛祚彥助理教授（左二）合照

序　文

感謝您惠賜序文一篇
刊登順序以到稿先後依序編列

感謝
感謝為我寫序的各界學有專精賢達人士～

徐佳銘所長：
我啟蒙恩師 / 自動控制權威 / 工研院機械所所長 / 太空計畫室主任 / 建國科大校長

張永賢教授：
中國醫藥大學前副校長

劉其松總院長：
中醫體系弘生堂醫療事業總院長

楊紹民院長：
不用藥身心靈療法光流身心科醫院院長

潘明正理事長：
實際自身體驗長期使用我所有產品的並回饋使用經驗

毛祚彥博士：
朝陽科技大學休閒事業管理系助理教授
最後更要感謝封面題字黃明問大師及熱心協助為本書編輯、出版而努力的郭加圖先生。

<推薦序兼精要導讀>

以科學數據實證～全頻「3D 諧振運動」將成為普羅大眾的健康福音

文／徐佳銘 建國科技大學首任校長

大道心德「生老病死苦」乃人生五劫，「生」是機會，「老」是過程，「病」是因果，「死」是了結，「苦」是磨練，凡人皆難以避免。但除「生」與「死」外，其他三劫都能緩解或減輕，即以控制方法加以預防。

本書作者葉宏駿研究所指導教授徐佳銘博士蒞臨體驗館參訪

本書作者葉宏駿（原名葉東龍）君，早年在逢甲大學自動控制工程研究所研習控制技術，並以機器人的控制為其碩士論文標的；畢業後進入工業技術研究院機械工業研究所繼續研究機器人控制技術十二年，其後又在伺服馬達工廠服務，在伺服驅動與控制技術領域理論與實務皆有很高的造詣。大學就學期間因緣際會，開始涉獵人體經絡、穴道、氣血循環及中西醫病理與醫理，在之後的四十年間，不斷研究伺服控制理論應用於人體的奇經八脈的生理功能與病症，進而研發出符合黃帝內經所云：「上工治未病」的多種預防醫療保健器械，並獲准多項發明專利。更於 2007 年間赴美國與邁阿密市的 NIMS 醫療器材公司簽約合作，研究將該公司販售的改善心腦血管疾病的低頻「水平律動床」，加入高頻諧振，使其功能擴大至能緩解睡眠障礙，此項功能現已成為「3D 諧振運動床」的主要特色。

全頻「3D 諧振運動」全面改善各種病痛問題

高低頻率諧和振動可以幫助人睡眠及治療人體百病的原理在王唯工博士（脈

診器發明人）所著作的「氣的樂章」、「氣血的旋律」與「氣的大合唱」三書中有詳細論述；即人體奇經八脈所屬三焦經所掌管神經、內分泌、全身「氣」、「水分」及「情緒」的調控，都由分布行走於臟腑的三焦經來主導，三焦經的能量較弱，需要高頻諧振才能激發它，因此許多人運動時想用拍打及外丹抖動方法來激發它，卻因拍打抖動的振動頻率不夠高（註：須達心跳脈博的第九諧和共振頻率）及無法遍及全身而功效有限。五臟（心、肝、腎、脾、肺）因有較大能量，故以較低的諧和頻率即可激發，而六腑（胃、膽、膀胱、大腸、小腸、三焦）能量較低，故需較高的諧和頻率才能夠使其正常發揮應有機能，尤以三焦經為甚。利用加入感測參數的適應控制及高頻振動，可令諧振器械依使用者個人身體狀況，自動調整諧振的頻率與振幅，而將低頻「2D 水平運動」只可以影響到「五臟運動」，提升為也具影響「六腑振動」的全頻「3D 諧振運動」，全面改善了各種病痛問題，因此本書書名定為「諧振運動　遠離病痛」。

　　葉宏駿君所研發的「振動跑步機」（多功能止鼾運動裝置）獲得發明專利後，更有「四合一振動型肌力訓練機」、「動態磁能床」、「3D 諧振運動床」等運動健身器材的產品開發，難得的是這些具健康復健功能的運動器材的功效，多經嘉義大學及朝陽大學運動休閒學系產學合作，以眾多學生分組比較實驗方式，獲得其功效的科學數據實證。另外在台中開設體驗館，提供各種諧振運動器械供會員緩解疾病，祛除痛苦，增強身體體能，預防疾病，已有數百人加以利用，小有口碑。只是恪遵醫療法規，仍需長時間作醫療器材認證，目前僅以運動保健器材方式提供，其實它讓人遠離各種病痛的效果，較目前醫院所用的復健方法與器材，有過之而無不及，已由體驗者口耳相傳，將成為普羅大眾的健康福音。

　　為清楚說明此種幾乎治百病的諧振運動器械能祛除病痛的作用原理與迅速健身的道理，葉宏駿君博覽中西醫相關文獻，摘要撰寫此書，用以介紹其諧振運動床等各種強身保健器械，目的在使人強健無病，其替人解除病痛的初衷，與醫生的濟世救人的胸懷並無二致。著書立說讓人明白難懂的人體奇經八脈的經氣行止路徑、血液循環調控、穴位的界定、人體發病的具體症狀及與奇脈的對應等，已屬不易；如再加上各種諧振運動器械的作動與控制原理及正確使用方法，則非人人所能理解，必須福至心靈的有緣者，方有機運見得此書悟得其理。

諧振運動器械具有如下特色：

短時化與同時化

　　諧振運動器械只需使用短時間就可以顯現效果，不像使用一般運動器材或徒手運動，要長時間才有成果。躺在諧振運動床上用來增進睡眠時，一方面主動幫助或強迫「五臟運動」，同時也令「六腑振動」，不知不覺中激發動靜脈血管及微血管縮放，一覺醒來即已消除病痛，比一般睡覺快速有效。

全面化與全身化

　　使用諧振運動器械之前，無須像中西醫生看病診斷開處方前的「望聞問切」、「聽診」、「抽血檢查」、「照 X 光」等等麻煩，無診斷就不會誤診，無論身體任何部位有毛病有痛苦，都可利用「諧振運動床」來幫助全身各部位獲得氧氣，排除體內有害廢物，增強身體能量以抵抗疾病，從而緩解病痛。

適應化與自動化

　　3D 諧振運動床可以利用附屬的手環等器具感測身體狀況，例如脈博、血壓、血氧濃度、肌力等數值，無線傳輸至 3D 諧振運動床的驅動控制器，據以自動設定諧和振動模式＋運動模式＋搖動模式的參數，以適應使用者個別狀況，並因而讓使用者無需具備使用知識，得以在無人幫助下自由自在地享用新科技帶來的健康。

　　如前所述，除「生」與「死」外，「老、病、苦」是可以利用控制方法予以減輕或緩解，習知的養生保健「營養、運動、睡眠」三個要素中，營養要均衡充足是人人日常可辦到的，但是運動與睡眠卻不容易正確獲得，因此需要外力協助，

　　最好更能同時用此外力來緩解病痛。本書所介紹的諧振運動可以提供運動與睡眠的外加助力與助益，尤其罹患疾病無法運動及有睡眠障礙的人，可以借助諧振運動器械達到優質運動與睡眠之目的，既可緩解全身各種病痛，又可調養身體與蓄積抵抗疾病的能量。

　　此種新發明的諧振運動器械前所未見，是新奇的祛病與保健的工具，知道者尚少，有緣有福利用來緩解痛苦的人也不多。葉宏駿君能以著作發行此書來廣為宣傳，嘉惠更多的受苦大眾，在其已研發多種助人的運動健康與遠離病痛器械之外，更設置體驗館以濟人，使許多人因病痛而灰色的人生，轉化為健康快樂的彩色人生，兼顧「立德、立言、立功」，實屬功德無量，故樂於寫序推薦。

<推薦序>

從諧振運動角度去思考 發現人體的奧妙

文 / 張永賢 中國醫藥大學前副校長

張永賢教授

　　人生有近三分之一的時間在睡眠渡過，經由睡眠得到最好的休息方法，使身体有效儲存所需要的能量，能保持身體健康和補充体力，也可提高工作能力，以致需要有一張好的床睡覺，相當重要。人類胚胎在母親子宮內溫床，享受媽媽規律的心跳、動靜脈循環流動、肺臟舒張收縮的節奏、胃腸運行蠕動，有 10 個月的時間。當生下來，嬰兒有父母的擁抱，有搖籃均勻的律動，享受寶寶睡安眠曲。長大後，讀書工作一天 8 小時，活動休閒 8 小時，睡眠又是 8 小時。有好的床睡覺，是一大享受，床對於我們一生相當重要。世界失眠人口有 400 萬人，而台灣失眠人口也有 78 萬人，國際精神衛生和神經科學基金選定每年春季第一天即 3 月 21 為「世界睡眠日」，以重視睡眠和睡眠品質。

　　過去許多人認為地球處於宇宙的中心，其他所有天體沿圓形軌道繞地球運轉，這給地球和人類顯現出重要性。但天體觀測者波蘭天文學家哥白尼 (Nicolaus Copernicus；1473-1543 年) 提出地動說，指出地球不是宇宙的中心，而是地球同五大行星一樣圍繞太陽為中心而運行，而且本身以地軸為中心自轉。在 1543 年哥白尼出版 << 天体運行論 >>。美籍塞爾維亞科學家特斯拉 (Nikola Tesla；1856 － 1943 年) ，在自己的實驗與發現的基礎上透過計算得出地球的共振頻率接近 8 赫茲。1950 年代，研究人員證實電離層的空腔共振頻率在此範圍之內，後來稱之為舒曼共振 (Schumann resonance) ，(德國物理學家舒曼 Winfried

Otto Schumann；1888 - 1974 年），一般的頻率約為 8 Hz，正確來說應該是 7.83 Hz。這種波就是「舒曼波」，其間的共振情形，就是舒曼共振（Schumann resonance）。其波長相當於地球圓周，換算成頻率約 8 至 10 赫茲。有人稱舒曼波為地球母親的心跳。而人的腦波 Alpha 波為安定波頻率是 8-13Hz，為輕鬆與創意腦波，有人稱禪定波。1921 年特斯拉曾說「如果你想發現宇宙的奧妙，那就請從能量、頻率和振動的角度去思考它」。

　　作者葉宏駿畢業於逢甲大學機械系，對於機械原理有深入認識機動學、應力、材料學與油氣壓等，可是學後知不足，又進入當時全國唯一自動控制工程研究所，得到創所所長徐佳銘教授指導，以「關節型機械手臂」為論文，結合機械與電機完成台灣第一台關節型機械人「逢甲一號」取得碩士學位。畢業後，追隨徐教授至工研院機械所服務、繼續執行關節型機械人計劃。2004 年自行成立公司，將自動化技術應用到健康產業領域，採用諧振運動。2006 年參加台北國際醫療器材展，認識許照惠博士，接受邀請遠赴美國邁阿密開發 NIMS 公司水平律動床，通過美國食藥署 FDA 水平律動床認證。返國後，他受到中央研究院王唯工教授的經絡共振理論的啟發，從頻率、振動和能量研究，開發「諧振運動的水平律動振動能量床」，希望使用者遠離病痛，提升睡眠品質，以預防疾病。葉工程師勤於寫書供大家分享，特予為序。

＜推薦序＞

諧振運動器材～是專業醫療從業人員優質的臨床輔具，值得我們推廣！

文 / 劉其松 弘生堂中醫醫療體系總院長

與葉先生的認識，要得力於歐宴宗導演的極力牽成。未謀面之前從歐導口中概略瞭解，葉先生是一位熱情活力、醉心研究而又做事嚴謹的人。但因平日診務繁忙，身兼臨床教學，致與葉先生一直緣慳一面。

臨床診療中，我一直在追求有效地啟動人體自癒機能目標

長久以來在臨床診療中我一直在追求一個目標～如何有效地啟動人體的自癒機能，再配合醫藥能迅速的縮短疾病的療程，甚至啟動自體免疫保健功能。當一切機緣已至自然水到渠成，經歐導熱心協調下，在一個炎熱的午後我與葉先生有約，自此展開與葉先生研究團隊之間，身心靈兼具的另類臨床輔助療法的對話。

個人從事中醫藥學習研究至今已近 40 年，因家傳中醫藥淵源，自幼學藥，後來習醫，深知疾病的治療非只依樣畫葫。若僅盡遵醫書所示，何病何證、應何治療、用何藥，每位醫師靠臨床的累積終會有些許的心得，但此知其然不知其所以然，非僅不若「東施效顰，鸚鵡學舌」；甚至落下「畫虎不成，反類其犬」的後果。故追求更上層的醫理，是每一位仁醫應有的態度。

葉先生高深的中醫理論竟出自非中醫專業人士，令人刮目看待

回來談到與葉先生的會面，他的研究單位隱身於市郊，遠離城市的喧囂，偌大的廠房內陳列他多年來研發的各項成品，有震動肌力訓練機、諧振床、動態磁

能床…. 等等，當中的諧振床深深吸引我的注意力。彼此一見面沒有多餘的客套話，彷彿早已熟識一般，短短 120 分鐘的會談內容中，葉先生傳達了他對於保健養生的理念，我們談到了中醫內經、談到了經絡、談到了能量、更談到了臨床醫療最高指導原則～「上醫治未病」。許多高深的中醫理論，出自於非中醫專業人士的口中，也讓我對眼前這位初見面之人另眼看待。會談中葉先生引薦研發團隊中極為重要的靈魂人物～鍾綱明顧問，鍾老師對於水平律動、結合經絡調理的構想理論，同樣侃侃而談，句句語出有據，眼前這兩位與其說是研發業者，更像是學術兼修的學者。

　　葉先生團隊研發的各項諧振運動器材，經多年來不斷的精進，已更貼近使用者的需求，也讓專業醫療從業人員，更放心運用在臨床輔助上。優質的輔助器材值得我們推廣，為了照顧更廣泛的患者，在葉先生悉心指導下，院方亦引進諧振床做為臨床之輔助療法。經過一段時間臨床的觀察，發現許多慢性病患者在配合使用共振床後，例如：「A 碼」區塊的氣喘、心血管疾患、肺部痰阻、消化道疾患。「B 碼」區塊的水腫、男性性功能障礙、甲狀腺疾患。「C 碼」區塊的中風後遺症、帕金森氏症、慢性疲勞、女性性功能障礙、減肥、睡眠障礙、貧血頭暈…. 等等。病情上皆有明顯之進展。

衷心推崇，更希望能藉此宣導正確的養生保健知識

　　隨著醫療技術的進步，人類的生命明顯延長了，平均壽命已超越過去的人類史，未來應該會更高，也因此，保健的話題一直為各國所注重。據研究，台灣亦漸漸步入高齡社會，保健觀念的推動更是刻不容緩。隨著時代的演進，近代中醫的發展在去蕪存菁下，更走向現代化、科學化，除了賢聖的中醫經文典籍，為研究者奉行的圭臬外，我個人認為若能夠結合輔助的器材，尤其是普羅大眾皆可上手使用的「非醫療保健器材」，來補足人力所不及之處，對於來說民眾應是最大的福祉。"泰山不讓土壤，故能成其大；河海不擇細流，故能就其深"，在個人專業領域外，我們更希望加入各界專業團隊，共同為健康事業努力。

　　今葉先生大作已成，拜讀再三，讚嘆不已，他雖自謙工具書，實則一本保健實論的指導書，在此除了衷心推崇，更希望能藉此宣導正確的養生保健知識。

<推薦序>

一帖可以擁有健康又美滿人生的良方

文 / 楊紹民 心靈自然診所院長

葉宏駿先生是透過一位多年好友介紹認識。當時是為了分享葉先生運用王唯工博士（美國約翰霍普金斯大學生物物理博士，中央研究院物理所研究員。曾任中山大學物理系創系主任、陽明大學醫工所所長，曾任教台大電機系醫工組、中國醫藥學院中醫所）研究的「中醫血液循環共振理論」與「血液動力學理論」，結合葉先生本人在「機器人控制伺服器」領域中「精密頻率控制系統」專業，研發出的「諧振運動機器」，想知道是否可以跟診所不用藥的多元整合醫學系統結合，用來幫助民眾恢復健康。

葉先生讓我最欣賞的是他的率直與真誠。在受邀寫推薦序的時候，我直接指出彼此有些觀點不盡相同，序文跟內文也許會有些表達上的衝突。但葉先生卻很開心地邀請我寫出我真正的想法，這樣才可以對更多民眾有幫助，不需要忽略彼此觀點不同的問題！為此，筆者在百忙之中多次深思沉澱，也藉此跟大家分享從「神經心理免疫學」結合「細胞分子營養學」與「中醫五行與情志醫學」的多元整合醫學健康經驗，希望更多民眾得到真正的健康！

健康年老很重要，可以減少家庭照顧的負荷，更可以享受各種生活的樂趣

2021 年 3 月 29 日國民健康署發佈「臺灣慢性病風險評估工具」，統計有 1/4（25.2%）民眾血脂異常、1/5（21.2%）民眾血壓高及 1/10 民眾（9.1%）血糖高，簡單來說，未來台灣人罹患慢性病的風險是很高的。而 2018 年最新公布

的十大死因中，就有九項屬於慢性病，依序分別是：癌症、心臟疾病、肺炎、腦血管疾病、糖尿病、慢性下呼吸道疾病、高血壓性疾病、腎炎腎病症候群及腎病變、慢性肝病及肝硬化。也就是說，罹患慢性病，會剝奪我們好好跟家人相處的機會。而現代社會長期熬夜、睡眠不足等生活型態，加上油炸、甜食、人工添加物的飲食習慣，讓許多慢性病已有年輕化的趨勢，台灣人罹患慢性病的比例急遽攀升。

同時，2020 年 8 月國發會最新人口推估報告預測 2025 年台灣將進入超高齡社會，比上次推估提前一年，屆時每 5 人有 1 人是超過 65 歲老人，2034 年全台逾一半人口都超過 50 歲。台灣社會快速高齡化的結果，慢性病與功能障礙引起的失能人口也急遽攀升。台灣雖然從 2008 年就開始推動「長照十年計劃」，其服務量雖然從 2008 年 2.3% 提高到 2016 年 4 月的 35.7%，但是遠遠不符合民眾實務上的需求。2016 年「老人狀況調查報告」顯示，老人在日常生活起居活動有困難者，高達 63.3% 由家人照顧，而這些照顧者有超過四分之一有「壓力性負荷」。也就是，罹患慢性病之後，我們的家人也可能因為照顧我們而壓力過大，甚至生病！2020 年 8 月密西根大學學者發表於《應用老年學期刊》的研究指出：與沒有失智者配偶的老人相比，照料剛被診斷阿茲海默症或相關失智症患者的老年照顧者，較容易出現持續性憂鬱症狀。伴侶在最近兩年內被診斷有失智症者其憂鬱症狀增加了 27%，伴侶被診斷出失智症已超過兩年以上者其憂鬱症狀則增加了 33%。

這種社會高齡化與慢性病年輕化快速加速的情況，讓「健康年老」變得更加重要。美國功能醫學之父 Dr. Jeffrey S. Bland 也多次在他為醫師舉辦的講座中倡議「健康年老 Healthy Aging」的理念，強調人可以年老而不衰老！而筆者在臨床上也見證許多高齡慢性病患者，透過全方位的健康調理，包括提升自律神經平衡度、HPA 抗壓軸功能（hypothalamus-pituitary-adrenal axis）、改善人體健康 12 項健康指標（備註）等，減少身體的「自由基損傷」、提高人體的自癒力（homeostasis, 又稱為內穩態、生物恆定性）之後，就能恢復相當程度的身心健康！

大家想一想，如果在人生最後一段的旅程，還能維持相當程度的身心健康，不僅自己不用病痛纏身，還可以擁有從容生活、遊山玩水、甚至笑看人生的權利。

這不是人生最棒的事情嗎？！否則伴隨著年老與失能，不僅自己纏綿病榻，還有可能造成照顧家人經濟、體力、心力上的多重負擔。只要及時行動就能避免這些悲傷發生在自己與摯愛的家人身上，還有什麼理由不行動呢？！

慢性疾病不僅只是「慢性生病」，還會影響日常生活，以及享受人生的能力

根據衛福部前述的報告，慢性病與年老，最容易在日常生活活動功能（activities of daily living, ADLs, 如進食、移位、室內走動、穿衣、洗澡、上廁所等）、工具性日常生活活動功能 （instrumental activities of daily living, IADLs, 如做家事、清洗、烹飪、洗衣、購物、理財、室外行動等）、以及心智功能（mental function, 例如失智、老年憂鬱）喪失能力，因而需要他人照顧服務。

而衛生署國民長照需要第二階段統計結果報告呈現，日常活動功能 ADLs 大於 70 分比例者 （就是基本生活能力正常的人），65 到 74 歲者只有 65.46%，75 至 84 歲者為 55.39%，85 歲以上者只有 40.34%。在工具性日常生活功能 IDALs 無法執行 5 項以上者（也就是無法完全自由獨立生活的人），65-74 歲就有 60.95%，75-84 歲有 76.44%，85 歲以上者則有 88.37% 無法執行 5 項以上的 IADLs。這些統計數據背後其中一種可能是，現代化醫療雖然延長人類存活的年歲，但是年紀愈大，衰弱與失能的風險越高！

多元整合醫學整合健康

高雄長庚醫院在 1996 年成立「壓力病房」，引進藝術心理治療、舞蹈心理治療、團療等許多「非藥物治療」方法。筆者當時甚至接受催眠、心理劇、內觀禪修等訓練，作為「認知行為治療」的方法，也開啟筆者走上「多元整合醫學、整合健康」的旅程。以「阿德勒心理學」與「榮格心理學」為基礎，「多元整合醫學」從「身體、情緒、心智、精神」四大層次評估與重建案主身心的自癒力，整合「超個人心理學、瑜伽與道家養生學、脊骨結構醫學、整合中醫學、能量醫學、抗老化醫學、細胞分子矯正營養學、整合牙醫學」等八大面向，透過「滋養、排毒、淨化、轉化」四大步驟，回復人體的自癒能力。

16 年來筆者見證無數人體自癒力的奇蹟。曾經有強迫症女性患者，在接受診

所「高劑量抗氧化點滴治療」時，很訝異於感受到症狀比她遍訪全國名醫的藥物治療與心理治療明確帶來寧靜的感受；有被女兒帶來診所看診的企業家，短短兩週透過「整合營養與神經重塑療法」，克服他自己透過各種芳療、按摩、中醫、西醫都無效的睡眠障礙。更有多位被診斷自閉症、過動、注意力缺損、亞斯伯格的高敏感體質孩童，透過「家庭動力整合與光照療法」克服拒學（懼學）、適應障礙、創傷後（霸凌）症候群的苦惱，回復健康快樂的人生。而這 16 年來，包括在營養研究所看見人體的壓力調適系統 （HPA axis，下視丘 - 腦垂體 - 腎上腺軸），透過 發炎 - 抗發炎訊息傳導路徑，與自律神經平衡系統，巧妙地驗證了中醫「藏象學說」中「陰陽五行，表裡虛實」連鎖反應與療癒之道，令人感動萬分！甚至，有高齡九十多歲的長輩，也是透過「整合營養治療」與「能量氣場修復療法」排除老年憂鬱症的苦惱，重拾健康生活的樂趣！

　　因此，筆者深深相信，只要願意為自己的健康負起百分之百的責任並採取有效行動，「人體自癒能力」自然可以帶領我們破解疾病與症狀要帶我們領悟的生命實相，達成 1948 年世界衛生組織所主張「健康是在身體、心智、與社會各方面都完整安康的狀態，並不僅只是沒有生病或是不虛弱」，進而讓我們恢復真正的健康與幸福！

諧振運動機會無窮

　　在人體重要的「十二項健康指標」當中，肌力肌耐力不只在針對銀髮族的「肌少症」有幫助，甚至在人體以「第二心臟」的角色協助心肺功能與循環系統的正常運作、以及啟動人體「抗老化內分泌」與「大腦神經重塑」等方面，都扮演非常重要的功能。然而，現代人運動量嚴重不足、睡眠作息不正常、飲食過多的人工添加物與精緻澱粉，造就近年來許多人「自律神經失調」與「運動猝死」的案例。

　　特別，當人體虛弱無力，卻又要在充滿 PM2.5 的污染空氣中運動，也是筆者27 年來在臨床上看見，許多人知道要運動卻又沒辦法落實的苦惱之一。

　　目前，許多「亞健康」的民眾，在肌力肌耐力都不佳的情形下，可以先透過諧振律動輔助儀器，配合醫師指示，運用精密頻率控制系統，可以在安全、不耗

體力的情形下，協助人體產生「仿運動效能」：包括可以改善身體的氣血循環、促進腸胃蠕動、進一步強化心肺功能等。甚至使用得當的話，還可以協助人產生專注、靜心、深層放鬆、與寧靜的效果，以及促進大腦前額葉血液循環的效果，也許對於未來預防老年失智也會有相當的助益。診所團隊在過去幾年，運用葉先生研發的「立體諧振律動床」結合「高劑量氫分子呼吸」、「自然療癒多頻寶石光光照療癒」、「氦氖雷射」也協助多位有失眠、慢性疼痛、經前症候群、自律神經失調、循環不良的客人處理他們的困擾。他們回饋包括：「輕柔的晃動，讓人不知不覺間好像回到母親懷抱一般的溫暖…」、「隨著諧振床規律的律動，好像幫我從生活中的緊張抽離出來，進入深層的睡眠」。有位七十多歲的王媽媽，多年來因為骨質疏鬆、腰椎骨折駝背，常常走個三五步就因為痠痛無力，必須依賴輪椅。後來也透過這樣的自然療癒，不只腰椎的深層痛點消失，甚至因為身體機能改善，現在已經可以自行走路到附近的菜市場、公園散步、買菜，重拾快樂健康、有自信的銀髮人生！

當然，良好的健康不可能只依賴外力就可以達成！健康飲食（包括食材、烹調、用餐方式）、生活型態（規律作息、心肺功能訓練、肌力肌耐力訓練、避免久坐不動）、情緒抒發與壓力反應紓解（包括潛意識自我覺察、靜心冥想、心靈療育、與自利利他的視野），都在恢復人體自癒力的過程中，扮演非常重要的角色。所謂的「好轉反應」，常常是人體累積過多的酸性代謝廢棄物或自由基沉積在人體的結締組織或是間質組織造成，必須配合飲食調理、抗氧化排毒、細胞分子營養支持、甚至是情緒排毒或心靈療育等方法加以疏通改善。千萬不要盲目地以為「好轉反應」一定會帶來好轉，卻讓身體進入急性惡化的風險。

最重要的是，已經長期使用藥物控制病情的患者，絕對不能自行貿然停藥！一定要等到病情穩定、身體自癒力恢復之後，諮詢開立處方的醫師，循序漸進地降藥物劑量或次數，在醫師醫囑配合下逐步減藥停藥才是最好的策略。「要怎麼收穫，先那麼栽」，「人如其食」，想得到良好的健康，真的要配合健康的人生觀與世界觀，帶著健康不過頭的態度工作與生活，盡量蔬食並常常接近大自然。不要追逐從外因定義自己的人生，找尋符合自己特質又能利己利人共好的生活方式。這樣生活，一定可以擁有健康又美滿的人生喔！

<推薦序>

諧振運動～一位機械工程師開發「上醫治未病」的奇妙歷程

文／潘明正 台中地檢署榮譽觀護人協會第十四屆理事長

　　這是一本非常奇特的書。作者是一位學有專精的機械工程師，除了在業界享有盛名之外，曾在工研院擔任過研發人員，並擁有多項研發專利，作者在機械研發領域之外也涉略許多醫學古籍，精通人體的五臟六腑，奇經八脈經絡脈動的運行，感慨人的許多疾病都是長期飲食不當，或生活習慣不良而引起的。

　　人的身體本來有一套自癒系統，也就是所謂的免疫力，但是當免疫系統長期被忽視了，就會產生重大疾病，黃帝內經有一段話「上工治未病，中工治已病，下工治末病」，作者透過許多研究並將自身所研發的產品與身體的經絡運行，利用經絡諧振原理，讓身體產生正能量，以休閒被動式運動床，讓時下一些體力無法負荷大量運動的銀髮族，或是長期坐在辦公室上班的中廣族，及長期為家庭犧牲年老體衰的婆婆媽媽菜籃族，都能借助諧振床諧振運動打通 12 經脈／三焦經／及其他奇經八脈，讓內臟運動／自律神經活化，恢復正常運轉，人就產生正能量，身體也就正常了。

　　本書給大家一個觀念「預防重於治療」，我也是自身有了疾病之後去了作者所推廣的諧振運動體驗中心，使用了不到兩個月竟神奇的漸漸恢復健康，跟本書作者有一種相見恨晚的奇妙感覺，腦海裡不斷有一股力量鼓勵我一定要為這本書做推薦，並為這奇特創新的「諧振運動」理論大力宣傳。

感謝潘明正先生親自題對聯：
上聯：東方明珠光耀宏駿葉東龍
右聯：宏圖開發水平律動辛棄疾
左聯：駿馬奔騰諧振能量霍去病

＜推薦序＞

以學術角度多次驗證「諧振運動」確能提升大腦前額葉血流量，促進人類健康！

文／毛祚彥博士 朝陽科技大學休閒事業管理系

與優至俙健康科技公司葉宏駿總經理結緣，是兩年前一次偶然地機會，彼此互換一張名片，加上一次偶然的造訪，就此結識這位振動健康科技發明家。

葉總經理投入研發震動科技已逾二十個年頭，對振動健康科技靈魂「伺服馬達」技術之專研與開發令人佩服，能精準控制運動輔具各項震動參數，並將振動技術集大成於一體，首創「諧振」運動。

本人有幸能運用「朝陽科技大學」相關休閒事業學術原理與業界的葉總經理進行產學合作計畫，並透過多項實驗過程、研究對象及統計分析方法所產出的產學數據資料，驗證「諧振運動」確能提升大腦前額葉血流量，且血流量上升幅度與振動的頻率及實驗者的軀體躺位有關，進而開啟與葉總經理合作探討「諧振運動」與大腦血液動力學之系列研究。

以身為一名學者我願說～葉總經理是一位發明家！更是一位慈善家！一生不遺餘力研發促進人類健康的輔具，將所學貢獻予社會，令人十分欽佩。

在此，本人強力推薦讀者閱讀此書，了解一位發明家如何讓機器鑲上靈魂，透過「諧振」運動回饋社會，造福人群。

願此書有助增進人類進化傳承的責任與義務

文／葉宏駿

我出生在貧困 40 年代的嘉義純樸鄉下～梅山，原名葉東龍。

這是一個物質缺乏年代，小學打著赤腳上學，家裡經濟屬於中下，暑假要到母親打工的竹筍加工廠剝筍干，唯一的娛樂是到稻田釣青蛙，溪邊玩水，在廟前看布袋戲，也因生活不易，小學六年級快畢業的時候，舉家遷往後山～花蓮，投靠經營大理石生意的四舅，國中、高中六個年頭就在風光明媚的花蓮悠閒渡過，沒有錢補習，也不怎麼用功，也不算聰明，1976 年（民國 65 年）考上了逢甲大學機械系。

機械系功課很重，可能是興趣關係，功課卻能應付自如，我念書有一個習慣，上課很專心聽，不明白的地方下課一定追著老師問個清楚，記得大四有一門機械設計題目「油壓千斤頂」，我很自然地就會把以前所學的用到設計來，如機動學，應力／材力學／油氣壓 ..，逐漸顯現我很會活用所學的知識。

畢業前夕，我才發現我好像學得不夠，於是報名逢甲當時是全國唯一的自動控制工程研究所，很幸運地在沒有準備的情況下竟然考上了，也遇到了我此生一位貴人，我的指導教授～徐佳銘所長。當時徐所長因自動化專長被國家借調到工研院機械所當所長，也因此給我的論文題目「關節型機械手臂」，從此打開此後 30 載一條很特殊的道路。

「關節型機械手臂」碩士論文牽涉到機械設計／傳動機構／伺服馬達電子驅動硬體線路及微處理軟體組合語言，大學只學到機械傳動設計，其餘的完全不懂，

一年內必須要學到電機系的步進馬達／電子系的數位及類比電路及 IC 晶片／資訊系微處理軟體，工程何其大啊；所幸在徐所長及老師的協助下，我花了二年半時間完成碩士論文「逢甲一號」～台灣第一台關節型機器人。

有趣的是，研究所時期為了治療手汗問題參加我國醫社研究經絡及針灸，竟這樣紮下了自動控制技術及中醫經絡針灸基礎。

1984 年（民國 73 年）畢業就到工研院機械所服六年國防役，執行關節型機器人計畫，學習更精密的伺服馬達控制及驅動技術，到 1994 年（民國 83 年）十年期間也協助民間企業推廣自動化技術。

鑑於伺服馬達在自動化領域的重要性，大多仰賴進口，於是離開工研院後即與一家馬達廠合作進行伺服馬達的開發，同時與台科大研究所合作培養研究生研發數位化高效率伺服馬達驅動技術，前後花了十年，才完成健康器材關鍵性零組件「伺服馬達及驅動器」的開發。

當時我有一個想法，想把自動化技術應用到健康事業領域，於是在 2004 年（民國 93 年）我自行成立一家公司，第一個產品就是將伺服馬達與跑步機結合的「振動跑步機」，就這樣一個念頭讓我一頭栽到一個未知的「諧振運動」領域。當時中央研究院王唯工博士尚未發表「氣的樂章」，經絡共振理論也都還不清楚，我只能經由人體體驗經驗下慢慢了解「振動」對身體的影響，摸索中「諧振運動」產品逐漸成形。

2006 年（民國 95 年）11 月參加台北醫療器材展，我遇到第二個貴人～許照惠博士。許博士就讀台大藥學系，畢業到美國參與製藥事業有成。許博士是華人生技業圈中，一直被津津樂道的人物，2006 年她將一手創辦的 IVAX，以近 100 億美元被目前全球最大學名藥廠 Teva 收購，她大手筆捐款 2,000 萬美元（約合台幣 6 億元）興建台大產學中心和藥學院。許博士專程回來台大剪綵慶祝落成，聽說展場有一台振動跑步機，專程來看，問我知不知道振動的好處？我們回答「不知道，只知道振得很舒服，而且很好睡」，二個星期後商業週刊 992 期封面人物就是許博士，我們才知道許博士來歷及創業過程「從彰化小鎮，到 150 億身價全球藥界女王」。

　　應許博士的邀請，我遠赴美國邁阿密，從此展開第二事業旅程～協助許博士投資的 NIMS 公司開發水平律動床。NIMS 當時已經花了 13 年研究如何應用水平律動床改善銀髮族心腦血管疾病，美國早就在研究如何不吃藥也可以治療疾病的方法。

　　接受 NIMS 的委託，我從床的造型 / 開模 / 機構 / 電路 / 軟體，以 ODM 方式開發全球第一台通過美國 FDA 量產的水平律動床。

　　接著經由中央研究院王唯工博士發表「氣的樂章」，有了經絡共振理論，更加堅定信心持續往「諧振運動」理論及實際設備鑽研，經過將近 15 年的努力，總算完善了「諧振運動」理論及設備的開發。

　　本書發行的目的就是希望可以起一個帶頭作用，讓現代人們知道身體運作的奧秘，在身體產生一些微徵兆，能量不足的時候就要及時修補身體，恢復身體正常運作，避免身體惡化產生疾病。

　　2019 年開始全球人類遭逢「新冠病毒」的攻擊，身體肺部遭受重大損害，其他器官亦遭受侵襲，疫後要恢復健康之路辛苦又費時，我所研發的「諧振運動」產品，以被動式運動所產生的「心肺復甦」效果，對於急性發病期的「生命系統」支持，及疫後的「健康修護」提供了強有力的支撐，我相信這一切的發生絕非偶然，希望就如本書標題「諧振運動 遠離病痛」一樣，「諧振運動」設備可以幫助人類脫離病痛的威脅。

　　我曾發了一個願～希望在我有生之年我所研發的產品可以讓 10 億人次的人使用，所謂有願就有力，如果「諧振運動 遠離病痛」是我此生的志業，我相信那決不是我一個人的志業，絕對是一大群靈性存有在天上早就計畫好的，相約這一世一起共襄盛舉，我負責研究技術開發產品 / 有些人出錢 / 有些人出力 / 每個人貢獻所長一起推廣，協助現代人提升健康品質，提升能量追求身心靈的全面健康。

　　我不藏私，也算是作為一個個人對社會的回報，為了增進人類進化傳承的責任與義務，我願意以此書公開我所有經驗及技術，希望後進可以繼續再精進「諧振運動」技術，讓人類不再受病痛所苦。

諧振運動
遠離病痛

觀念篇

本書涉及專業技術領域，比較像一本工具書，但為了協助非工程背景讀者、各業界及社會大眾來閱讀，特地寫「觀念篇一章」，以較淺顯易懂的描述說明「諧振運動」的效果

導　讀

　　本書涉及專業技術領域，比較像一本工具書，但為了協助非工程背景觀眾來閱讀，特地寫「觀念篇」，以較淺顯易懂的來導讀並描述說明「諧振運動」的效果…。

　　首先我們想探討的是每個人都想追求健康，但為何現代文明病卻有增無減？

　　現在醫院使用設備愈來愈先進，但為何生病的愈來愈多？

　　從抗癌化療／幹細胞療法／生物分子／洗腎…琳瑯滿目，真的取得很好效果嗎？

疾病發生的因與果

　　根據 60 年生活經驗，才知道因為我們健康觀念不足，許多疾病一開始我們不以為意，年輕不在乎保養，身體逐漸的慢慢惡化，最後只好上醫院，本以為吃藥／打針病就會好，沒想到隨著年紀愈來愈大，毛病愈來愈多，病情愈來愈嚴重。

　　有些人剛開始的時候可能只是覺得「疲勞」晚上睡覺會「打鼾」，自己也不在意，其實打鼾是身體已經發出「能量不足」的警訊了，如果不設法解決，接下來可能就產生「呼吸中止症」身體大量缺氧，加上 80% 以上的人有「運動不足」問題，造成身體循環不良，五臟六腑及大腦產生缺氧及五高問題，開始發生「高血壓」現象，許多人到此時候才會看醫生，但西醫只是在「治標不治本」，根本不從為何產生高血壓的原因來尋求治療，高血壓藥一吃可能就終生要吃下去，長期高血壓造成「血管硬化」衍生許多心腦血管疾病，如心肌梗塞／腦溢血／細胞癌化…，而且西藥太毒了，最後非但沒有治好高血壓，造成腎臟不堪負荷受損，生命最後階段淪為「洗腎」，痛苦難堪無奈之境，

　　有些人身體「虛弱」，全身「手腳冰冷」，末稍循環非常差，再怎麼吃中藥補身體，就是無法根治，白天沒有體力工作，晚上又不好睡，長期下來產生「頭痛／頭暈」，「睡眠障礙」，身體「水腫虛胖」，連喝水都會胖，接下來發生許多無法預料的症狀，如神經痛／腦鳴／腦部病變失智／帕金森氏症／心血管疾病／中風／癌症…等等。

　　有些人生性容易「緊張」，愛乾淨，凡事要求完美，自我要求很高，這種人，

壓力不易釋放，造成「自律神經失調」，壓力直接造成號稱「壓力荷爾蒙」的腎上腺皮質醇分泌過多，導致疲勞／內分泌失調／高血壓／糖尿病／抑鬱／失眠／便祕／肥胖／免疫系統失調，身體「關閉免疫系統」，放棄抵抗病毒及細胞癌化問題，根據研究帕金森氏症患者前期幾乎都患有便秘問題，許多小問題最終都會衍生重大疾病。

喜歡運動的人，也許自認身體不錯，身體平常不覺得不舒服，年輕的時候還沒問題，到了四五十歲時候開始有打鼾情況發生，這個時候其實身體已經透露「能量」不足了，運動的人消耗體能更多，需要補充的能量／營養素比平常不運動的可能高於好多倍，如果漠視身體的反應，造成體力透支太多，身體不堪負荷，只好關閉一些系統，身體產生問題也不會反應，等到很嚴重的時候檢查才發現，已經來不及了。

許多人依恃年輕喜歡熬夜，長期作息不正常也不以為意，加上喜好冷飲／偏食／營養不均衡，久而久之當體能開始下降身體無法修護的時候，疾病就開始產生。

前面例子剛開始只是「疲勞／虛弱／能量不足／緊張」，如果此時就開始進行調理／修護，身體可以很快就恢復，但如果忽視了而不設法解決的話，後續將衍生許多的問題及疾病，尤其是心臟冠狀動脈阻塞及腦部血管硬化，衍生心肌梗塞／腦中風急症，或器官癌化甚至產生擴散，那時要來處理都為時已晚，西醫只好進行手術，術後效果當然不好了，病人自己都不重視身體的警訊及早治療，等到出了大問題才來求治醫生，就算神醫再世也很難善後，現在病人愈來與多，醫院愈開愈大，根本問題還是在於病人觀念的錯誤導致病情惡化及醫療系統缺乏「預防醫學」所致，請參閱圖一。

身體之所以生病有許多上述表面所看到的原因，但最終結果是反應在「細胞缺氧及其環境太差」所致，細胞位處於身體的「末稍循環」，細胞需要血液供應氧及營養物質並帶走細胞所產生的廢棄物（CO_2／H_2O 組成的酸水／自由基），當身體末稍循環不良，細胞在長期缺氧狀態又泡在酸水毒性物質之中，加上過多無處宣洩自由基攻擊細胞 DNA，細胞產生癌化及衍生許多免疫系統失調／高血壓／心腦血管疾病／糖尿病／中風／肌肉／神經痠痛等等文明病。

為何末梢循環會出了問題？這是本書探討的主題之一，有以下二個原因：

1、含氧血液無法送達細胞／末梢循環：

身體有一套機制，根據人處於不同狀態，如運動／思考／休息等等會自動分配血液的流向，身體運動緊張時血液切換至肌肉，專注思考會切換至腦部，休息放鬆時才會切換至五臟／六腑及身體需要修護的部位，進行自動修護的作業，此機制是以「小動脈設計自律神經調控的開口」來調整，小動脈剛好介於動脈循環及末梢微循環的中間，例如吃飽飯後需要讓身體處於休息狀態，目的就是讓血液流入胃／消化系統，如果進行激烈運動，胃部缺血食物無法消化就壞了，就是這個道理。

但是當身體「自律神經」因眾多因素失調的時候，小動脈開口就失靈了，含氧／營養物質／中和自由基的抗氧化酵素的血液無法流到細胞所在的末梢循環，而自律神經之所以失調就是掌控自律神經「人類光場之中的以太體」能量不足暨自身細胞無法產生足夠能量供應所致，高血壓／打呼／睡眠障礙／手腳冰冷都是能量不足的表現，而過多「自由基」攻擊細胞造成癌症，免疫系統失調及心血管病變等等。

2、細胞所產生的廢棄物（CO_2／H_2O 組成的酸水／自由基）無法排除：

末梢循環屬於「高頻系統」，需藉由高頻振動才能帶動細胞周圍的組織間液流動及「靜脈回流」，將細胞所產生的廢棄物帶走，高頻系統屬於身體三焦，「三焦能量」不足也是來自以太體暨自身細胞無法產生足夠能量供應的結果，水腫／靜脈曲張就是這個原因所造成，請參閱圖二。

綜合前述得知：只要「身體三焦／以太體能量不足」，將造成自律神經失調，小動脈開口關閉及細胞周圍的組織間液及靜脈產生瘀滯現象，細胞逐漸惡化，最終產生各種疾病，以太體也是本書根據華佗所言「三焦統領五臟六腑」，及西方光療論點，經由諧振運動設備人體實際體驗，確認對於人類健康佔有舉足輕重的位階。

所謂「預防勝於治療」，就是在身體「能量不足」的階段就要警覺。

身體改善最好的時間就是在「疲勞／虛弱／能量不足」的時候趕緊進行修護。

打鼾／手腳冰冷／失眠／精神不濟等症狀就可以判斷身體能量已經不足了。

黃帝內經這本書有云：「上工治未病，中工治已病，下工治末病」。

孫思邈在「千金方」提出「上醫治未病，中醫治欲病，下醫治已病」。

上醫就是在身體「能量不足」自癒能力弱化的時候進行修護工作。

中醫就是在身體「循環不良」器官功能變差的時候進行修護工作。

下醫就是在身體「營養不夠」造成器官病變的時候進行修護工作。

本書「諧振運動」所倡導的健康觀念，就是以「預防」作為手段，平常身體仍處於健康狀態的時候，就要注重身體的保養，建議使用「諧振運動設備」，同時「提升身體及能量場能量」及促進「五臟運動＋六腑振動」，「排除酸水，增加大腦血流量」，協助身體進行自我修護，快速恢復健康，降低生病機率的一種方法，請參閱圖三。

我們以水庫及自來水供應來說明「上醫（能量）／中醫（循環）／下醫（器官）」的差異：

2021 年上半年台灣面臨乾旱，水庫幾乎見底，當自來水仍然正常供應的時候，人們不會感覺到水庫已經缺水，只有當自來水公司啟動「分區輪流供水「措施的時候，且還要等到大樓或家裡蓄水池完全沒有水的時後，人們才會感受到缺水的不便，水庫猶如身體的能量場，家中水塔猶如（三焦），當人體能量場能量低落但還有一些的時候，身體還沒有感覺，直到連三焦都缺少能量，無法持續提供身體經絡的「氣「的時候，身體才會發覺。

上醫就是在處裡「能量場水庫正常儲水功能」，中醫猶如自來水公司當水庫缺水的時候，趕緊「探勘水脈（把脈），挖掘水井（中藥），分區輪流供水（針灸）及清除水庫／管路淤泥（熱敷／推拿／疏通經絡）」，盡可能維持自來水（氣）供應滿足身體基本需求，只要上醫能夠維持能量場能量，身體「自我療癒」功能正常就不需要中醫「臨時抱佛腳」上陣了，而碰到水管破裂就需要工程人員緊急搶救修補（西醫手術），請參閱圖四、五、六。

本書「諧振運動／遠離病痛」從理論探討開始，最終則以諧振運動全自動化設備呈現出來，照顧人類身體的健康。

以下以「立體諧振床」作為例子，來說明諧振運動實際使用的情境。

想像一下你戴著協助健康管理的「智慧手環」，晚上躺在一張床面非常舒適，

圖四.水庫理論與上/中/下醫關聯(水庫有水)

圖五.水庫理論與上/中/下醫關聯(水庫缺水)

圖六.水庫理論與上/中/下醫關聯(家庭缺水)

床身符合人體工學設計的電動「科技床」上，此床可以頭腳方向進行水平往復律動，床面可以隨你喜好，以電動方式調整成立體曲線，身體壓力平均釋放，心情放鬆了。

智慧手環可以量測心跳／血壓／血氧（SPO$_2$），提供健康管理的參考，當你在觸控面板按下「心率諧振」模式按鍵，時間會自動設定一個小時，床先自動偵測你的「心率「頻率，然後由心跳頻率開始床輕輕的「搖動」，讓你身心逐漸放鬆，搖動頻率會隨時追蹤心跳的快慢而調整，且會逐漸增加速度。

約3分鐘後床會從「搖動「模式慢慢變成「運動」模式，此時你的身體猶如「躺著跳繩」般產生所謂的「橫膈膜運動或稱為腹式呼吸法」，五臟六腑都在上下晃動，一來大量增加肺活量及血流量，二來幫助腸胃快速將食物消化掉，好讓你睡覺的時候所有器官也可以獲得真正的休息進入修護模式，時間約 20 分鐘。

接著床速度逐漸增加而進入到「振動」模式，此時你會感覺全身處於輕微高頻振動，此振動會引導你身心舒緩下來，將白天緊張的心情，徹底轉換成放鬆的狀態，好讓你可以進入深沉的睡眠，時間約 20 分鐘。

最後 20 分鐘床會慢慢把速度調回「搖動」模式，此時你會感覺彷彿回到「嬰兒時期躺在母親子宮」裡面那樣，舒服地進入夢鄉，時間一到會慢慢減速停止。

當你睡著的時候，床仍然貼心地偵測你是否有「打鼾」，如有打鼾情形發生，床會自動輕輕啟動搖晃身子，設法降低「打鼾」聲音，如果仍然無法改善，更嚴重到產生「呼吸中止」的狀況，床會自動將「床身」升起來，且將速度提升到「運動」模式，在你睡夢中增加肺活量，協助你呼吸打開塌陷的咽喉…，等你血氧濃度恢復的時候再緩緩停止運動，早上醒來你可以查看打呼次數及時間統計…。

躺在「立體諧振」裝置上，經由諧振床的律動產

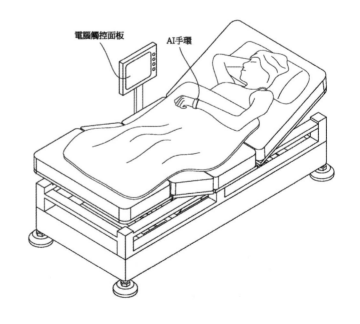

電腦觸控面板　　AI手環

生「內臟運動／促進心肺功能暨血液循環」效果，我們把此種運動稱為「被動式運動」。

　　床根據心跳的頻率，從 1-12 倍心跳的頻率分別進行律動，我們把此種功能稱為「經絡共振」，而把追蹤心跳共振的功能稱為「心率諧振」。

　　我把結合「被動式運動」及「經絡共振」原理的運動，稱之為「諧振運動」。

諧振運動～舒適／快捷／便利

　　青壯年因運動量大，身體大致還維持不錯的體能，但 40 歲以上身體開始走下坡的時候，就懶的運動，體能愈來愈差，許多文明病就這樣跑出來。

　　諧振運動最大的特色是以科技自動化設備，可以快速協助虛弱的身體恢復健康，取代「費時／費力／低效率」的傳統自我訓練，尤其是針對已經「無法運動」的人們提供一條「舒適／快捷／便利」的健康捷徑。

除了說明「諧振運動」之外，本書還包括以下內容：

1、強調「三焦經」的重要，及為何「修行者」可以不吃東西卻仍然可以正常生活的道理，也從此道理說明「能量」獲取的管道，及「諧振運動」為何可以輕鬆快速補充身體「能量「的秘密，及身體如何運用此「能量」來「自我療癒」，同時將探討「能量／氣「到底何種「型態「的東西，能量跟氣有何差別？

2、何謂「上醫治未病」？「上醫與中醫」的差別，及到底誰是「上醫」？

3、何謂「好轉反應」？身體進行修護大掃除的時候，體內到底會有何反應？

4、何謂「自律神經失調」？高血壓／癌症／睡眠障礙／身心症／三高發生的原因？

5、為何「糖尿病」需要注射胰島素嗎？正確的治療方式是什麼？

6、為何「穿了鞋子就壞了身子」？自由基如何殘害身體？

7、何謂「內臟脂肪」對身體的危害？，及如何快速消除的方法。

8、何謂「肌少症」？可以讓銀髮族「愈活愈年輕」的秘密。

9、何謂「健康三部曲」修護－成長－活力？　實際體驗者分享

10、對於三焦沒有對應器官的千年懸案提出另一種全新的見解。

11、探討「諧振運動」與「脈輪」及「腦波」及腦脊髓液／松果體作用機制探討。

12、根據胚胎發育／經絡順序提出「神造人」的遐想。光場 - 脈輪 - 靈魂 - 肉體 --- 身心靈意義

13、三焦新解重新詮釋人類架構暨現代疾病發生的原因及治療方法

14、諧振運動如何幫助：身心疾病／睡眠障礙／呼吸中止／新冠肺炎／癌症／洗腎患者

本書希望給非工程背景讀者至少傳達信息

正確的健康觀念

現在有許多不正確的健康觀念，包括教育／醫療看病吃藥／飲食／生活作息壞習慣等等，多數人因而疏忽了身體所發出的警訊，既不懂預防之道，又無法即時修護，小病不醫最後演變成重大疾病就很難治療了。

醫療體系也因為對身體整體架構不清楚，找不出應對之道。

人類運作的大架構

身體之所以可以正常運作，其中隱含了許多系統在背後默默持續不斷的協助，如光體／肉體／神經／經絡／細胞粒線體等等，都相互影響／支援，這些系統必須都要能正常運作，身心才會健康，其中提供身體能量暨操控自主神經的源頭，為圍繞在身體周圍的光場，對身體健康之影響最為嚴重，本書最後會告訴讀者光體與肉體互為陰陽的突破性觀念，而現代醫學僅著重肉體／陽，缺乏光場／陰能量的研究，故始終無法治癒疾病。

被動式運動才是最佳的養生方法：身體處於放鬆狀態才能啟動修護工程

諧振運動結合當今最先進的伺服馬達精密振動技術／磁能／AI 智能手環／電腦／機械設計等，根據經絡共振理論所研發的自動化控制健康設備，人們只須躺在諧振運動床上就可以快速／輕鬆恢復身體的健康。

諧振運動所揭櫫「健康三部曲：修護－成長－活力」的治療順序。

探索身心靈的秘密

在人類運作的大架構中隱含著「身心靈」的真相與道理，根據東西方歷史經驗傳承及現代科技的驗證，逐漸解開「身心靈」神秘面紗。

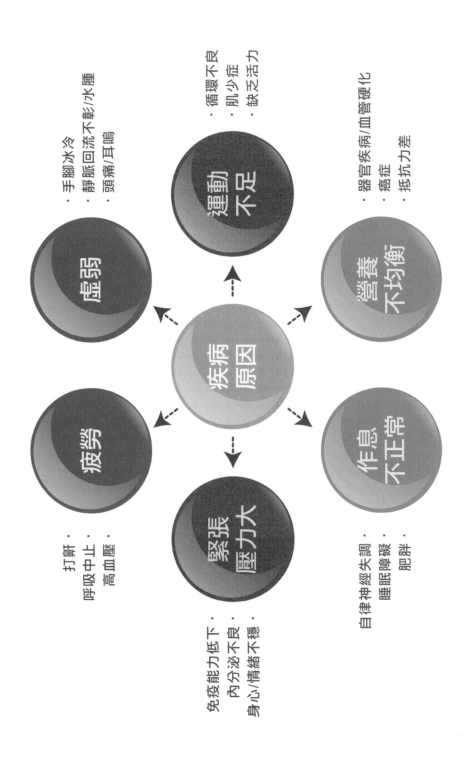

圖一.現代疾病發生原因/結果

疾病原因

虛弱
· 手腳冰冷
· 靜脈回流不彰/水腫
· 頭痛/耳鳴

運動不足
· 循環不良
· 肌少症
· 缺乏活力

營養不均衡
· 器官疾病/血管硬化
· 癌症
· 抵抗力差

疲勞
· 打鼾
· 呼吸中止
· 高血壓

緊張壓力大
· 免疫能力低下
· 內分泌不良
· 身心/情緒不穩

作息不正常
· 自律神經失調
· 睡眠障礙
· 肥胖

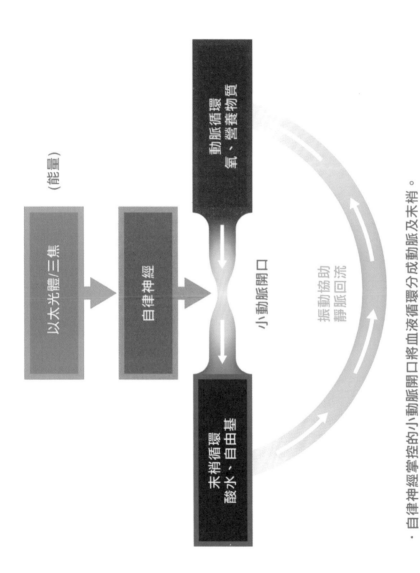

圖二. 動脈循環/末稍循環與自律神經關聯

· 自律神經掌控的小動脈開口將血液循環分成動脈及末稍。

· 以太光體/三焦是自律神經控制的源頭。

· 振動有助於末稍循環及靜脈回流。

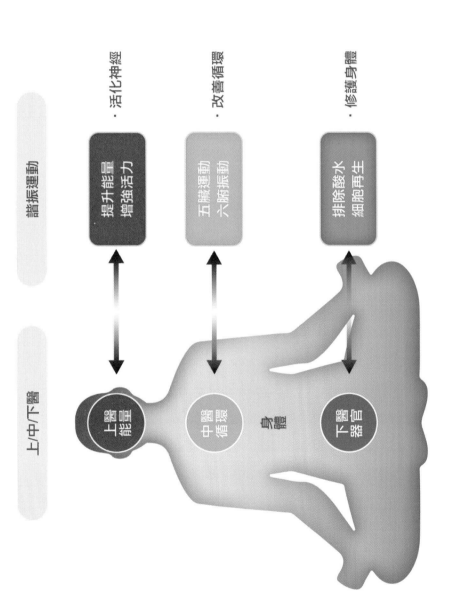

圖三. 諧振運動與上/中/下醫關聯

諧振運動

上/中/下醫

提升能量
增強活力
· 活化神經

五臟運動
六腑振動
· 改善循環

排除酸水
細胞再生
· 修護身體

上醫
能量

中醫
循環

身
體

下醫
器官

諧振運動的理論技術與目的

　　諧振運動是我花了將近 20 年的時間，將我在工研院所學「機器人控制技術」再精進到專利「振動」領域，所創建的一套促進身體健康的技術理論與設備。

　　諧振運動結合了「東方氣功／西方光場能量」與「中醫經絡共振」及西醫細胞神經科學所衍生的一套理論，並採用專利「伺服振動控制技術及磁能」，來實現「諧振運動」功能，使用者完全不須要以傳統消耗體力的「主動式肌肉鍛鍊運動」方式，就可以達到養生健康的目的。

　　諧振運動提升「身體及能量場能量」，及協助「五臟運動＋六腑振動」，「排除酸水，增加大腦血流量」，五臟運動活化內臟及動脈循環，六腑振動活化末稍循環／三焦經，平衡自律神經，適合銀髮族養生修護，青壯年消除疲勞及能量的補充，請參閱圖七。

諧振運動就是與身體產生和諧共振的運動

　　諧振運動理論係根據中央研究院王唯工博士，歷經 17 年研究中醫把脈，以物理科學方法，將中醫精深不容易傳承的把脈技術破解了，他發現「經脈共振」現象，「心臟、血管、器官、經脈在氣的統合下組成循環共振腔系統，12 經脈的共振頻率，是以心臟頻率開始由 1 到 12 倍頻振動」，並發表於「氣的樂章」系列書，時間點剛好我也開始開發以伺服馬達振動技術為基礎的「振動系列」產品，振動頻率竟然與王唯工博士「經脈共振」頻率不謀而合，實在是太巧合了。

　　經脈共振理論是一項劃時代發現，將中醫艱澀難學的「把脈」技巧，應用現代物理科學方法，把中醫傳承幾千年的經絡學說，賦予科學新定義，而且比傳統詮釋更為精準，更為實用，可以說把中醫經絡理論用更淺顯易懂的「振動頻率」來解釋脈象，分析每個經絡有各自單獨的不同頻率，總比 12 經脈混合波來得容易分析。

　　王博士談「氣」也就是「能量」是經脈能夠共振的依據，「氣強／能量足／脈象就強」，人只要沒有了那一口「氣」，經脈無法運作，人體就死亡。

本書將會探討及補充／修正王博士理論幾項觀點

1、王博士認定「動脈血壓力波」就是中醫所講的「氣」的說法正確嗎？

2、動脈經「經脈共振」協助下，已經把血液輸送到小動脈準備進入微血管的地方，為何還在小動脈處設置由「自律神經」調控開關的目的？

3、傳統經由手腕「橈動脈」所看到的脈象可以完全反應身體情況嗎？

4、為何「諧振運動」可以提升三焦能量，讓身體自行啟動自癒能力？

5、高頻諧振促進組織間液體流動／末梢循環，強化「靜脈回流」非常重要！

6、三焦經／小腸經／心經及心包經為什麼排在經脈共振頻率最後面／最高頻的道理！

7、根據十幾年來的臨床及參考國內外資料，確信不只 12 經脈在共振，奇經八脈及 15 絡脈也在共振，只因共振頻率高，手指脈診已經無法感測，身體振動頻率由裡面（內臟）往中（六腑）到外面（皮膚），愈到表層頻率愈高，且與人類光場相互連接，一脈相承，光場最外層頻率高達 2000Hz，光體構建人類身體所有資訊及能量系統，全書後面把「經脈共振」訂正為「經絡共振」。

　　傳統能量的來源有二條路徑，一個是靠飲食，一個是靠修行獲取大自然能量，現代人因不重視靈性修持這條路，99％的人類幾乎仰賴「飲食」這條路了，加重消化系統負擔，加上現代食物因土壤酸化又使用農藥，造成食物能量愈來愈貧瘠。

　　王唯工博士花了 17 年從理論探討，小心求證再到人體實驗，完善了「經絡共振」理論，也發明了「脈診儀」可以量測到身體經絡狀態。

　　我也花了將近 20 年時間，參考王唯工博士經脈共振理論，及接受美國 NIMS 公司委託合作開發「水平律動床」實務經驗，加上我追求真相的熱誠與個性，不斷地深入研究探求，我完善了「諧振運動」理論，且持續優化：

　　　　將僅能把血液打到動脈的水平律動床，優化到可以把血液打到末梢循環，及協助靜脈回流的「立體諧振床」，尤其是提升「大腦前額葉」血液功能非常顯著，對於「腦部缺氧衍生的問題」及「失智患者」幫助非常大。

　　　　在諧振的同時加入「動態磁能」效果，將原本只能提升身體經絡能量的功能　強化到可同時提升「能量場」能量功效，大大改善「自律神經「及身心失調問題，找到了一把可以開啟人類身體健康非常重要的「無形能量鑰匙」！！

我們陸續開發諧振運動系列產品，再從會員使用與學校及醫院的臨床研究中確認「諧振運動」效果，使用者僅需輕鬆地躺在「諧振運動」床上，藉由提升「身體及能量場能量」，及協助「五臟運動＋六腑振動」，「排除酸水，增加大腦血流量」，身體將會自行啟動「自我療癒功能」快速恢復健康。

藉著「諧振運動」設備，人類幾千年來頭一次可以不用再完全依賴「飲食」方式取得能量，靠著現代科技技術之賜，非常容易獲得身體所需的能量，這是上天賜給人類最棒的禮物，有了足夠的能量，就可以恢復身體自我療癒能力，遠離病痛的折磨，人類能量獲取的來源新增了第三條「諧振運動」這條管道。

王唯工博士「經脈共振」理論找出了我們身體經絡運作的方式。

我所創新的「諧振運動」理論開發出恢復我們身體健康的設備。

我所研發的「動態磁能」設備將「中醫」功能提高至「上醫」的位階。

我用我所開發的諧振運動系列產品，剛好驗證了王唯工博士「經脈共振」理論，經由體驗館會員的使用心得回饋，逐次調整／改善，確認王博士理論大體上是正確的，因為是採用伺服馬達精密振動控制技術，頻率完全涵蓋 12 經脈共振頻率範圍，振動強度足以誘發身體產生「諧振運動」效果，尤其是「三焦經」，三焦經是心臟頻率第九諧波，頻率高不容易被激活，加上現代人缺少運動，造成三焦經能量低落，衍生自律神經／內分泌失調問題，產生許多文明病。

華佗在（中藏經）上說：三焦者，統領五臟，六腑，榮衛，經絡，內外左右上下之氣也…，西醫而言就是身體神經及內分泌系統，自律神經也是受其管轄。

李時珍「奇經八脈考」中說明奇經八脈是「氣之江湖」，奇經八脈就是屬於三焦，三焦能量多的話，若哪一個經不好，它可以去幫忙，協助身體恢復健康。

三焦經在 12 經脈中是「重中之重」，他是身體運作的「總管理師」，掌管「自律神經及內分泌」，華佗才會這樣說，只可惜中醫好像也無法從此體會及應用三焦經來維護身體的正常運作。

諧振運動針對身體奧秘再精進深化探討與發現

我在將近二十年研究經絡共振及實際體驗之中，印證王博士的經絡共振理論基本上是正確的，但對於三焦經以上的經絡及能量交代的並不清楚，與古代名醫所論述的三焦功能差異頗大，高頻部分因脈診無法準確量測造成研究有失偏頗。

我按照王博士的「經絡共振」理論，以三焦經的振動頻率實施振動，仍然無法達到華佗所描述的「三焦者統領五臟六腑」的功效，我本身因自律神經失調所

引發的「手汗症」仍然無法獲得改善，亦無法完全改善其他人睡眠障礙的問題！！

　　直到我將諧振運動設備再加入「磁能」的作用之後，「動態磁能」效果就達到華佗所說的「三焦者統領五臟六腑」，使用「動態磁能」床之後，全身感覺被一層厚厚的「氣場包覆住」，我手汗症獲得改善，「身心科」患者使用之後成效顯著，再經過不斷的探討，我總算解開了華佗「三焦者統領五臟六腑」千年之謎：

1、圍繞在我們身體周圍存在著一層我們用肉眼看不到的的「能量光場」，此能量光場才是華佗在「中藏經」所描述的三焦！

2、中醫所論述及流傳千年的「脈診」，包括王唯工博士「經脈共振」理論都只是在探討我們「身體脈內動脈循環」的狀態而已，對於「身體脈外佔了九成微血管的末稍循環／全身細胞／皮膚」及肉體外圍的能量場好像都不提了！！身體脈外的「末稍循環」及掌控身體運作的「能量光場」　如果不處裡，中醫仍然只停留在「治標不治本」的狀態。

3、「光場能量的提升」及「肉體系統循環不良」及「器官受損」的問題必須同時調理，才能真正解決人類健康的問題，現代西醫／中醫／能量預防醫學各行其事，無法整合才是現代文明病無法有效治療的根本問題。

4、王博士「經脈共振」所說三焦經為心臟第九諧波的論述，及第九諧波走身體表層皮膚的見解是正確的，我也是基於王博士此論點，以第九諧波的振動頻率研究，再加入「磁能」的雙重作用下才獲得提升人體外圍能量場及身體經絡能量的效果。

5、經絡共振確實可以協助「肉體」五臟／六腑恢復正常運作，而再加入「磁能」強化了「光體」能量，修護了「掌控自主神經與情緒」的源頭，請參閱圖八。

　　　　本書將探討古代名醫華佗與李時珍所言的三焦與三焦經到底有何不同？對三焦經為何沒有相對應器官的懸案做一解釋，並因此而懷疑歷經千年傳承下來的「中醫」是不是已經遺失了一個非常重要的環節？中醫所依賴的「脈診」真的可以完全顯現身體的問題嗎？

　　　　王博士依據所發明的脈診儀，以判定身體到底是哪裡出問題，但缺乏「諧振運動」器材來佐證經絡共振理論，尤其高頻能量沿用傳統手法很難提升，顯現不出共振理論的優越性，甚至被國內外學者懷疑及批評，而「脈診儀」其實也量測不到三焦經以上的高頻能量，本書將會逐次說明。

我創建了諧振運動器材，可以在「不需儀器診斷身體」的情況下，直接利用諧振運動器材提升身體能量，尤其是以 12 經脈個別頻率增加經絡個別能量，當身體能量足夠的時候，身體修護系統將自動啟動，最適合亞健康族群養生需要。

　　人身體有一套完整的「自動控制系統」，不用我們費心，日以繼夜的自動控制全身系統的運作，及防護身體抵抗病毒／風寒侵襲的「免疫系統」，唯一要求是我們要懂得保養，提供足夠的「能量」，身體就會以最佳方式運作，然而現代人不注重養生，熬夜酗酒缺乏運動，又吃錯了食物，加上生活壓力大，身心失調造成修護能力及「免疫系統」都關閉了，病毒細菌也不防護，也放棄抗癌，身體就出現問題了。

　　王博士找到了「經脈共振」理論，但並沒有交代經脈共振所需的「能量」從何而來？ 中醫談「能量／脈強弱」跟西方醫學研究的「細胞粒腺體產生能量」及「東方氣功調理與西方人體能量場療癒」之間是否有關連？

　　細胞／生物體與能量／經絡系統之間關聯，應是中醫與西醫之間連結的橋樑，而經絡系統與東方氣功／西方能量場之間關聯，應是中醫與能量預防醫學之間連結的橋樑，我相信我已經找到了，由於有了這二條連結的橋樑，可以解釋為何瑜珈大師可以長年不用飲食，可以生存，有鼓吹「食氣族」或「斷食療法」者，與修行大師可以在閉關時不必飲食，仍然生活得好好的，常人靠飲食經由細胞粒腺體產生能量，而中醫所談的經絡能量是來自哪裡？能量可以儲存嗎？用什麼方式儲存？是儲存在包覆人體的能量場嗎？人類身體到底是如何運作的呢？本書最後會跟讀者說明身體的奧秘。

　　所謂「上醫治未病」所憑就是「能量」作為手段，「未病」就是身體還有能量但已經低落的時候，盡快給與身體能量，讓身體「自行修護」，身體健康品質在中醫而言幾乎都是圍繞在能量上，而「諧振運動」就是提供身體能量另一條快速便捷的管道。

　　「上醫」到底是誰呢？上醫與中醫有何差別呢？本書會告訴讀者誰是「上醫」。

　　本書也會說明西方醫學所謂「治療」對策其實都是在「干擾」身體治癒能力，身體在自我修護的時候會產生「好轉反應」，如感冒發燒目的在消滅病原體，服用退燒藥剛好讓病毒有機會增長流竄，流鼻涕是在排除身體的寒氣，抑制流鼻涕

會把寒氣往體內逼，寒氣多了身體就變成寒濕體質，高血壓是身體缺氧向心臟求救，照理治療方向是要協助改善缺氧的的地方，但西醫的方式反而是在「干擾」心臟的治療工作，本書將會詳細說明西醫的盲點及錯誤，害得現代人一堆文明病。

許多「退休族群」在退休前身體都還好，但不知為什麼一退休之後，到醫院體檢卻發現一推毛病！這是不合理的現象，照理說退休後身體放鬆了，工作壓力解除，睡覺時間也多了，上班沒有問題，退休後反而發生這種問題呢？其實是退休之後身體開始補充了能量，以往在上班因為種種因素身體暫時不進行修護，等到退休充分修養把能量養足了，身體才開始啟動自我療癒機制並產生「好轉反應」，結果西醫把「好轉反應」當作生病來「治療」，干擾了身體自我療癒機制，為何西醫無法治癒身體的原因就是在此，國人必須對於「好轉反應」要有正確的觀念，不要因為產生「好轉反應」而心生恐懼，身體反而會受到「恐懼」的影響，反而惡化了。

使用「諧振運動」設備，一開始前幾周幾乎 80% 的人都會產生「好轉反應」，有些人因此原因停止使用，有些人聽從我們的指導，忍受「好轉反應」帶來的痠痛，身體不是一次全部反映問題，會分別逐次反應身體問題，如高血壓問題一開始會顯現出身體缺氧部位的痠痛，一段時間酸痛部位就好了，長年高血壓問題就解決了。

另一項造成人類文明病的一項重大敗筆，就是人類發明了「鞋子」，將身體產生能量／壓力／病毒／化學毒害過程所衍生的「自由基」，及身體累積的「穢氣」，因鞋子的阻擋而無法洩放到大地所致，而人類糖尿病成長曲線竟然與「鞋子」成長曲現一模一樣！

本書也會針對糖尿病注射胰島素的問題，說明西醫治標不治本，消除了血糖但同時又製造對身體更大的致命元凶「內臟脂肪」。

本書會針對如何消除「內臟脂肪」快速方案，同時又可以避免銀髮族「肌少症」問題。

本書針對「主動式運動」與「被動式運動」優缺點及適合族群進行分析說明。

諧振運動設備 20 年的研發過程簡述

第一個產品「振動跑步機」讓我踏入「振動」健康領域，知道「高頻振動模式」失眠者躺在跑步機上振一振就睡著了，啟發了振動能量這條路。

第二個產品接受美國 NIMS 公司委託開發全世界第一台通過美國 FDA 認證的「水平律動床」，知道低頻運動模式可以幫助進行內臟運動，心肺復甦，大大改善心腦血管疾病的問題，請參考簡志龍醫師所著「水平律動療法」有詳細說明。

第三個產品「動態磁能」改善了我手汗，提升我免疫系統，讓我這十幾年來幾乎與感冒絕緣，同時讓我體驗到「三焦經」是 12 經絡之中的重中之重，因為它掌管內分泌系統及神經，尤其是「自律神經」為身體總管理師，人類許多文明病首先都是自律神經失調開始的，只要提升「三焦經」能量，就可以直接改善自律神經失調問題，其他問題就交給身體總管理師的「自律神經」自行處理就好了。

另外膀胱經的「俞穴」是五臟六腑的自律神經輸入點，連同督脈從大椎到命門是本機磁能強化的重點，這些穴道活化了，五臟六腑的病痛就解除大半了。

第四個產品「振動肌力機」，提升運動員訓練效能之外，針對銀髮族「肌少症」及「膝關節退化」問題，提供一款既輕鬆／省時又省力的革命性復健器材。

第五個產品「立體諧振」，結合「五臟運動＋六腑振動」完善經絡共振理論，經學術研究人體檢測確認提高「大腦前額葉」血流量是傳統美國 NIMS 水平律動床的 200%，同時增加了「振動功能」，將傳統水平律動改善心腦血管功能之外再加入可以改善自律神經／內分泌失調所衍生的疾病，且因結合了律動與電動睡床雙功能，最適合居家養生及老人安養照護。

為了更加優化「立體諧振」，再增加了「心率諧振」控制模式，引進 AI 智慧手環「心率」感測元件做為健康管理，床振動頻率將自動根據使用者的心跳，隨時追蹤及更正振動頻率，落實並實現王唯工博士「經絡共振」理論精神。

「立體諧振」同時也獲得 20 年發明專利「多功能止鼾運動裝置」藉由 AI 智慧手環血氧飽和度 SPO2 做為健康管理依據，當 SPO2 降低的時候，主動啟動諧振裝置，免除身體缺氧的危險。

前面五項產品花了將近 20 年時間才完成，至此總算完善了「健康三部曲」～「修護→成長→活力」的產品開發，所有產品皆榮獲國內外發明專利。

健康三部曲「諧振運動」從會員實際體驗的成果，可以很有信心的告訴讀者「諧振運動」器材，促進健康效率之高與快速，絕非傳統鍛鍊／吃藥可以比擬的。

諧振運動的特色

1、諧振運動是「被動式運動」，盡管身體體能即將耗盡，血液／呼吸循環幾乎

停擺，諧振運動以科技自動化設備仍然可以快速協助身體恢復健康，取代「費時／費力／低效率」的傳統自我訓練，只要輕輕鬆鬆地躺在「諧振運動」床上面，自動協助身體輕鬆的產生「橫膈膜運動或稱為腹式呼吸法」，一來大量增加肺活量及血流量，二來幫助腸胃快速將食物消化掉，連在睡覺之中都可以改善「睡眠障礙及呼吸中止症」問題，尤其是針對已經「無法運動」的人們提供一條「舒適／快捷／便利」的健康捷徑

2、諧振運動以體外振動方式恢復身體「經絡共振」，無須藥物協助就可以輕鬆快速的將血液打到「大腦前額葉」，身體許多毛病的起因都是因腦部缺氧而引發。如失智／阿茲海默／高血壓／睡眠障礙／頭暈目眩／耳鳴腦鳴…。

3、諧振運動結合「能量／經絡共振及內臟按摩」，是全方位健康促進，從能量場能量的補充，再到身體經絡系統的活化，協助身體系統／器官／細胞運作。

4、諧振運動涵蓋「脈輪／光場能量療癒 」「中醫經絡氣統血理論」及「西醫自律神經／細胞粒線體能量產生原理」貫通陰陽理論／能量／中醫／西醫。

5、諧振運動不需借助任何儀器的診斷，無須複雜費時的治療手段，只需要「提升身體及光場能量」，協助「五臟運動／六腑振動，排除酸水增加大腦血流量」，身體「自我療癒」系統將接手修護／各系統器官及細胞運作。

6、諧振運動是全民／全齡運動，融入居家／社區／長照，是老齡化社會保健利器。

　　本書立論基礎係根據「經絡共振理論」為基礎，以自動化技術所研發的「諧振運動」設備，再以人體臨床所得到的實際經驗，其中整合了東西方能量療癒經驗，中醫經絡及西醫細胞粒線體產生能量的機制，再參考中國醫療書籍如黃帝內經／華佗／李時珍等名醫暨國外光療的觀點，抽絲剝繭尋找到可以解釋人類運作的大架構。

　　我所接受的教育並非能量／中醫／西醫的範疇，我專長於工程領域，舉凡機械／電子／電機／軟體／自動控制／機器人伺服馬達驅動控制，所學技術既精深又廣泛，在創新設計上才沒有死角，我以當今最先進「伺服馬達再精進的振動專利技術，結合磁能暨 AI 智能手環感測技術，實現經絡共振理論」，同時找到了能量／中醫／西醫三方的連結橋梁，並審視醫學領域能量／中醫／西醫優缺點，因為沒有傳統醫學教育的包袱，敢提出超越藩籬的問題，且從不同領域的視角多方尋求解答，再應用科技技術小心求證，結果創造了當今傳統醫學無法達成的效果，

這也印證了「創新來自於跨領域的思維激盪暨科學技術驗證」，「跨業交流／整合才有突破性的創新」。

　　本書目的不在批判現有傳統醫學各自為政的習性，而是希望站在較高的視野，探索／發掘自然的真相，人類健康的大架構，及隱藏在幕後的真理，衷心的希望本書的讀者讀完本書之後，真正了解人類與宇宙真相道理，讓個人「身心靈」得以成長，社會趨向和諧，人類可以遠離二元性的幻象邁向合一的境界。

　　諧振運動在 21 世紀，我相信會成為一門「能量預防醫學」的顯學，將中醫發揚光大，本書存在著許多大膽的假設，尚待科學實驗來求證，僅藉此拋磚引玉，提出一些「大哉問」的問題，希望能夠吸引更多優秀人才投入研究及發揚。

圖八.光場與身體關聯

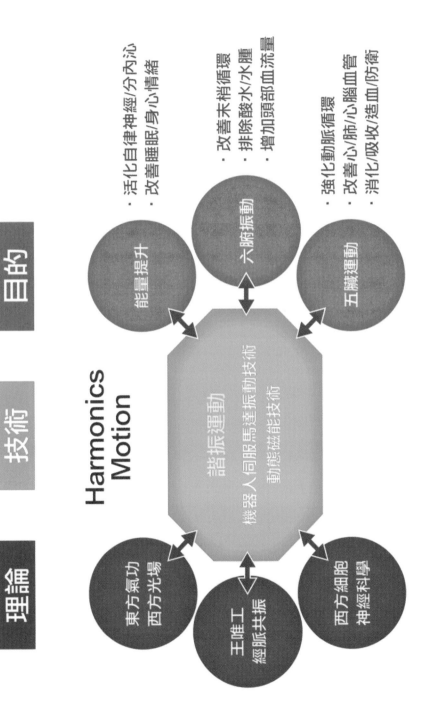

理論　　　技術　　　目的

Harmonics
Motion

諧振運動
機器人伺服馬達振動技術
動態磁能技術

東方氣功
西方光場

王唯工
經脈共振

西方細胞
神經科學

能量提升

六腑振動

五臟運動

・活化自律神經/分內泌
・改善睡眠/身心情緒

・改善末梢循環
・排除酸水/水腫
・增加頭部血流量

・強化動脈循環
・改善心/肺/心腦血管
・消化/吸收/造血/防衛

圖七. 諧振運動理論/技術/目的

49

現代醫學迷思及健康觀念的誤解

科技那麼進步，為何癌症／洗腎患者愈來愈多？醫院愈開愈大？

現代科技進步，醫院動則上億的設備進行診斷及治療，一點小病就往大醫院跑，一下子核磁共振，一下子內視鏡，一下子進行切片檢查，台灣確實在健保制度下人們享受優良的醫療環境及設備，但為何台灣洗腎人口達 9 萬人？洗腎率更是世界第一！究其原因在於就是因為健保人們負擔小，動不動就上醫院拿藥吃，藥物對肝腎臟是最大致命傷，另外三高問題愈來愈嚴重，尤其是高血脂是造成腎臟惡化原因，血液中過高的脂肪造成發炎反應，氧化壓力等，高鹽分也會引起腎功能下降。

研究顯示攝取太多動物性蛋白質會造成腎臟組織血液灌流及過濾率增加，形成腎絲球高血壓（Intraglomerularhypertension），根據研究植物性蛋白可增加壽命，降低 34%生命風險。

醫院愈開愈多不是好事，從健康教育／民眾觀念／政府政策／健保制度／醫院對策／醫生醫德各方面都需要全方位檢討，才能設計出提升全民健康品質的制度。

健保制度設計缺乏針對 75％亞健康族群的預防保健規劃

政府計畫缺乏預防觀念，太忽視健康維護，又太依賴藥物，根據台灣 107 年國民醫療保健支出（NHE）為 1 兆 2070 億，較 106 年增加 5%，增幅高於國內生產毛額（GDP）之年增 2.0%，佔 GDP 比重升到 6.6%，其中個人醫療佔達 86.7%（10459 億），醫院及西醫診所佔比高達 80%，稍具預防保健的中醫佔比竟然不到 3%！！！非常匪夷可思！全民健保應該包含預防保健／中醫調理／西醫手術三方面，資源比率須兼顧。

從支出中幾乎全數用於治療及照護，沒有針對預防保健的規劃，所謂預防重於治療，生病了再看醫生負擔就大了，建議增加「預保署」，控制預防／治療資源比率。

要降低健保支出。政府對於健保規劃一定要大大的改變，最重要的是「增加預防保健的預算，從學校教育宣導開始，大力扶持預防醫學的研究，設法維護 75%亞健康族群的健康品質，減少上醫院的機會」，這才是正確之道。

只要提撥健保支出 10-15% 的經費用於預防方面，如全民運動教育宣導，策略扶持預防產業，補助研發預防及保健設備廠商，補助購買運動／保健設備費用等，以 10-15% 經費強化預防醫學來保護 75% 亞健康族群，效果絕對是划算的。

國民運動中心已經開始設置，建議除了提供「主動式運動」設備之外，需增加「被動式運動」設備，以鼓勵及吸引銀髮族輕鬆來運動，維護健康降低看病機率。

建議將地方區域衛生局重心擺放在「預防保健」，將蚊子館改成「保健中心」。

國人太依賴藥物，加上健保制度設計造成醫生開藥太氾濫

台灣健保個人負擔小，造成稍有一點毛病就上醫院拿藥吃，像感冒在國外很少開藥，但國人習慣吃藥，而且很能吃藥，醫院投其所好開藥太氾濫，健保制度是幫兇，因為藥開得多，醫院請領健保費就多，且西藥副作用太強，病還沒治好，身體已經被毒害了，政府責無旁貸必須由教育開始，從小教育多運動少吃藥的習慣。

根據統計醫療支出前十大疾病，慢性腎病排名第一，年花健保費達 513 億，全台灣有 9 萬人洗腎，其次是糖尿病花費 291 億，三高患者吃的藥都增加了腎功能負擔，久了淪為洗腎患者，患者及家人終生受苦，社會負擔增加，這是一種非常嚴重的惡性循環，如果不思改革任憑這樣的因果關係繼續下去，一定會把健保拖垮。

只要個人懂得預防之道，減少吃藥，慢性腎病／糖尿／洗腎支出會大為降低。

中醫與西醫的短板在哪裡？

中醫～把脈傳承不易，診斷不精準，「氣」太玄了，能量也摸不著！！

中醫師養成不容易，尤其是中醫強調整體醫學，相生相剋相互影響，像胃發炎，可能是脾臟／肝臟的問題造成胃發炎，脾／肝治好了，胃發炎問題就解決了，但因系統關聯性太複雜，加上診斷方法「望聞問切」不易傳承，診斷如發生偏頗，所開中藥處方就無法對症下藥，讓人感覺治療效果慢，影響中醫的推廣。

另外「把脈」診斷很難「定性／定量」分析，無法被當今主流西醫接受。

我也很納悶，中醫有幾千年的歷史，經絡穴道／系統理論及脈診／中草藥應用已經非常完整了，為什麼無法成為醫學主流？除了脈診很難定性／定量分析之外，是否還存在根本性的問題呢？脈診能真正診斷出身體所有問題嗎？

中醫是整體系統的學問，五臟／六腑存在相生相剋道理，中醫最主要的依據就是以「脈診」來判斷「氣」的狀態，也就是「能量」強弱代表身體健康狀態及自癒能力，佐以中藥／針灸／推拿調理經絡，目的就是在提升身體「能量」讓整體系統達到平衡，身體免疫及自癒能力可以勝任照顧身體。

中醫的主要論述就是「能量」，但現在中醫治療手段好像缺乏如何「提升能量」的方法，中醫既然談「能量」但對於如何「提升能量」對策似乎不多，中醫的「能量」學說好像與細胞粒腺體產生能量又扯不上關係，無法取信以「眼見為憑」的西醫實證系統，這可能就是中醫無法大力邁開步伐的原因。

中醫「三焦者」統領五臟，六腑，榮衛，經絡，內外左右上下之氣也，西醫而言就是「自律神經與內分泌」系統的掌控者，這是非常重要的一條指引，影響身體非常巨大，但是中醫好像也沒有很重視或者也拿不出有效方法來提升「三焦」能量呢？

根據脈診儀所量測的 12 經脈頻譜分析，「高頻」的信號幾乎量不到，可能是能量太低，或是無法顯示在脈診儀上面，沒有信號作為依據，如何進行治療呢？三焦經第 9 諧波，掌管身體「自動控制系統」，把脈都把不出來，這應該就是「中醫」的短板。

「能量」是中醫系統理論的「靈魂」，但「能量」也是中醫治療手法的「短板」，本書將揭露「氣場能量／經絡／與細胞／粒腺體之關聯」，揭開中醫神秘的面紗，重點在於研究如何「快速提升能量」的方法，及分析「上醫如何治未病」的原理。

何謂「上醫」、何謂「中醫」？中間的差別在哪裡呢？主要分別就在於「脈內」與「脈外」，「中醫」是在處理「脈內五臟六腑」的疾病，而「上醫」是在調整「脈外能量」及全身皮膚／末梢微循環／「水分」組織液／淋巴／腦脊髓液循環／神經及免疫系統的活化。

> 我們的身體就是「上醫」，他無時無刻維持身體正常運作，只要我們滿足「上醫」所需的「能量」，其他的事情就完全交給這位「上醫」自行處理就好了，不需要外界去干擾他，至於如何提升自身的能量呢？本書將提出一套創新的理論。

西醫～研究死人解剖學，只能處裡身體物質結構，但活人與死人差別很大！！

西醫養成主要是以解剖學而來，研究身體各器官／結構。以系統化將身體分門別類，以現代科學能確認及量測得到的才認定是科學，但其最大盲點是解剖學是解剖及研究死亡屍體而來，死人與活人有許多不同的地方，如經絡及代表身體能量的氣在人體死亡後是量測不到的。

就像把馬達拆開來研究，馬達由矽鋼片，銅線及磁鐵組成，這只是馬達的硬體 結構，如果不通電馬達就不會轉，好比汽油車結構有引擎，減速機／傳動軸，但如果沒有油車子會跑嗎？西醫擅長的就是處理人體器官有形物質結構問題及緊急手術。

最近科學研究應用電子顯微鏡，超聲成像及力學分析儀得出針灸穴位在肌肉與肌肉／骨骼或肌肉與肌腱之間的「骨間膜表層」，穴道直徑約 5-8 毫米，厚度約 1 微米，針對中醫經絡系統已經稍有眉目，其實早在 1990 年，大陸復旦大學費倫教授及天津研究小組歷經十年研究，證實經絡是一種具有光纖特性液晶態物質，身體全部臟腑被一層密密麻麻的「光纖維膜」保護著，連「個別細胞至少有二根膠原纖維連接」，且具有攜帶組織液流場能力，針刺穴位可以造成此流場的流動，可能就是中醫所謂的「衛氣」，包覆在臟腑的光纖維膜作用機制為何呢？穴道及經絡又是做什麼用呢？幾千年來中醫治療理論所憑的道理及中藥／推拿又是如何作用呢？請參閱圖九。

2021 年國際權威期刊「循證補充和替代醫學」，刊登由中醫科學院與美哈佛大學醫學院合作，在 15 名實驗者用螢光染料注射在心包經穴道，證實經絡路徑確實存在，也再次印證了復旦大學早期所研究的經絡循環。

美國奧克蘭大學吳建華教授實驗室發現，人體體液中有十倍於紅細胞數量的納米級非 DNA 蛋白質生命小體在間隙體液中作自主運動，北京幾位教授研究此流動是隨者經絡路徑，具有與「脈動同步的微小波動」，此「波動」意涵是什麼呢？

科學實驗論證經絡通道，而經絡之於身體而言仍然屬於硬體結構，真正啟動經絡運行的是氣，是能量，也就是說身體經絡系統硬體是「光纖」及組織間液體，光纖也是電的良導體，他所要傳遞的物質或是說信息就是「氣」，具有波動性，把脈就是在量測氣的脈動特質「強度」及「頻率」，死人與活人最大的差別就是這一口「氣」。

後續將探討到底經絡攜帶的「氣」目的為何？為何身體要構建像蜘蛛網般的光纖網路？中醫所謂「氣統血」是什麼意思？每條經絡所攜帶的「氣」是一樣的嗎？如果是一樣那幹嘛要分 12 經絡呢？還有「氣」從何來？細胞「粒線體」產生的能量「ATP」是經由血液還是經絡來傳遞的？細胞連接膠原纖維的目的是什麼？「氣」與身體健康的關聯是什麼？

西醫把身體區分許多系統，分得太細了以致於無法看清病情的根源

像胃發炎，可能是因為脾或肝的問題造成胃發炎，要治源頭，源頭好了，胃發炎問題就解決了，五臟六腑相生相剋，相互關聯，不是可以單獨解決問題的。

像「三焦經」缺乏能量，造成自律神經及內分泌失調，如高血壓／睡眠障礙／甲狀腺亢進／低下，過敏／心悸／便秘／腹脹腹瀉／身心科疾病，幾乎脫離不了「三焦經」問題，因西醫根本不知道「三焦經」的存在，只能在枝節處理，病怎麼會好？

西醫大部分的治療手段，其實是在干擾身體自我修護時所產生的「好轉反應」

西方醫學所謂「治療」對策其實都是在「干擾」身體治癒能力，身體在自我修護的時候會產生「好轉反應」，如感冒發燒目的在消滅病原體，服用退燒藥剛好讓病毒有機會增長流竄，流鼻涕是在排除身體的寒氣，抑制流鼻涕會把寒氣往體內逼，寒氣多了身體就變成寒濕體質。

高血壓大部分原因是掌控微循環的「自律神經」失調造成身體局部缺氧，要求心臟加壓，心臟功能還正常的時候還能加壓，結果西醫所開的藥是利尿劑降低血壓／阻斷劑降低心跳／鈣離子拮抗劑擴張血管，但血壓只能控制，因為無法針對自律神經失調所產生微循環問題，缺氧的細胞組織仍舊缺氧，心臟仍舊要試著解決問題，而西藥一直在干擾心臟的功能，直到心臟已經無力加壓，缺氧細胞最終癌化，長期吃藥吃到洗腎。

全世界將近有 30% 人遭受失眠之苦，造成失眠有許多因素如心情／壓力造成自律神經失調／腦部循環差／腦部經絡阻塞，目前投以安眠藥，但安眠藥無法讓患者深度睡眠，早上醒來神智仍然不清，最新研究安眠藥也是致癌物質。

對中西醫而言因「身心壓力」造成自律神經及內分泌失調所產生疾病，如神

經／精神科／睡眠障礙／心律不整／高血壓等較欠缺有效對策。那到底有沒有更好的路徑可以快速解決這些問題呢？答案就存在於「能量醫學」裡！這是本書很重要主題。

中西醫必須加速研究能量預防醫學的知識及觀念，才能全方位防護健康。

台灣有幾家醫學中心設立「能量療癒」中心，總算開啟了能量研究之門。

最新研究報導更新以往錯誤的觀念

保健食品良莠不齊，吃進太多化學毒素又缺乏排毒方法

現在市面上有太多標榜有機保健食品其實自然成分只有 10%，化學成分佔了 90%，吃多了肝及腎都受不了，蔬菜又遭受農藥殘留影響，這些化學毒物積累在身體中，加上現代人缺乏運動，無法將毒素排除。

牛奶是頭號過敏原及骨質酥鬆原因：

已經有許多研究指出牛奶／奶製品因飼養及生產過程添加催乳劑／賀爾蒙造成過敏／早熟，研究指出攝取牛奶／乳製品愈多的國家其罹患骨質酥鬆症／骨折率愈高尤其是髖部骨折問題！其原因是因動物性蛋白質會增加血液及組織呈酸性，為了中和此酸性只好從骨骼提取鈣，造成骨質酥鬆易骨折。

糖類／代糖／碳酸蘇打飲料：造成三高／心腦血管／腎臟疾病的風險主要因素

糖吃太多不只會肥胖，造成新陳代謝不佳，包括體重增加，高血壓，血脂異常，糖尿病，罹患小血管疾病腎臟疾病的風險比一般人高出許多，每天喝一杯 500cc 至 600cc 含糖飲料，生長激素會停止分泌二小時，嚴重影響發育。

根據最新研究低卡路里的代糖／碳酸蘇打飲料反而促進肥胖，而且代糖與二型糖尿病風險有正向關聯，如阿斯巴甜也會造成頭痛問題，至於會產生肥胖，是因為身體以「脂肪」將碳酸蘇打飲料中的 CO_2 包覆住，儲存在肚子／內臟脂肪裡。

中央研究院也證實糖是胰臟癌元凶，高濃度葡萄糖產生胰臟 DNA 損傷致癌。

糖很容易讓人上癮，簡直是不會醉的酒精，是現代文明病的隱形殺手。

胰島素注射與內臟脂肪的危害／如何燃燒脂肪？運動訓練燃脂

現在治療糖尿病的手段就是注射胰島素，胰島素確實可以控制血糖值，但大家是否想過身體的血糖跑到哪裡去了？

胰島素將血糖轉化成號稱「萬病之源」的「內臟脂肪」了，內臟脂肪囤積在

腹部及血管中，它會分泌至少 30 種有害發炎物質：

- 對血管的傷害：會分泌令血管縮收致血壓升高／血液黏稠致形成血栓及動脈硬化的物質。
- 分泌妨礙胰島素作用的物質，又加重了病情。
- 分泌最兇猛的致癌物質轉變生長因子（TGF），將正常細胞轉變為癌細胞，如前列腺癌，乳癌等。
- 男性功能障礙，女性荷爾蒙是由脂肪轉化而來，脂肪過剩影響男性雄風。
- 分泌無法節制食慾的物質。
- 降低脂締素濃度，減短壽命。
- 降低免疫物質，最新醫學研究證實「脂肪」加速癌症的擴散。
- 將好的膽固醇轉變為壞的膽固醇

如何減少內臟脂肪呢？如何改善糖尿病呢？最佳途徑就是 ---- 運動

運動可以降低血糖，提升胰島素作用，運動要達到燃燒脂肪必須經過訓練肌肉的過程～

- 訓練肌肉方式可以採用重力訓練，現在流行所謂「速效運動」強調每週三次，每次三分鐘高強度訓練（Higt Intensity Training）或高強度間歇訓練（HIIT）可增進有氧適能和耐力／減少體脂／改善胰島素敏感度。或採用我另一項發明「振動肌力訓練機」可以很快速很輕鬆省力達到肌力訓練效果，本書後面章節有詳細說明。

- 藉由「振動肌力訓練機」破壞老舊肌肉的同時，大腦分泌「生長荷爾蒙」來修護組織傷害，生長荷爾蒙將脂肪分解成脂肪酸，接下來就是要將脂肪酸燃燒掉，燃燒需要氧氣，因此再藉由「有氧運動」如騎自行車或健走來製造腰部以下年輕肌肉。

- 腰部以下的年輕肌肉會分泌一種 myokine 的「抗老化荷爾蒙」，它可以分解脂肪，預防糖尿病，軟化血管進而安定血壓，甚至對認知障礙或癌症都有療效。

- 要燃燒脂肪酸需要氧氣，提高氧氣的工作效率，須讓攜帶氧的紅血球放開氧，可以採用把腳浸泡在含有二氧化碳的碳酸泉，同時提升體溫有助於粒線體將

氫與氧轉化成能量的過程，或使用我所開發的「動態磁能床」經由震動的動能及磁力發電作用提升身體能量及溫度。

　・運動的順序是減脂成敗的關鍵～

　　先從事破壞肌肉的運動以刺激生長荷爾蒙的分泌，接下來才進行有氧運動，燃燒脂肪。

自由基（OH⁻）／活性氧（ROS）的危害：人類發明了絕緣的「鞋子」，卻壞了「身子」

　　自由基是在人體粒線體合成能量時必定會出現的副產物，其中氫氧自由基（OH⁻）影響最大，為了健康鍛鍊肌肉或是為了消除多餘脂肪而運動，都會產生活性氧，抽菸／酒精／化學藥物／紫外線／放射線／空汙／熬夜也會產生自由基，另外壓力或生氣的時候就會從副腺皮質分泌出腎上腺皮質醇（cortisol），除了迫害骨骼與肌肉換取葡萄糖供應之外身體會產生大量活性氧。

　　另一產生自由基的原因是當人體遭受外界病毒感染／受傷等發炎狀態時，如「新冠肺炎」入侵肺部會攻擊細胞導致受損，身體免疫系統會啟動殺菌機制來清除外來物，例如噬中性球及巨噬細胞會增加氧氣攝入，活化 HMS 並產生 H_2O_2 及 O_2，進行殺菌，在攻擊外來微生物的同時，肺部細胞也會受到牽連而受傷，也就是說免疫反應愈激烈，對肺部造成的傷害也就愈大。且若感染結束後，「宿主沒有足夠保護機制，清除過多自由基，將造成細胞第二次損傷」，身體自然擁有的抗氧化酶如超氧岐化酶／過氧化氫酶／穀胱甘汰過氧化酶，對於消除自由基都有幫助。

　　自由基會抑制免疫系統，使人體對癌細胞／細菌／病毒無法有效防疫，會傷害皮膚，使黑斑皺紋產生，加速細胞老化，衍生許多慢性病如高血壓／冠心病／糖尿病／肥胖症…還會攻擊細胞 DNA 引起「癌症／發炎反應」，而長期的慢性發炎會造成許多疾病，如過敏／氣喘／關節炎／疼痛／硬化症／漸凍人／阿茲海默症／紅斑性狼瘡／胰臟炎／ 一型二型糖尿／是身體老化很重要原因之一，活性氧攻擊大腦／心臟／肝臟等各臟器的細胞，同樣會傷害血管，發炎使得血液變得濃稠，導致血管阻塞或血管斑引發心臟病與中風，也是導致白內障原因，這些症狀於早期農耕時代發生的很少，反而是現代人遭受「自由基」的危害較多呢？這問

題值得大家探討！

故如何消除自由基是維持健康很重要的手段，其中常保空腹活性氧才不至於惡化，另外現在流行的吸氫氣／喝氫氣水，利用氫來中和自由基也是一個快速捷徑。

40 歲以上避免激烈運動，適合長期有氧體能訓練如快走／慢跑，可以強化清除自由基能力，飲食方面多吃抗氧化食物／新鮮蔬果／胚芽米／維生素 C ／ E，胡蘿蔔素／蔬果中的多酚生成各種抗氧化酶等。

根據長期研究發現「鞋子成長曲線與糖尿病曲線一模一樣」，就是因為鞋子阻斷了自由基洩放到大地的路徑，過多的自由基擾亂了人體正常的電生化反應，許多研究強調赤腳踩草地或是到海邊採砂子，其目的就是要提供一條路徑好讓自由基釋放掉，人類自作聰明設計了與地絕緣的「鞋子」卻沒有想到竟然阻隔了「自由基」洩放的管道！！

除了自由基之外身體還有一些「穢氣」也須經雙腳排放至大地，本書也會教導讀者如何排除淤積於身體的這些穢氣的方法，請參閱圖十。

當身體接地可以活化身體腳部經絡，尤其是湧泉穴的腎經，膀胱經等，減輕發炎反應，增進心血管／呼吸／神經系統效率，改善睡眠，降低疼痛。縱合前面各方研究，保持身體健康最重要的因素是：

- 清除內臟脂肪：運動破壞舊肌肉／刺激生長荷爾蒙／腰部以下年輕肌肉分解脂肪
- 消除壞的活性氧／自由基：赤腳接地氣／少生氣／喝氫氣水／吃抗氧化植物。

是否能夠找到另一方式，既可以幫身體產生能量以能降低粒線體工作負荷以延長粒腺體壽命及降低自由基的產生，而且還能協助排除自由基？告訴各位讀者，我們花了將近二十年已經找到這條捷徑了～諧振運動可以輕鬆地遠離病痛。

公園走路運動無法有效改善腦部缺氧所衍生的高血壓／頭痛／失眠／腦中風問題

銀髮族習慣於採用走路當作養生運動，有時候一走就是 1-2 小時，走路運動

確實可以預防脂肪肝／心臟／糖尿病／動脈硬化／緩解骨質疏鬆，但必須每天至少行走 5000 步，且需持之以恆，但對於上焦頭部循環差的問題改善有限。

走路促進下焦及中焦身體血液循環及增加腳部肌肉量，改善腳部「靜脈回流」作用，降低腳水腫／靜脈曲張問題，但心臟所增加的血液卻也被「集中調往腿部的肌肉」，加上地心引力影響，當下非但無法增加腦部血液，甚至腦部有可能更加缺氧，反而增加「腦血管栓塞」的風險。

爬山比走路運動對於增加心跳速率有幫助，但同樣是因屬於腿部運動，心臟所增加的血液仍被集中調往腿部的肌肉，且運動強度增加，對於患有心臟疾病／體弱／膝關節退化的人也不適合，分析主要原因如下：

走路是「主動式」運動，都是藉由「肌肉運動」，身體的血液幾乎都供應到「肌肉」上面，腦部及內臟各器官的血液供氧反而減少了，為了弭補因主動式運動所造成腦部及內臟各器官的血液供氧的減少，必須額外增加心臟血輸出量及壓力，但走路運動屬於舒緩運動，無法像跑步或跳繩產生「橫膈膜運動」加壓心臟的效果，缺乏將血液往頭上打的額外血液流量及壓力，尤其是針對銀髮族／三高患者／心臟衰弱／血管堵塞患者，問題更形嚴重。

人體最容易缺氧的地方就是「頭部」，幾乎 80% 高血壓患者及銀髮族疾病都是因為頭部缺氧所致，之所以會缺氧除了心血管問題之外，另一重要原因是「頭部深層經絡阻塞」，造成血液循環變差，喜好冰涼飲品的年輕人此問題更加嚴重，目前醫學檢查不容易發現此問題，必須要採多重對策才能解決腦部缺氧問題，腦部缺氧問題解決了，許多文明病就改善了。

建議到公園的時候，一定要把鞋子脫掉，腳踩在草地上將「自由基／穢氣」洩放之外，做一些像「跑步／跳繩或外丹功」身體上下的運動，借助「橫膈膜上下搖晃」產生較強烈的心肺作用，心臟被動式增加了橫膈膜擠壓，血流量／流速增加才有助於將多餘的血液往頭部打上去。

消耗大量體力與能量，或太頻繁超乎身體負荷的活動不適合養生需求

養生首重養「能量」，銀髮族大多已經缺乏能量，平常強調作息正常，吃有

機營養食物，還要睡「子午覺」，目的就是要消除疲勞增強身體「能量」。

許多人經常天天早起去爬山／慢跑或從事激烈運動，大量排汗，心情也因呼吸新鮮空氣，也消耗了體力，感覺身體輕鬆舒服，這樣效果基本上是好的，但如果運動量超乎身體能承受的，造成體力透支，心臟負荷不了，身體疲勞體力不濟，反而有害身體，衡量標準就看晚上是否會「打呼」？如果會「打呼／呼吸中止」那就要降低運動量／次數，或改較不消耗體力的方式運動，如平常打太極拳／外丹功／短程慢跑，假日再去爬山或從事一次較激烈流點汗的運動。

被動式運動是全民最佳的保健方法—既不消耗體能又輕鬆獲得運動效果

國外已經流行十幾年的「水平律動床」就是一款「被動式運動」設備，一來可以避免因主動式運動產生自由基問題，經國際醫學臨床及美國 FDA 證實，二來可以加速血液循環，促進血管內皮細胞釋放一氧化氮（NO）擴張血管，還會產生溶解血栓的「血纖維蛋白酶」快速清除心臟冠狀動脈阻塞及腦部血管問題，增加脂聯素／降低胰島素阻抗，改善糖尿病，再加上「血液流速的提升」強勢將存在細胞／組織／器官中的自由基／血脂／毒素藉由血液快速排除，對於心腦血管疾病／帕金森氏症／糖尿病／性能力…。都有相當幫助，且最容易實施，成效快速，平常居家使用就可以輕鬆／快速預防心腦血管問題。

現代人因飲食西化，吃進太多肉類／脂肪，加上又缺少運動，造成心臟冠狀動脈阻塞及腦部血管硬化，衍生心肌梗塞／腦中風，平常也沒有什麼徵兆，但是只要一發生，來不及急救很容易要人命。

諧振運動是水平律動床升級改良版，只要在家裡輕鬆躺在「立體諧振床」上，藉由被動式運動效果，按摩心臟促進血液流動，除了有益於心腦血管症狀改善之外，還增加了高頻振動模式，大為提升大腦前額葉血流量功能，對於因腦部缺氧所衍生的失眠／失智／頭痛問題提供一條解決方法，同時並榮獲「多功能止鼾運動裝置」的國家發明，對於被打鼾／呼吸中止困擾已久的人而言提供一種非常輕鬆／自然／睡覺方案。

被動式運動對於銀髮族或生病／沒有體力／膝關節退化無法運動者，提供一

種非常輕易實施／便捷／可靠／速效的促進身體健康的方案。

　　身體要健康除了採用「諧振運動」器材之外，維生素／礦物質／食物多酚蔬果營養補充也是不可或缺，能量是身體運作的動力，而營養則是身體運作的材料，能量及營養必須兼顧，缺一不可，許多人為了減肥採行節食，更需要注意補充維生素／礦物質／多酚蔬果，否則減肥不成反而弄壞身體。

　　　　被動式運動最大的特色就是「身體完全處於放鬆進行修護狀態」，而諧振運動運動模式協助身體產生「橫膈膜運動或稱為腹式呼吸法」，大量增加肺活量及血流量，此時所增加的氧氣暨加速的血液完全送達「五臟／六腑／大腦及身體需要進行修護的部位」，而傳統主動式運動，血液被送達「肌肉」，內臟／大腦／需要修護的部位反而缺氧狀態，而且被動式運動「既不消耗能量，反而增加能量」。

疾病統計與歸納分析：以下我將以統計數據説明現代疾病問題，再歸納分析

疾病統計

全球每年 6000 萬人因疾病去世，其中 1700 萬人為心腦血管疾病患者，相當於每二秒就有一人死亡。 不運動上班族、銀髮族、熬夜者，血液流速慢造成血栓毫無預警發生心肌梗塞、腦梗塞、肺栓塞。

台灣十大死亡排名癌症第一，加上心腦血管疾病合計 46.2%。

全世界 75% 是亞健康族群，有 30% 睡眠障礙族群，生活作息不正常，社會競爭身心壓力大，造成自律神經失調，產生睡眠障礙，免疫系統不工作，最終演變成癌症。

老人化是世界趨勢，養老產業是大家最關注的重點。

醫療體系濫用西藥造成長期洗腎及國家龐大醫療支出。

醫學研究都著重在治標，缺少治本。能量預防醫學，自然免疫療法值得大力推廣。

歸納分析

癌症好發於內臟：因內臟缺乏有效的運動，血液及免疫系統出問題。

肥胖是吃太多，吃錯食物又運動太少所致。

腫瘤肇因於細胞缺氧，高血壓是因為身體某部位缺氧所發出的警訊，缺氧是因為血液系統／自律神經出問題。

帕金森氏症，老人痴呆！肇因於腦部血液循環弱化，導致腦細胞 缺氧所致。

心腦血管問題在於血液流速太慢，血管無法產生足夠 一氧化氮（NO）讓血管擴張，恢復彈性。

睡眠障礙：三焦經能量不足，神經耗弱，自律神經失調。

疲勞身體能量不足容易打鼾，長期打鼾誘發高血壓。

中醫氣虛者身體能量不足，血流速慢，血液裡的水份擴散至組織中造成水腫虛胖，銀髮族身體虛弱需補充能量。

中醫與西方對於能量的連結是藉由
細胞利用二根膠原纖維與經絡系統相連

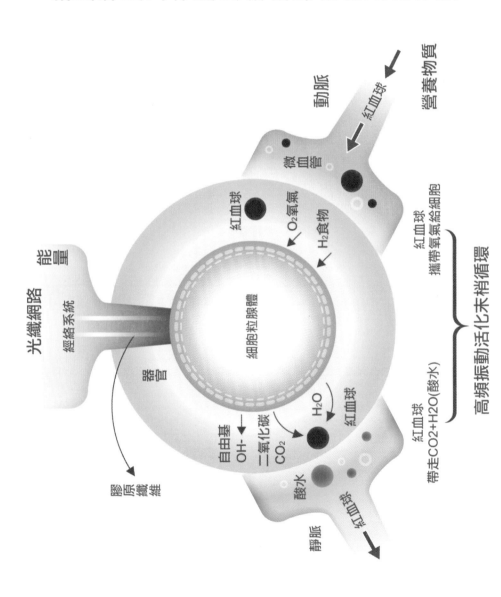

圖九. 細胞經由二條膠原纖維連接經絡系統

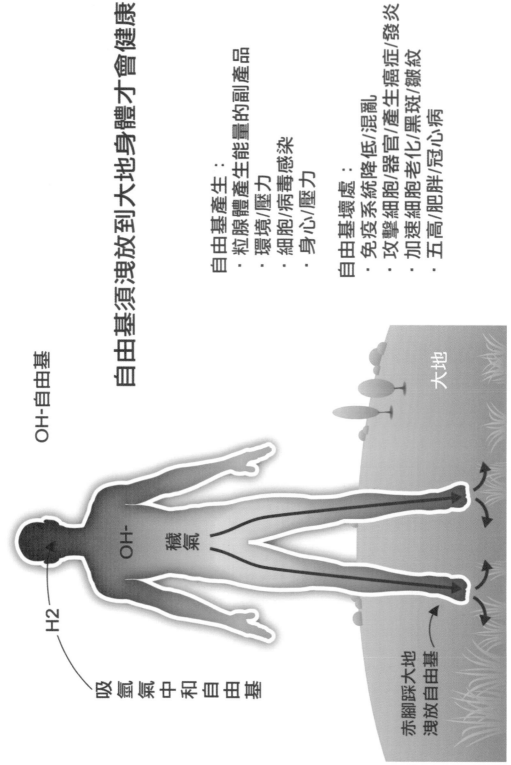

自由基須洩放到大地身體才會健康

OH-自由基

自由基產生：
· 粒腺體產生能量的副產品
· 環境/壓力
· 細胞/病毒感染
· 身心/壓力

自由基壞處：
· 免疫系統降低/混亂
· 攻擊細胞/器官/產生癌症/發炎
· 加速細胞老化/黑斑/皺紋
· 五高/肥胖/冠心病

OH-

H2

穢氣

吸氫氣中和自由基

赤腳踩大地洩放自由基

大地

圖十.自由基產生/迫害身體/排除方法

探討上醫治未病

從西醫自律神經／古代中醫／西方光療角度尋找上醫

在進入本書主題之前，我還是想花點時間來說明中西醫與能量（預防醫學）關聯

生病的過程
先是能量不足（上醫）-----接著氣虛脈弱（中醫）-----最終器官敗壞（西醫）

「黃帝內經」這本書有云：「上工治未病，中工治已病，下工治末病」。孫思邈在「千金方」提出「上醫治未病，中醫治欲病，下醫治已病」。都點出高明的醫生是在人尚未生病的時候，就在進行「調整身體」，到底其含意為何？

如果用「能量」來區分就容易了，上醫處理「光場能量狀態」（未病），現在的中醫是在處理「肉體氣虛脈弱，循環不良快要生病」，使用「中藥／針灸」調理，而西醫則是在處理「身體已經生病，器官出了問題的狀況」，以西藥及手術為主。

中醫把脈就是在檢查身體經絡氣的狀態，中藥／針灸的作用也是在調整身體的氣及恢復經絡正常運作，中醫擅長在器官還可以正常運作，只是身體氣的能量低下的情況下讓身體恢復正常，而西醫擅長的在於當器官已經發生病變時候手術處理，此乃是因為西醫診斷方式如抽血檢查，往往是疾病徵兆已經很明顯的時候才會診斷出來，當診斷出來的時候大多數都很嚴重了如癌症／器官病變。

當三焦經能量不足的時候自律神經／內分泌會開始失調，微循環不通，細胞缺氧，導致高血壓，血管硬化，最終細胞癌化，身體引發許多併發症。

華佗在（中藏經）上說：三焦者，統領五臟，六腑，榮衛，經絡，內外左右上下之氣也…，西醫而言就是身體神經及內分泌系統，自律神經也是受其管轄。

1800多年前的神醫為何如此強調沒有器官對應的三焦經呢？

西醫的短板就是因為因為三焦經沒有相對應的器官，無從判斷，卻又影響那麼廣泛，西醫儀器量測到的已經是末端枝節問題。

自律神經在人體中所扮演的角色？

自律神經是身體自主控制系統，分交感及副交感神經，控制體內各器官系統的「平滑肌，心肌，腺體」等組織功能，如心臟搏動，呼吸，血壓，消化和新陳代謝。

自律神經控制中心位於下視丘及腦幹，透過脊隨下達至各器官，它也接受大腦皮質及邊沿系統的調節。

自律神經失調原因：

- 物理性外力：造成頸／脊椎受傷壓迫，需要進行頸／脊椎矯正
- 心因性問題：心理／情緒壓力造成，許多身心科疾病皆由情緒壓力開始，身心壓力直接造成號稱「壓力荷爾蒙」的腎上腺皮質醇分泌過多，導致疲勞／內分泌失調／高血壓／糖尿病／抑鬱／失眠／肥胖／免疫系統失調，身體「關閉免疫系統」，放棄抵抗病毒及細胞癌化問題，許多癌症的發生跟壓力有極大關聯性。
- 情緒壓力主要肇因於人類光場之中的「情緒體」缺少能量所致。
- 內因性問題：心包／三焦經能量不足：直接影響頭部及五臟六腑供血，產生頭暈／頭痛／耳鳴／眼睛酸澀／臟腑退化。
- 心經／小腸系統能量不足：產生心悸／失眠／肩周炎／三叉神經／太陽穴附近偏頭痛／暈眩
- 肺經／大腸經：肺部免疫功能下降／感冒／肺腺癌／肩頸痠痛／過敏性鼻炎。
- 身體外圍能量光場的以太體能量不足／能量流阻塞造成。

自律神經與微循環對比發電廠與台電關係

血液循環是維繫身體正常運作很重要的系統，負責輸送養分及防衛系統到達全身各部位，同時將組織細胞所產生的廢棄物輸送到肺部及腎臟排出。全身血管／微血管總長度達 96000 公里，可以繞地球二圈半，就可以知道血液循環的重要性。

分析血液循環之前我們首先來分析台電供電系統，發電廠是產生電力的地

方，屬於高壓系統，所產生的電到底要傳送到哪裡必須經過台電來控制，看哪裡用電需求高就分配到那裏。

血液循環很像供電的系統，分：心臟／主動脈／動脈／小動脈／微血管／小靜脈／靜脈，且在小動脈處要進入微血管之間設置由「自律神經調控的開關」，而自律神經就是在操控心臟的跳動及根據身體運作需求適當增／減小動脈直徑，分配血液流動，請參閱圖十一。

血液循環從心臟到小動脈開口之前稱為「動脈循環」，微血管屬於「末梢循環」，本書後續會以「脈內」來形容「動脈循環」，以「脈外」來形容「末梢循環」。

心臟就好比發電廠，心臟負責將血液打到大動脈，但到底要如何分配血液就是靠自律神經來調控，尤其是末梢循環，比如當運動的時候，自律神經調控血液到達運動的肌肉，而當思考動腦的時候就將血液輸送到腦部，微循環不是全部都開啟的，只有當身體需要的地方血液才會送過去。

自律神經調控的小動脈開口是血液要流到末梢循環的重要關鍵！！！

當自律神經失調的時候，心臟打出來到大動脈血液無法有效輸送到末梢循環，造成局部缺氧，缺氧的組織會要求心臟加壓，心臟也如實加壓了，但因為自律神經失調無法調控微循環，缺氧的組織依舊缺氧，心臟拼命加壓這就是早期高血壓發生的原因之一，後期可能因心臟功能減弱，造成血液流速變慢，血管內皮細胞無法分泌足夠的一氧化氮（NO）使得血管縮收，更加惡化身體組織及細胞缺氧問題，癌症／腫瘤等器官發生病變問題逐漸產生。

末梢循環範圍非常廣，身體四肢末端，體內各器官綿密網狀／無處不在的微細小血管循環，包括腦部／皮膚／肌肉／眼睛／耳朵／各臟器／四肢，連接身體數以兆計的細胞，身體末梢循環的微細血管佔了血管總量將近九成，最細的微細血管，比人頭髮還細 20 倍，最容易產生阻塞的地方就是末梢循環微血管。

掌控自律神經的就是華佗所說的「三焦」，當三焦能量不足，自律神經就出問題。

上醫就是在處裡「包覆在肉體外面的能量光場」能量失常的問題

三焦經屬於 12 經絡中非常重要的調控系統，經絡是身體能量與物質器官聯

絡的通道，所謂上醫治未病的道理就是在處理能量問題，身體能量低器官還能正常運作，只是效率較差，此時經由中醫的調理對症下藥很容易解決問題，而當能量低到器官無法正常操作的時候要來治療就很困難了，只好借助西醫來處理，當然要恢復器官原有功能是不太容易了。

但中醫對能量太弱好像也沒有好的對策，為什麼呢？中醫是不是失去了對於「能量」的正確認知？中醫好像只注重「以把脈來了解身體」的問題，中醫所講的「氣」就是能量的全部嗎？而中國「氣功」及「瑜珈／打坐修行」就只是提升「肉體」能量嗎？

我們有必要對「能量」做進一步探討，「宇宙能量」與「身體氣場」有何關聯！

「能量」到底是什麼型態的東西？我們身體為何外面還包覆著多層次的光場？

宇宙炁場，身體光場，脈輪，三焦／奇經八脈 (任督)，12 經脈，臟腑之間有何關聯？

西元前三千年中國發現「氣」之生命能量，以脈診／針灸／中藥調理身體。中醫幾千年仍然只沿用把脈／中藥／針灸，對於包覆在身體外面的能量場研究也僅停留在氣功層次，缺乏對能量場更清晰研究／突破，此領域已經被西方超越，甚為可惜！！！

而西方於西元前五百年開始對於能量療癒研究有許多長足進步。

西元前五百年畢達哥拉斯學派文獻中指出：

這光對人類有機體產生多樣化的影響，包括疾病的治療。

到 20 世紀至今對身體能量場的觀測有非常多的突破，從「光場可視化到光場結構的細緻分析及各層功能研究」已經很完善，甚至可以成為身體疾病的治療手段，美國於 1998 年成立了國家輔助及另類醫療中心（National Center for Complementary and Alternative Medicine NCCAM），其中「能量療癒」頗具規模療癒中心已經獲得美國官方正式認可，可以提供醫療及用藥建議。

西方能量療癒對於圍繞在身體的光場研究非常透徹，指出光場有不同層次，包括最接近身體的「以太體」影響身體整體運作及自主神經的控制，當「以太體」能量不足的時候，身體自律神經失調，五臟六腑無法正常運作，第二層「情緒體」影響身體「情緒／心情」，「情緒體」能量不足，心情受到影響，體內「內分泌」腺體分泌失常，對身體影響範圍更大，自律神經與身心情緒失調之所以很難根治的原因，就是因為現代中／西醫對於無形的能量場缺乏研究，就算知道原因要來

提升能量場能量，也欠缺有效措施，治療效果非常有限！

　　先有光場能量產生「失常」之後，身體接著才發生問題，先後順序要清楚！！！

　　「以太體」影響身體自律神經運作，跟華佗所提到的三焦統領五臟六腑，似乎雙方之間異口同聲在訴說同樣一件事情～華佗所說的三焦可能是指「以太體能量場」！

　　中醫至今僅著重在以「把脈」判別身體經絡運行的「氣（低頻振動）」的信號型態及強度，但對於比「氣」振動頻率更高，包覆在肉體外面的能量場，因無法從「脈象」中量測到，當然無法做到「上醫治未病」的層次，且對於 12 經脈高頻的部分如三焦經的強度幾乎也看不到了，治療效果當然不好了。

　　能量療癒強調的是以儀器或「靈擺」量測「包覆在肉體外面的能量場」型態／顏色／強度，採用治療師的雙手進行療癒，與中國氣功師的治療有類似效果。

　　中醫注重「肉體」層次，以「脈診」經絡的氣來判斷／調理，而「氣」其實是來自光場能量的供應，中醫把傳輸到身體經絡的能量稱之為「氣」，而「氣」與「光場能量」的差異其一是頻率的不同，光場能量振動頻率高（200Hz-2000Hz），身體氣的振動頻率較低（12 經脈 1.2Hz-14.4Hz，奇經八脈／ 15 絡 20Hz-200Hz），光場能量頻率高無法採用「脈診」，且光場本來就不在「脈內」，而是在身體之外，把脈當然看不到。

　　黃帝內經這本書所強調的「上工治未病，中工治已病，下工治末病」，所謂「上工」或孫思邈所談「上醫」就是在談「無形的光場能量」，華佗所提到的三焦統領五臟六腑到底是在講什麼呢？而身體的三焦到底與能量場有何關聯？華佗講的三焦應該不是中醫手少陽三焦經，而是身體上／中／下／三焦，整個身體皮膚被此三焦完全包覆／涵蓋，而光場跟身體接觸的部位就是華佗所說的全身上／中／下的皮膚，那華佗所說的三焦者是指皮膚呢？還是「奇經八脈」？還是那「無形的能量光場」呢？

　　黃帝內經及古代名醫華佗應該清楚能量場對身體的重要性，可惜現代中醫已經遺失了圍繞在身體能量場的智慧！還是就如黃帝內經這本書所強調的「上工治未病，中工治已病，下工治末病」，古老智慧早就定義醫療層次了。！

　　所謂「預防醫學」所談的應該是在談「能量」這個層次，只要把身體外面的

能量光場維護好，身體自然就可以維持健康的狀態。

如何提高身體能量？傳統方法不外乎練氣功，外丹功及道家許多功法／打太極拳／打坐／中藥理療，附屬手法包刮推拿刮痧／針灸／拍膽經疏通經絡／拉筋等手法。

除了傳統上述方法之外到底有沒有其他方法可以達成提高身體能量值呢？答案是有的，請參閱圖十二。

諧振運動涵蓋了光體能量調理及肉體經絡共振及五臟運動／六腑振動，探討細胞「粒線體」產生能量與經絡之間的關聯，全方位解決困擾人類的現代文明病。

本書後續將逐步告訴讀者中醫所說的三焦與光場能量體及脈輪的關係，分析黃帝內經「營在脈中，衛在脈外」的說法與三焦之間的關聯，華佗在中藏經其實已經有點出他對「三焦」的看法，本書後續將逐次詳細解說。

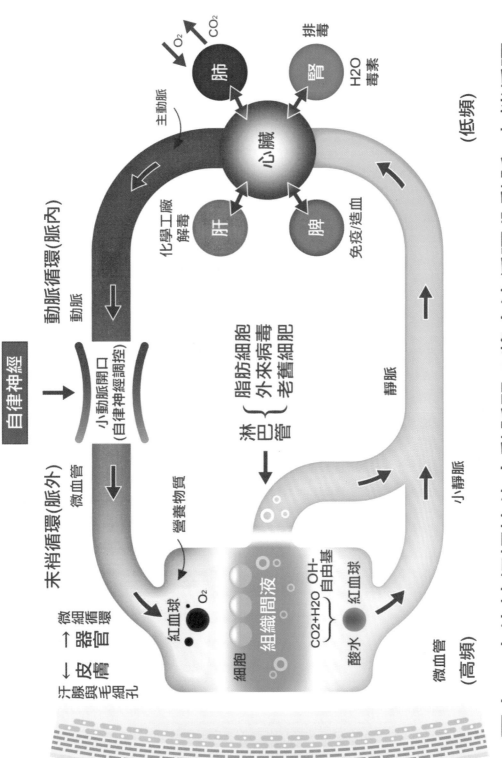

圖十一.自律神經調控的小動脈開口將血液循環分動脈/末梢循環

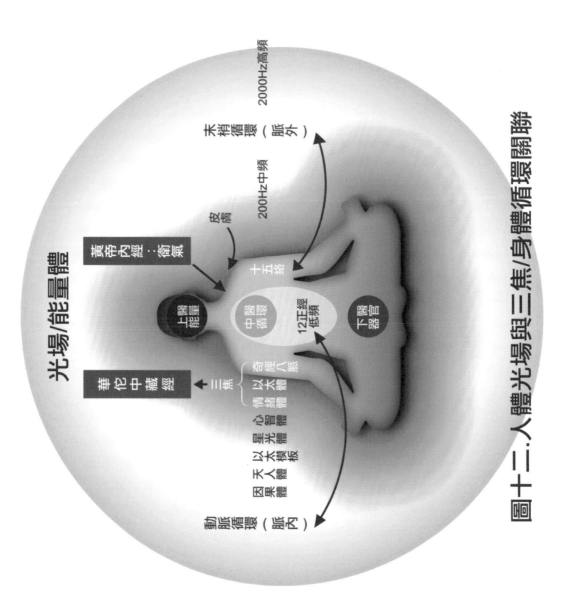

光場/能量體

黃帝內經…衛氣

華佗中藏經

2000Hz高頻

末梢循環（脈外）

200Hz中頻

皮膚

十五絡

上醫能量

中醫循環

12正經低頻

下醫器官

三焦

奇經八脈

以太體

情緒體

心智體

星光體

以太模板

天人體

因果體

動脈循環（脈內）

圖十二、人體光場與三焦/身體循環關聯

諧振運動理論發展的歷程

　　這個章節將要來告訴讀者我們是如何在將近 20 年的研發過程中，從人體實際體驗中再加上外界先進的研究傳承，讓我逐漸理出一條有別於現代中醫及西醫的治療方式，完善了理論基礎，以現代科技技術建立了一套很容易實施，又很有效率的健康促進設備及使用方法。

因緣際會打開一扇振動能量巧門

　　1994 年離開任職達十年的工研院，第一次創業我選擇開發機器人及自動化用的伺服馬達，當時伺服馬達幾乎仰賴進口，價格很高，於是我結合馬達廠及機械廠成立一家公司進行伺服馬達的開發。

　　完成馬達開發後就得面對如何推廣的工作，剛好有一個跑步機的案子安裝我所開發的伺服馬達，我記得當時因為驅動馬達的電子控制線路還不是很成熟，只能採取「六步方波」驅動方式，馬達轉動過程中發生「齒槽轉矩（Cogging Torque）」現象，也就是馬達運轉不是非常順暢，當時跑步機客戶非常不滿意，對他們而言這是不合格的，但是當我站上跑步機的時候腳底傳來的震動「麻麻」的感覺非常舒服！我靈機一動特地把振動強度及頻率放大（1-16Hz），竟然打開了一扇振動能量的巧門。

　　在後續體驗中我們發現許多「失眠患者躺在跑步機上振著振著就睡著了」，我覺得這是一塊還沒有人嚐試的健康領域，於是我離開馬達製造廠，2004 年成立我第一家運動及健康器材的公司開始推廣「振動跑步機」。

　　記得是 2006 年在台北醫療器材展的時候，我們遇見了專程回台大剪綵的許照惠博士，在許博士的邀請下我到了美國邁阿密，同時接受了美國 NIMS 公司委託。開發全世界第一台通過美國 FDA 認證的「水平律動床」。

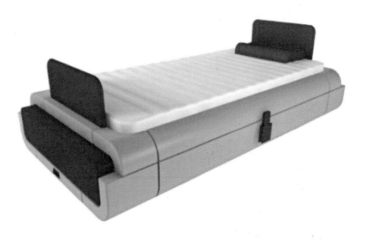

NIMS 水平律動床 EXER-REST 設計圖

美國 NIMS 公司合作～水平律動療法（2007）

當時美國 NIMS 公司研究「水平律動床」已經花了將近 13 個年頭，從動物實驗到人體實驗，發現利用「水平律動床」可以協助病患改善心腦血管疾病，患者只要輕鬆躺著，「水平律動床」以每分鐘 140 下，將人由頭到腳的方向往復運動，患者好像躺著跳繩，橫膈膜上下往復運動，胸腔與腹腔相互搖晃造成心肺復甦（CPR）效果，結果心臟增加 90% 的血流輸出，因為是水平躺著流到「腦幹」的血流量增加 180%，各器官增加 50%，在此特別提到「腦幹」是有用意的，後續會加以說明。

血管內皮細胞偵測到血流加速就自動分泌一氧化氮（NO），擴張血管，改善了心腦血管疾病如心肌梗塞腦栓塞／帕金森氏症／糖尿病／肺動脈高血壓／性能力，因為一氧化氮就是威爾鋼。

NIMS「水平律動床」發明人（Marvin A. Sackner）跟我說，「水平律動床」可以改善心腦血管疾病，但對於睡眠障礙效果不理想！ NIMS 床移動距離可達 2.4 公分，但頻率僅達 3Hz，而「振動跑步機」頻率可達 16Hz，大於 10Hz 以上有助於睡眠，我想問題就是在這裡，但還是不甚了解真正的癥結在哪裡？

一年後這個問題我總算找到答案，王唯工博士「氣得樂章」解答這個問題。

NIMS Marvin A. Sackner 簽約 2007

許照惠博士來公司

1998 年諾貝爾生理醫學獎：一氧化氮之父穆拉德博士來公司指導前中國醫藥大學醫院前總執行長許重義教授／李信達博士陪同。本書作者為前排左邊第二位。

水平律動就是一種被動式運動，使用者完全不需要耗費任何體力，只需要躺在運動床上就可以獲得內臟按摩／腸胃蠕動／加速血液循環，連睡覺的時候都可以使用，最適合銀髮族／無法／無暇運動者維持健康一種非常輕易實施的運動方式。

王唯工「氣的樂章」經脈共振理論～氣／能量就是解決現代病的重點

王唯工是物理博士，任職於中央研究院的時候，花了 17 年研究中醫把脈，王博士運用物理頻譜分析方式解開了中醫師把脈艱澀難傳承的問題，他發表了「氣的樂章」這本書，說明了經絡共振的理論，王博士已經找到了 12 經絡各有不同的振動頻率，且是以心臟為基礎由 1 到 12 倍頻的方式振動，中醫師把脈就是把 12 經絡振動頻率的合成波，氣就是解決現代病的重點，氣就是共振，氣強共振幅度就大，能量就強，氣通過經絡系統散佈全身。

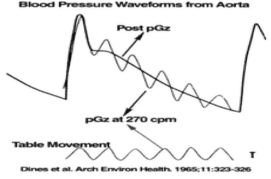

圖 人體心率在水平律動床運動中所量測的波形

當時我看到這本書的時候就知道我找到答案了，振動跑步機不就是一部「體外共振機」嗎！

但有一個疑問就是體外振動真的可以影響體內經絡共振嗎？由 NIMS 研究報告裡面一張在水平律動下所量測到的心率圖已經顯現了外部運動頻率，解決我的疑問，確定體外共振可以影響體內經絡共振。

根據經絡共振理論 12 經絡的共振頻率，以心臟頻率開始 1 到 12 倍頻震動，如果以心跳每分鐘 72 下為例子，12 經絡的共振頻率從 1.2Hz 開始：

肝經 1.2Hz，腎經 2.4Hz，脾經 3.6Hz，肺經 4.8Hz，胃經 6Hz，膽經 7.2Hz，膀胱經 8.4Hz，大腸經 9.6Hz，三焦經 10.8Hz，小腸經 12Hz，心經 13.2Hz，心包經 14.4Hz。

我開發的振動跑步機振動頻率那麼巧就從 1Hz 到 16Hz，剛好符合 12 經絡的振動頻率！！！！真的是太巧合了。

但為何可以幫助睡眠呢？原來是三焦經的功勞，三焦經掌管神經及內分泌，全身氣及水分的調控，三焦經走全身體表，奇經八脈均屬三焦經，振動頻率非常高，平常運動達不到，現代人又缺少運動，造成三焦經能量太弱，造成自律神經失調，衍生身體非常多的問題，如睡眠障礙，高血壓，內分泌失調等一系列問題接踵而至。

加上現代人自作聰明穿了「鞋子」，又缺乏運動，造成「自由基」無法洩放到大地，自由基攻擊身體產生發炎反應，文明病一件一件跑出來，當了一輩子藥罐子，腎臟無法承受失去功能，最終落得洗腎痛苦下場，真的很可悲。

東西技術合併演進～融合／再精進創造「諧振運動」理論

根據 NIMS 及王唯工經絡共振理論，經過 15 年的不斷開發測試過程，我們已經結合了東西方理論，將單純僅改善心腦血管功能的 2D 的水平運動，提升到「立體諧振運動」，完善了經絡共振理論兼顧了「五臟運動及六腑振動」，尤其是提升三焦經能量改善自律神經及內分泌，大幅改善慢性病問題。

王博士經絡共振理論是一個概論，根據我們應用此理論產生的「諧振運動」及實際體驗，我們發現一些非常重要的信息：

1. 人類身體結構精密故需要 12 經絡維持身體正常運作，但心臟跳動頻率低，其能量只照顧五臟，頻率高的六腑很難從心臟跳動中獲取能量，需靠自己運動鍛鍊，但現代人缺少運動，六腑能量太弱造成現代慢性病問題叢生。從心率頻譜分析圖（下圖）就可以看出，心臟的能量給解毒的肝經最多（63%），其次為排毒的腎經（28%），剩下幾乎都給了防衛的脾經（7%），肺經更少了，後

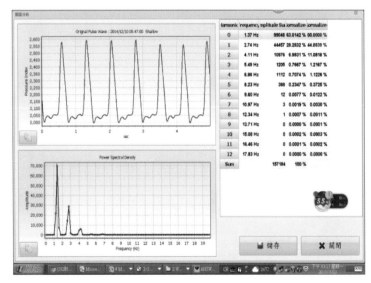

圖 心率圖 左圖為脈波在時間領域波形，下圖脈波在頻率領域波形能量分配：肝 (63%)，腎 (28%)，脾 (7%)，肺 (0.76%)，胃 (0.7%)，膽 (0.2%)

續的六腑幾乎分配不到能量，如果有也非常少了。

這意味著上帝造人可以保證你不死，但活得好不好就靠自己運動了。

「諧振運動」就是在幫助心臟的不足，協助五臟六腑經絡提升能量，

2. NIMS 水平運動床的功效僅達動脈，無法到達末梢微循環！後面章節運用「立體諧振」增加「大腦前額葉」血流量的研究及量測獲得證明。

3. 經過我們改良的立體諧振除了維持促進心腦血管功能之外，再增加改善肺經循環，協助拍背／拍痰及降低打鼾／呼吸終止症風險，並榮獲國家 20 年發明專利（多功能止鼾運動裝置），晚上睡覺偵測到血氧（SPO_2）降低的時候，就啟動諧振，增強心肺功能降低身體缺氧的問題。

立體諧振裝置結合電動睡床及諧振運動，非常適合銀髮族長照使用，從幫助消化，防止便秘，加速血循環／防褥瘡，拍背／拍痰，增加大腦前額葉血流量改善腦部退化問題，搖籃模式幫助睡眠。

4. 針對身體能量系統，不能單純只談身體能量的強弱，必須還要確認是在什麼「頻率」上的能量，也就是哪一條經絡上的能量是強是弱，更廣義的能量還必須區分身體之外的能量場能量，及身體內的能量（氣）。

5. 能量的產生除了採用諧振運動之外，我們同時加入「磁能」其效果更強，「動態磁能」就是結合經絡共振與磁能雙重效果專利，真正具有足夠實力強度提升三焦經能量，重新恢復免疫系統運作劃時代產品。

6. 中醫把脈是針對「身體內的氣脈強弱」，不涉及身體外的能量場，且對於高頻如三焦經以上失去了準頭，中藥／針灸提升高頻能量的能力有限。

7. 「動態磁能」除了可以速提升三焦經能量之外，其最大效果是同時提升了圍繞在我們身體周圍的「以太體／情緒體」能量，而以太體影響自律神經，情緒體影響心情／內分泌，這才是諧振運動改善身體如此快速的因素，這也是古代名醫華佗看重的。

洗腎患者體驗啟示～立體諧振延長患者壽命，改善生活品質，減少痛苦

臨床會員體驗過程中，有一位洗腎 8 年患者，使用立體諧振「運動＋振動」

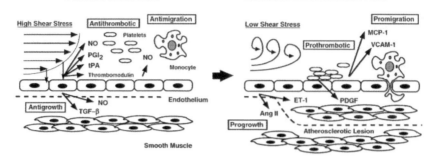

Abbreviations. PGI2 - prostacyclin; tPA - tissue plasminogen activator; TGF-beta transforming growth factor-beta; Ang II - angiotensin II; ET-1 endothelin-1; PDGF - platelet derived growth factor; MCP-1 monocyte chemoattractant protein-1; VCAM-1 - vascular cell adhesion molecule-1.

Modified from Yoshizumi et al. J Pharmacol Sci 2003;91:172

上圖：血管血流速不同造成的現象（摘錄自 NIMS 資料）
右圖：血流速太慢：容易形成血小板凝集（血栓）／粥狀動脈硬化生長／
　　　血小板沾黏血管壁／內皮肌肉細胞增生與分類／細胞跑出血管外
左圖：血流速快：產生一氧化氮（NO）／血纖維蛋白溶解酶 Tpa 溶血栓／
　　　前列環素（PGI2）抑制血小板凝聚／血管擴張組織液體吸進血管

模式同時使用，我記得是星期四／五／六使用，每天一小時，用了 3 天後，隔了星期日，星期一早上發現一個現象，腳水腫問題竟然不見了！洗腎患者無法正常排尿，打算下午去洗腎的，體內的水到底跑到哪裡去了？剛開始也百思不解，後來從 NIMS 床一氧化氮（NO）擴張血管得到示：

人類身體血管總長度 96000 公里，可以繞地球二圈半，當 96000 公里的血管在一氧化氮作用下擴張了，後續會產生什麼反應呢？水腫消失有二個原因：

1. 當血管擴大意謂血管總容積增加，才能容納滯留於組織間液體。

2. 全身律動促進末梢循環效果，增加組織間液體流動的動能，促進淋巴及靜脈回流，將組織間液中過多的水分與蛋白質送回血液中。

而洗腎患者就是將血管內的酸水透析出來，洗腎患者平均壽命為 8 年，因為洗腎最後身體非常虛弱，造成血液流速非常慢，身體無法產生足夠的一氧化氮（NO）擴張血管，堆積於組織液／毒素無法被吸入血管及排出體外，最終造成死亡。

但到底是因「運動」模式還是「振動」模式造成此現象的呢？

從洗腎患者後續使用心得得知洗腎結束後不能立即使用平常水平律動床的「運動模式」，此運動模式直接加壓心臟，但因身體太虛弱，血液停留在末梢尚

未回流到靜脈，運動模式產生橫膈膜上下晃動直接加壓心臟，心臟因輸入血流量不足，就好像缺了水幫浦空轉一樣，中醫所謂「心腎不交」就是靜脈回流不足，靜脈回流靠肌肉縮放及靜脈瓣膜，更末梢的微血管／組織間液體流動依賴高頻振動，必須先進行「振動」將滯留在末梢循環的血液經由微血管及淋巴管打回靜脈血管，這點也說明 NIMS 水平律動床強調低血壓的患者不能使用就是這個原因。

　　這也證實了「高頻振動是促進末梢循環」的推手，末梢循環範圍非常廣，身體四肢末端，體內各器官綿密網狀／無處不在的微細小血管循環，包括腦部／皮膚／肌肉／眼睛／耳朵／各臟器／四肢，身體末梢循環的微細血管佔了血管總量將近九成，最細的微細血管，比人頭髮還細 20 倍，最容易產生阻塞的地方就是末梢循環微血管。

　　高頻振動促進細胞組織間液體／淋巴／微血管／靜脈循環，我相信還包括協助「腦脊髓液」膠細胞淋巴系統循環，清除腦廢棄物，末梢循環流速增加的同時誘發微血管內皮細胞釋放一氧化氮擴張血管，血管容積擴大，當然才有能力將組織液體／毒素吸進血管，再經由血管帶到腎臟排除。

NIMS 水平律動床為何低血壓的患者不能使用總算找到了原因：

　　NIMS 床作用機制僅只是依據橫膈膜運動產生心肺復甦效果，此效果確實可以加壓心臟及肺部，但如果靜脈回流不彰無法即時供應心臟血液的輸入，心臟處在空打情況，仍然無法增加血液的輸出，心臟做了虛功產生「心火」，NIMS 基本上只完成了「動脈循環」而已。

　　低血壓／貧血／糖尿病患者末梢循環應該都不好，可能也存在造血機能不良缺血的狀態，如同洗腎患者一樣使用水平律動之前必須先以「振動模式強化末梢循環，協助組織液體能夠進入靜脈及淋巴系統，待靜脈充分回流」之後才能以運動模式加壓心臟，恢復血液循環正常作，如到肺部進行氧氣的攜帶，再將帶氧的血液輸送到大動脈，接著再以高頻振動將血液送達末梢循環。

　　這也同時印證中醫三焦掌管神經及內分泌，全身氣及水分／榮衛／的調控，三焦經走全身體表，奇經八脈均屬三焦經，振動頻率非常高，平常運動達不到，現代人又缺少運動，造成靜脈回流不足，三焦經能量太弱，自律神經失調，更難調控身體微循環，衍生身體非常多的問題。

　　既然知道了三焦經是身體「總管理師」，不管什麼疾病，最應該優先處理的

就是三焦經，身體疾病的根源癥結找到了，後續就是如何恢復三焦經了。

倉頡造字蘊含無限智慧，古聖先賢怎麼那麼聰明！我從事健康事業這麼多年之後才體會以下二句話：

「活動」＝要活就要動，「活」字舌頭會分泌唾液的活物，「動」呢？我們再把動拆字＝「重」＋「力」，要有重力加速度的運動，如跑步／跳繩＝「五臟運動」！！！

「精神抖擻」＝「抖擻」＝振動也，身體振動，精神為之一振，精神好心情好，能吃能睡身體就好，「六腑振動」身體三焦經就活化了，自律神經就平衡了。

接續王唯工博士未竟之憾：完善經絡共振的治療理論～諧振運動

如果不了解身體運作原理，只從末梢枝節勉強實施，其效果當然不好，我是學工程出身，凡事一定追根究底，王唯工「氣的樂章」及王博士後續著作，我總是一遍又一遍的拜讀，每次都有新的發現及領悟，王博士首創的經絡／穴道／器官形成共振網路，物理架構模型及十幾年實際印證經絡共振，尤其強調現代病主要是血液循環的惡化。

除了經絡共振理論之外，也提出身體「上6／中4／下2」三焦血管振動頻率，及「表9／中6／裡3」經絡歸屬，點出第9諧波的三焦經統管表層／皮膚／汗腺／防衛，用經絡共振理論完美的解釋古人學說，真是難得，請參閱圖十三。

根據血管振動理論，我們知道用什麼頻率就可以增加往頭／手／腳的血液，比如針對老人最常發生的失智症原因，就是大腦前額葉血流量降低，造成記憶力／判斷力／行為／語言表達能力退化等等，立體諧振裝置運用此理論大大提升大腦前額葉血流量是 NIMS 水平律動床的二倍之多，非常難得。

對於自由基及身體穢氣排除，亦可藉由加強下焦／腎經，經由雙腳排入大地。

王博士發明了脈診儀，人體量測數據上萬人，多方印證經絡相對應的共振頻率是正確的，王博士發明脈診儀可以精確診斷身體毛病，唯一欠缺可以應用經絡共振理論所發展的新治療方式，無法凸顯「經絡共振理論的優越性」，尤其是在高頻領域「脈外」症狀的調理，仍然依賴傳統中醫手法，如中藥／針灸／推拿等，殊為可惜。

這塊拼圖我相信我已經完成了，那就是以經絡共振理論所開發的「諧振運

動」。人類進化就是在時間洪流中一代一代的傳承，研究也是不斷地持續精進，我花了將近 15 年研發及會員體驗心得下不斷優化水平律動床，至此我總算完善了「諧振運動」理論，如果從 1980 年就讀逢甲自動控制工程研究所「關節型機器手臂」研究論文開始至今 2021 年，從醫學門外漢一點一滴，因緣際會的打開振動能量預防醫學這扇窗，花了我整整 40 年的歲月，印證 40 年磨一劍，回想起來期間的甘苦，真是點滴在心頭。

能量與身體的關聯？一定要經由吃東西才能維持身體運作嗎？

氣／能量是身體正常運作的本錢，就像電池是電動車的能源，幾乎 99% 的人們完全依賴由飲食吃進食物這條路，來獲取能量，世上也有號稱「食氣族」者強調從大自然環境中獲取能量，許多修行大師／打坐中經由身體脈輪吸入宇宙能量，印度瑜珈大師幾十年完全不吃不喝身體機能仍然可以正常運作，這些大師畢竟只有少數，許多還須依賴長期修行才能達到，不是一般凡夫俗子可以達到此境界，能量獲取的管道應該存在二個迴路，一個靠飲食，一個從大自然。
如何衡量身體是否氣／能量充足？

打鼾／「呼吸中止」

平常許多人睡覺不打鼾，但是當比較「疲勞」的時候，晚上睡覺就開始打鼾，這就是最典型的能量不足的現象之一，當身體能量愈來愈弱的，睡覺的時候就因能量不足，造成咽喉塌陷，發生「呼吸中止」現象，造成身體缺氧，高血壓自然就來報到，最後細胞因長期缺氧癌化，許多文明病接著發生。

手腳冰冷，水腫患者：

也是氣太弱，造成血液循環太差，身體毒素排不掉，身體酸化，加上許多年輕人愛吃冰冷食物，身體能量更弱，問題愈嚴重。

體弱又覺得很容易餓的人：

身體會餓表示身體需要補充能量，年輕人活動量大，新陳代謝率高，消耗體力的速度快，所以需要補充大量營養，但對於銀髮族，新陳代謝率已經不高的人，如果覺得很容易餓就要注意了，可能是身體吸收能量的機制差了，尤其是喜歡吃消夜的人，太晚吃晚餐的人，睡覺的時候身體消化系統還在進行消化工作，一來腸／胃／肝／膽／胰臟…無法休息，二來睡覺的時候活動少，此時吃進去的食物，

不管是醣類／蛋白質或是碳水化合物最後都轉成脂肪儲存起來，而脂肪要轉換成能量必須藉由「運動刺激生長荷爾蒙分泌，將脂肪分解成脂肪酸，而後加以燃燒」，對於缺乏運動的銀髮族而言，吃進的食物無法轉換成能量，身體就會一直發出「餓」的信號，如此惡性循環，身體發福愈來愈胖，體能卻愈來愈差。

要分解脂肪成脂肪酸除了運動之外，還有另一條較簡便的方法，就是讓身體產生「飢餓」感，身體會產生俗稱飢餓荷爾蒙的「胃飢素（ghrelin）」，從年輕的胃黏膜所分泌的酵素，人體直到 20 歲左右，胃都能旺盛的分泌「胃飢素」，所以年輕的時候即使大吃大喝也還能維持身材，但是年過 20 歲以後，就算餓得肌腸轆轆，胃激素的分泌卻很有限。

除了「胃飢素」之外，「升糖激素（glucagon）」在人體空腹／極端低血糖的時候就會出現，不過必須要能夠克制食慾，忍受極度飢餓的動苦，但此方式不適合糖尿病患者，會引發心血管疾病。

「斷食療法」也是出於這個道理來的，我們接受教育是不管身體有沒有餓每天要按時吃三餐，但在早期農耕時代聽說晚餐是不吃飯的，早早就上床睡覺，所以以前的人都長得瘦瘦的，現代人一來既晚睡，不吃晚餐就沒有體力，加上熬夜又吃消夜，每個人身體長滿了多餘的脂肪，西方人更可怕，胖子一堆，吃飯時間不對，又吃錯食物，身體怎麼會健康呢？

較健康的生活飲食方式：

1. 不餓不吃，餓一下才吃：（清脂肪庫存）：

讓身體產生胃飢素／升糖激素，燃燒身體脂肪

2. 少量多餐：（減少脂肪堆積）

目的就是避免一次吃太多，身體只好將多餘的食物轉化成很難除掉的「內臟脂肪」，內臟脂肪公認是身體健康最大殺手。

3. 168 飲食法：

最近流行所謂「168 飲食法」強調一天只吃二餐，這二餐間隔時間 8 小時，然後中間 16 小時停止飲食，例如中午 12 點吃第一餐，晚上 8 點吃第二餐，早餐不吃，這跟以前農業社會，早上起床先去田裡工作，回家後 10 點吃飯，中午稍事休息，下午三四點再工作，晚上 6 點吃晚飯，約 9 點睡覺，早上五六點起床，

趁著空氣清涼陽光不大趕緊忙農事，一致性很高，身體都維持瘦瘦健康。

根據國外最新的研究報告指出，經常處於飢餓狀態的時候，誘發身體開啟「生存模式」，此為「長壽」必須要的條件。

4. 適當補充營養素：

多吃抗氧化食物／新鮮蔬果／胚芽米／維生素 C ／ E，胡蘿蔔素／蔬果中的多酚生成各種抗氧化酶等。

如果為了減肥，吃得少造成營養素不足，身體／體能變差，會傷害身體。

因為飲食不當，造成脂肪堆積，身體反而能量變弱，粒線體必須更加賣力工作，當粒線體產生能量的同時，自由基大量產生，如果不清除對身體的危害很大，當粒腺體過度工作將降低粒腺體壽命，位於細胞兩端的端粒（telomere）變短，細胞無法再生，細胞數量逐漸減少，組織進入老化了。

到底有沒有另一條道路，既可以快速補充能量，又不需耗費大量「食物」，耗損身體，縮短粒線體壽命，也不會產生內臟脂肪的養生方法呢？

答案就是「諧振運動」，提高身體能量的同時，也解決了全世界「糧食短缺問題」，大量減少動物性蛋白質需求，解決了「殺生」及「地球環境惡化」的問題。

諧振運動打開一條能量輸入身體的高速公路

根據經絡共振理論所創新的「諧振運動」就是以諧振的方式提升個別經絡能量，當每條經絡都獲得能量，身體整體能量提升的時候，會產生一個現象，身體不會產生「餓」的信號，這是一個身體生理機制，身體從「諧振運動」中獲得足夠的能量，大腦中樞神經就不再產生「飢餓」信號，修行大師獲取能量的方式就是從打坐之中經由脈輪吸收大自然的能量而來，只要能量充足就不會有「餓」的感覺。

諧振運動與脈輪能量獲取最大的差別是，諧振運動非常容易實施，只需輕鬆地躺在諧振床上，以休息／睡覺的狀態，就可以源源不斷獲得身體能量，除了提升能量之外又同時幫助消化，改善循環，防止缺氧，平衡自律神經，改善睡眠問題，世界上再也找不到有那麼容易獲得健康的方法了。

當身體能夠從諧振運動管道獲得能量，相對地就可以減少從飲食／食物這條管道獲取能量，經由諧振運動床的協助，人會吃得較少，僅需適當補充身體營養素，多吃富含多酚食物水果，各器官／粒線體負荷少了，產生的自由基也少了，

也沒有多餘的食物轉化成內臟脂肪，血管脂肪少了也通暢了，循環正常工作了，身體自然就慢慢瘦了下來，這才是正確的養生之道。

「動態磁能」裝置除了諧振運動／經絡共振能量之外，機台相對於身體背部膀胱經各個內臟的「俞穴」位置再加入磁能，磁力線穿透身體，身體神經及經絡系統是良導體，經由諧振運動帶動身體，身體神經及經絡系統與磁力線產生「動態切割」效應，此效應就是發電機的物理原理，身體神經及經絡系統產生生物電流，此電流就是一種能量，在不同的振動頻率之下，分別強化不同經絡的能量。

要提升身體能量，傳統許多做法如採用遠紅外線，其目的是利用遠紅外線穿透力較強，可以強化經絡與血液循環，又如晚上熱水泡腳，目的是協助腳循環，這些做法都只影響身體表層循環，有局部性。

市面上也有採用電磁場，以交流電流經線圈產生磁場方式，此做法暫且不論是否有益於身體，理論上會衍生電磁波干擾疑慮，對身體有不良影響。

我研發「動態磁能」裝置採用磁鐵方式，就是要避免電磁波問題，同時在實驗中磁場的極性大大的影響對身體的效果，第一次實驗就是搞錯極性，一二個星期下來手汗非但沒有改善，甚至還造成身體虛了，肛門口有滲漏液體的感覺，經過調整極性之後，效果立即顯現，我猜想這跟針灸補／洩類似，身體虛弱要補，氣太強要洩，對於要提升身體能量目的當然要採用補的極性。

國外也有臨床研究，當身體遭受大於 50Hz 的振動頻率時，身體血管會硬化，所以不是所有體外震動有益身體，國內早期也有一款「氣血循環機」只是採用二極交流感應馬達帶動一個偏心塊，產生震動的效果，二極交流感應馬達轉速為 3600rpm，馬達每轉一圈產生一個震動，換算下來振動頻率就是 60Hz，已經超過 50Hz 以上，長期使用對血管不利。

如果不了解經絡共振原理，貿然對身體施加體外振動，可能就會產生一些副作用／反效果，甚至會傷害身體，以前有流行一段時間的震動平板，人站在上面，平板作用像一個蹺蹺板，雙腳會產生一高一低現象，有氣功師父體驗，發現身體的氣都亂了，外丹功就是同時上／同時下才是正確的，還有為了追求效果把振幅提升，結果因為此加速度太強了，竟然讓內臟移位受傷了，不可不慎。

我在設計「振動跑步機」的時候，先考量安全性，振動頻率只到 16Hz，遠低於會造成血管硬化的 50Hz，因採用伺服馬達控制技術，除了振動頻率可以調整之外，震動強度也可以調整，同時針對高於 10Hz 以上為了避免身體受傷，軟體

特別設計，令震動強度隨著頻率的增加自動降低，此體貼設計讓使用者在低頻操作時候可以獲得較強的效益，人站在振動跑步機上感覺就像在打「外丹功」身體呈上下抖動，而當頻率高於 10Hz 以上的時候，馬達振動的振幅會自動線性縮減，直到 16Hz 振幅縮減至最小，目的就是不能讓使用者受傷。

　　「動態磁能」振動方式就沿用「振動跑步機」設計原理，再額外加入磁能效果，「動態磁能」之所以有效果就是振動頻率剛好符合經絡共振理論，振動強度設計洽當，軟體調校在人體安全使用範圍，採用永久磁鐵，沒有電磁波干擾問題，極性調整成提升身體能量的狀態。

動態磁能改善了我手汗及感冒問題

　　我自己是一個手汗患者，手汗從年輕求學開始到職場工作一直困擾著我，既不敢伸出手來有信心地與人握手，不只手會流汗，腳也在流汗，整天濕搭搭的心情很不自在，工作效率差，年輕的時候打算到醫院治療手汗症，也住進醫院一個晚上，準備早上進行手術了，剛好遇到早上巡房醫生，看到我準備治療手汗，也就是從腋下進入胸腔交感神經燒灼術，巡房醫生告訴我，他也是手汗患者，礙於要執行手術必須進行交感神經燒灼術，治療後確實手汗症問題解決了，但另一個問題產生了，可能是代償作用，汗從身體流出來，造成他一天要換四套衣服…。我聽完想想身體濕濕的，那不是更糟糕嗎！只好放棄治療手汗，繼續忍受手汗的折磨。

　　沒有想到我研發的「動態磁能」竟然治好了我的手汗！我還記得很清楚，當我調整磁鐵到正確極性第一次使用後不到一個小時，我手及腳產生一種很乾燥的感覺從手腳末端往身體延伸開來，只要持續的使用，我的手跟腳都暖活了，乾燥的感覺真的非常舒服，敢主動伸出手來跟人握手了，心情舒暢無罣礙了，沒有想到自己研發的產品第一個受惠者竟然是自己。

　　而且只要持續使用，「餓」的感覺少了，我吃的也少了，身體也慢慢瘦了下來，我另外一個改變是我現在很少感冒了，頂多會感覺喉嚨淋巴結腫一點，「動態磁能」主要是提升三焦經能量，三焦經掌管防衛系統，淋巴循環好了免疫系統活化了，病毒不容易入侵身體了。

　　手汗的經驗也說明了西醫只治標不治本，手汗就是典型自律神經失調，西醫

確實已經找到癥結處，但西醫的處理方法不是去改善自律神經失調問題，而是將失調的交感神經解結進行燒灼，讓其失去原有功能，但這樣並沒有改善手汗問題，自律神經仍然在失調狀態，於是其他地方代償性出汗了，只要給予掌管自律神經的三焦經能量，自律神經有足夠能量的時候，就不會失調，手汗自然就解決了，這就是西醫的盲點，因為西醫不明了到底是什麼原因造成自律神經失調，因為「能量／氣」對以解剖死亡人體的西醫而言，「能量／氣」根本看不到的，無從找手。

「心率諧振」圓滿諧振運動理論

我曾試著將「動態磁能」上的磁鐵去除，只有單純的振動，結果我手汗又開始流了，這到底是因為振動的動能還不夠強，尚無法治療手汗，還是另有其他機制？是不是振動頻率雖然是已經位於經絡共振頻率範圍，但振動頻率尚未與使用者心率取得同步的緣故呢？還是「磁能」與身體氣場屬性相似，直接增加位於第四維度的身體氣場能量，再回灌到表層「氣之江湖」的三焦／奇經八脈，最終再分配到 12 經絡？

經絡共振理論是基於心跳為基準由 1-12 的倍頻振動，「動態磁能」振動頻率是滿足了經絡振動頻率，尚未滿足經絡共振的另一個條件，就是振動頻率尚未與使用者心率取得同步，我把此條件稱為「心率諧振」，是我正在研發的下一代產品，「心率諧振」將有一個心率感測器，會即時量測使用者心率，經軟體計算自動控制振動頻率，振動頻率無須人來設定，機器會根據使用者心率自動調整，這樣就真正實現經絡共振理論了，目前已經正在進行初步臨床實驗，功能還增加可以隨時偵測血氧濃度（SPO_2），只要發覺血氧濃度降低將自動啟動運動床功能，後續章節詳細說明。

我的終極目標～實現「遠端照護　居家醫療」一條鞭

研發是一條沒有止境的道路，我設想的未來產品是可以連結診斷系統，利用「物聯網」將診斷系統放在雲端，藉由脈診儀將使用者脈象傳回雲端分析，經由 AI 診斷後，回傳處方簽給居家「心率諧振床」進行照護，就好像把老醫師的手伸到每個家庭一樣，人們只要待在家裡，經由「心率諧振床」上的脈診儀收集使用者身體信號，連結雲端的「老醫師 AI 診斷系統」，「心率諧振床」將稱職的扮演照護者，小毛病就立即處理，尤其是睡覺打鼾的時候立即協助改善預防缺氧問題。

我期盼未來人們可以藉由「心率諧振床」照護全家身體，不要再吃藥了。

春山茂雄「新腦內革命」～ 71 歲卻擁有 28 歲青春不老奇蹟／啟示

研發期間拜讀春山茂雄「新腦內革命」，其中有許多讓人耳目一新的見解與實際臨床體驗心得。其中點出「內臟脂肪」與「自由基」是造成慢性病的根源，並據此提出解決的方案與養生飲食方法，讓人佩服。

會在此提出，乃是因為這是我完善諧振運動之外另一個主題「振動肌力訓練」，我另一項榮獲美／英／台灣／大陸發明專利，是重量肌力訓練最新的革命，也是我建立「健康三部曲」最後一塊拼圖。

春山茂雄立論基礎就是要訓練「腰部以下肌肉」以解決「內臟脂肪」及維持年輕活力重要方法，書中也有提到採用振動板來訓練腿部肌肉。

對於銀髮族除了採用「諧振運動」維持身體正常運作之外，另一重點就是要解決銀髮族「肌少症」問題，尤其是腿部肌肉缺乏時容易造成行動不良／跌倒／骨折問題。

針對腿部肌力訓練，根據「振動肌力訓練」發明，應用伺服馬達振動技術我們開發一款腿（Leg Press）蹬腿機器，非常適合銀髮族肌少症使用，剛好與春山茂雄以振動板來訓練「腰部以下肌肉」有異曲同工之妙。

「振動肌力訓練」訓練效果將超越振動板，分析其原因是人站在振動板上並非出力狀態，「振動肌力訓練」需要使用者出力量

Leg Press 蹬腿 振動訓練機

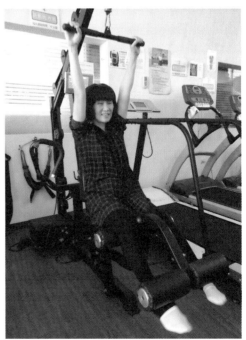

多功能振動肌力機

與機器產生抗衡，但因為採用伺服馬達當作重力發生源，且重力（阻力）在使用中可以弦波方式不斷變化，其振動頻率及震幅強度可以獨立設定，使用者僅需出一半的力量，另一半力量由馬達產生就可以很輕鬆破壞老舊肌肉，振動同時刺激神經的靈敏度，此雙重效果同時訓練叫做「爆發力訓練」，這是運動員最渴望的訓練機器，後續章節會詳細說明。

速效運動～慢跑無法燃脂，鍛鍊愈多體能愈弱，3分鐘高強度訓練效益最大

　　此理論顛覆既有的運動觀念，但早在20世紀初期就有德國教練沃德馬 ‧ 蓋施樂採用此方式僅三週的時間讓一位運動員的心容積提高20%，1939年他所訓練的跑者魯道夫 ‧ 哈比格以驚人的一點六秒差異刷新八百公尺世界紀錄，國外已經有許多實驗確認速效運動的正確性。

　　速效運動最適合現代懶的運動卻又想塑身的肥胖族，我會在此提出就是我所開發的「振動肌力訓練」除了具備速效運動特點，還增加省力／輕鬆運動的特徵，使用者僅出平常訓練一半的力量，藉由伺服馬達的協助，以弦波方式不斷變化阻力，很快速就可以達到破壞老舊肌肉的效果，最適合銀髮族改善「肌少症」問題。

　　速效運動如果配合春山茂雄訓練「腰部以下肌肉」以解決「內臟脂肪」以我們開發一款踢腿（Leg Press）「振動肌力訓練」機器，剛好最適合現代肥胖症患者既可以獲得健康又又想塑身需求。

身體是個小宇宙，創造者太神奇縝密了

　　500年前哥白尼「天體運行論」說地球是圓的，被當時當權者嚴厲批評，中醫幾千年的流傳卻無法成為主流，真的很可惜，到底什麼才是科學？在我60年時間裡看到科技的變化突飛猛進，經絡學說在更精密儀器的探詢下逐漸退去神秘面紗，我認為以現代人類所謂的科技不過200年，對於自然真相的發掘應該懷著敬畏之心，以更積極開放學習的態度探詢科學尚無法確認自然現象，看不到的／量不到的不代表不科學／不存在，而眼睛所看到的也許也不是真正事物的本質，當我們可以以更高的維度來看三維物質世界的時候，三維世界所呈現的東西可能只是高維度的投影量罷了，也是虛幻的。

　　就以我們身體運行原理至今都還再探索，內部極其複雜的系統誰在調控？如

何在外界環境／病毒／生存壓力不斷變化中還能維持身體正常運作？

　　經絡學說存在了幾千年都還沒搞清楚，現在我提出「諧振運動」理論是否已經朝身體的真相進了一步？到底還有多少真相尚未挖掘到？

　　我對身心靈真相的探求仍然充滿熱情，「諧振運動」是在「身體」的階段，後續還有「心與靈性」，二年前也已經完成活化松果體「脈輪音樂」的建構，我會持續摸索，相信不久的將來可以呈現更完美的信息給大家。

科技真正的意涵在於滿足人性的需求，增進人類生活品質

　　伺服馬達是現代科技文明產物，AI 機器人／工業機器人使用的動力來源，我把伺服馬達加入振動專利技術應用於健康產業，進行體外振動激活經絡共振，提升身體不同經絡／不同頻率的能量，不需要傳統長時間的鍛鍊，只需躺下來接受振動床諧振運動，身體快速獲得各個經絡該有的能量，恢復身體自愈能力，我相信這是 21 世紀應用科技技術帶給人類最好的禮物了。

人造的機器怕共振～我們身體卻是藉由共振／諧波（Harmonics）運作

　　所有機器／汽車／橋梁／飛機／建築物等人造的產物最害怕共振，工程科學有一門學科「振動力學」「有限元素分析」就是在探討產品設計如何避免共振的問題，橋梁因為陣風引起搖晃，如果搖晃的頻率／強度引起橋梁共振，將造成橋樑的解體，製造飛機的「風洞試驗」除了探討飛機的流體動力學問題之外，也藉由風洞實驗室模擬強風／側風／亂流是否會造成飛機共振解體，尤其是在雷電交加狂風暴雨中飛機急速上下晃動的時候機翼強烈抖動，最怕因產生共振而解體，玻璃杯使用聲音刺激，當聲音頻率達到玻璃杯的共振頻率，玻璃杯應聲而破，這都是因為物質產生共振的結果。

　　反觀設計我們號稱「新人類（human）」的創造者，技術比我們強太多了，為了維持這麼精密的人類有機體能夠正常運作／禁得起各式各樣自然環境／生存壓力而存活，祂所應用的技術竟然是採用「共振技術」，而且是 12 道共振頻率分別控制 12 條經絡，自然界的動物也是這樣，較低階的經絡從蟲 1 個／魚 2 個／青蛙 5 個／老鼠 7 個／有肩膀大猩猩 8 個／人類 12 個，都是依照諧波方式維持身體運作。

仔細分析人造物體與大自然動物最大的差別在哪裡呢？

人造物屬於單純硬體組織，人類與自然動物們結構是複合彈性體，而且是活的，最硬的骨頭其骨細胞結構是蜂巢狀立體結構，裡面還包括骨隨／骨膜／神經／血管／軟骨，是活的還會成長，人體精密遠非現代人類所能想像。

傳統按摩只能按摩表層肌肉筋骨，內臟運動才是養生正確之道

傳統按摩只能按摩表層肌肉筋膜，按摩椅也是模擬傳統徒手按摩手法設計，有其侷限性，身體痠痛許多是肇因於內在氣／血循環不良所致，身體循環改善了，酸痛問題自然也就降低了。

為何鼓勵大家多運動／跑步／外丹功／太極拳／拉筋／拍打／瑜珈…。目的都是在促進氣／血循環，跑步／跳繩／外丹功更增加了內臟按摩效果，強化了上焦心肺氣血津液／中焦肝膽脾胃消化／下焦腎大小腸膀胱，吸收與排泄，能夠促進「內臟運動及提升身體能量」效果的運動才是養生重點。

至於因外力或姿勢不良引起的頸椎／脊椎／肌肉筋膜錯位所引發的病痛，當然還是需要借助外部矯正／物理治療專業手法來改善。

健康三部曲～修護／成長／活力，費時多年經歷才領悟到

從 2004 年開始「振動跑步機」開發，經歷 NIMS 水平律動床，接著動態磁能，振動肌力機，早期的運動沙發再到 2019 年立體諧振運動裝置，前後有 15 個年頭，剛開始對於為何開發這些產品，我也沒有什麼頭緒，只能說是想到哪裡就做到哪裡，隨興緻研發而已。

直到年前當產品同時呈現在我面前的時候，才讓我反覆思索我所開發的這些產品之間是否存在一些關聯性？

從躺著幫病患使用水平律動床開始，到用什麼方式可以讓這些沒有體力只能躺著運動的人有能力站起來，不會跌倒能夠走路／跑步，甚至還可以「增長肌肉恢復年輕生活」？對於那些深受疾病身心折磨的患者，尤其是極大部分缺乏運動亞健康的人，有可能重拾健康的身體，再度過著快樂的生活嗎？

我發現我所開發的產品剛好滿足這個理想啊！！

修護：動態磁能／立體諧振～提升能量，運動臟腑，清除廢物，自我療癒。

成長：振動跑步機～站起來走路／跑步，開始成長。

活力：振動肌力機～拉筋骨／鍛鍊肌肉，身體茁壯，恢復年輕。

其中修護第一階段包含四個程序，是「諧振運動」最重要的階段：

1、提升能量：提升三焦經／能量場能量，讓三焦經將能量分享到各經絡。

2、運動臟腑：協助身體「五臟運動＋六腑振動」，使身體各系統可以開始運轉。

3、清除廢物：組織液中的酸水，自由基／穢氣，內臟脂肪，其中酸水須優先排除。

4、自我療癒：放心交給身體「總管理師」進行自我療癒。

健康三部曲：修護 / 成長 / 活力　就這樣成形了

　　對於 75%於亞健康族群，我創建了一條有別於傳統保健，既輕鬆又非常容易實施的方案，且效果非常顯著，銀髮族先以「諧振床」修護身體，使用振動跑步機開始運動，最後使用振動肌力機，訓練下半身肌肉，預防「肌少症」及膝關節退化問題，除了防止跌倒之外重要的是促進身體分泌「生長賀爾蒙」就可以逐漸恢復年輕。

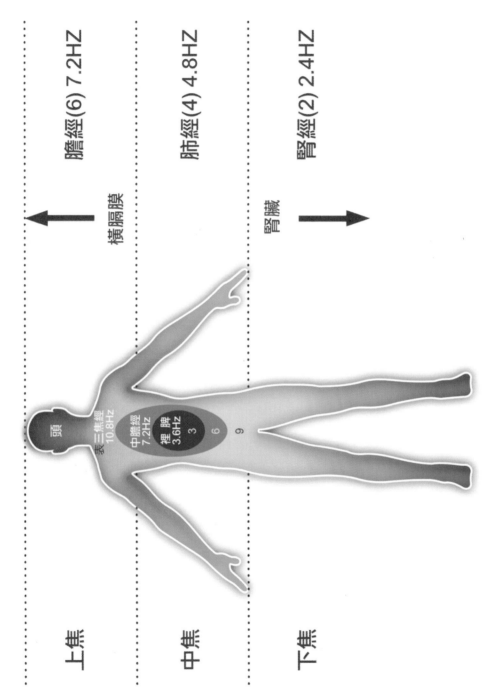

圖十三.人體上/中/下焦與表/中/裡經脈關聯

上焦　膽經(6) 7.2HZ　橫膈膜

中焦　肺經(4) 4.8HZ　腎臟

下焦　腎經(2) 2.4HZ　胃臟

頭

表三焦經 10.8Hz
中膽經 7.2Hz
裡脾 3.6Hz

3
6
9

諧振運動
遠離病痛

實踐篇

水平律動療法／影響身體的機制

　　美國 NIMS「水平律動床」以每分鐘 140 下，將人由頭到腳的方向往復運動，患者好像躺著跳繩，橫膈膜上下往復運動，產生心肺復甦效果，加速血液流動速度，血管內皮細胞偵測到血流加速就自動分泌一氧化氮（NO），擴張血管，實際量測心臟增加 90％的血流輸出，各器官增加 50％，因為是水平躺著運動，沒有重力的阻礙故流到腦幹的血流量增加 180％，NIMS 床臨床有將近 200 多篇的研究論文整理如下：

- ‧ 預防與改善動脈硬化
- ‧ 預防與改善缺氧性心臟病
- ‧ 預防與改善腦梗塞，栓塞
- ‧ 降低心肌梗塞後遺症
- ‧ 預防與改善肺動脈高血壓
- ‧ 預防與改善糖尿病
- ‧ 預防與改善性功能因為一氧化氮就是威爾鋼。
- ‧ 改善帕金森症
- ‧ 改善發炎降低疼痛與早晨僵硬

　　一氧化氮（NO）是水平律動床主要訴求，但仔細從 NIMS 國外研究論文中我們還看到身體還會產生下列有益健康荷爾蒙：

- ‧ 血纖維蛋白溶解酶 tPA，可以溶解血栓，降低血栓機會
- ‧ 前列環素，鬆弛血管抑制血小板凝固
- ‧ 第二型前列腺素，調解免疫反應，放鬆血管平滑肌
- ‧ 腎臟腺髓質，降低血壓維持血管張力，強化細胞對於氧化／缺氧的傷害。
- ‧ 血管新生成長因子，調節細胞和製造各種蛋白質加速血管新生與成長。
- ‧ 改善「細胞間鈣質恆定性」細胞內鈣平衡，保護心臟細胞，預防缺氧傷害。
- ‧ 產生「神經型一氧化氮」，幫忙中風之後「神經重塑」及「神經連結」促使神經再生與連結，慢慢恢復已經受傷神經細胞功能。
- ‧ 降低血中胰島素，增加脂聯素，增加胰島素敏感度，降低胰島素阻抗，改

善糖尿病。

· 增加血流剪力，增加骨隨幹細胞與內皮祖細胞，改善內皮功能，提升冠狀動脈儲備值，降低糖尿病人的心血管併發症與死亡率。

· 帕金森氏症病患，是因中腦黑質區多巴胺分泌不足所致，水平律動床流到腦幹血流量增加 180%，多巴胺分泌恢復正常改善病患行動僵直現象。

· 水平律動床透過橫膈膜的移動，導致腹式呼吸，增加肺部換氣量，對於肺纖維化呼吸窘迫換氣困難，可以改善二氧化碳過高及酸中毒，改善氣喘與過敏，也沒有傳統呼吸器的傷害及使用時的不舒服問題。

在實際會員體驗中，有一位 50 幾歲心肌梗塞患者，三條冠狀動脈已經堵塞一條半，醫生警告隨時有生命危險，使用「諧振床」每天一個小時，連續使用三天，第四天起床感覺胸部麻痺感消失了，於是再繼續使用三次，每次使用時間增加為二小時總共 9 小時，到醫院做 256 切電腦斷層，醫生說三條冠狀動脈，堵塞還不到 20% 不用裝支架，一個月之後告訴我他的性功能恢復了，因為一氧化氮就是威爾鋼，從體驗者使用結果證實美國 NIMS 水平律動床對心腦疾病幫助甚大。

NIMS 水平律動床～研究論文幾乎圍繞在心腦血管及呼吸系統上的疾病，為何獨缺睡眠治療呢？

美國 NIMS 有要求我們設計睡眠模式，床移動距離達 8 公分，運動速度很慢，目的是在模擬睡床的搖籃感覺，但經長期實驗發現助眠效果不好。

睡眠障礙是現代人類最大的困擾，將近有 30% 的人須要吃安眠藥才能入睡，但是根據研究長期吃安眠藥會致癌，同時安眠藥無法讓人進入深度睡眠，身體還是無法獲得休息及調養。

許多嘗試助眠的方式都是以營造舒適類似嬰兒搖籃的環境，我因為有動態磁能床的經驗，知道三焦經才是改善睡眠障礙的解藥 ---

--- 用振動的方式提升三焦經能量，平衡自律神經之後，再用搖籃模式入睡。

經絡共振理論～探討─驗證─修正

王唯工博士發表了「氣的樂章」這本書，說明了經絡共振的理論

心臟、血管、器官、經脈在氣的統合下組成循環共振腔系統。

12 經脈的共振頻率，是以心臟頻率開始由 1 到 12 倍頻震動。

如果心跳每分鐘 72 下為例子，12 經絡的共振頻率從 1.2Hz 開始，如下圖示：

通經絡-經絡共振能量

肝、腎、脾、肺、胃、膽、膀胱、大腸、三焦、小腸、心、心包
1.2　2.4　3.6　4.8　6　7.2　8.4　9.6　10.8　12　13.2　14.4 Hz

氣就是共振，氣強共振震幅就大，能量就強，氣通過經絡系統散佈全身，每條經絡各司其職，根據陰陽五行屬性，經絡之間也相互影響。

心經與心包經因「脈診儀」幾乎量不到此高頻能量，但可以確定心經是第 11 個諧波，王博士將心包經當成「總和波」，我後面有探討為何「脈診儀」量不到的原因，及從人類演化因應「性能」提升的需要，才由三焦經開始追加到心包經的原因。

中醫師把脈就是經由三指量測 12 經脈振動頻率混合在一起的合成波（脈象），脈象包含 12 個經脈共振「頻率」及「能量」（脈的振幅代表能量強度）大小不同，加上器官病變之後頻率也變了的緣故，混合在一起的合成波變得非常雜，造成診斷不容易，偏差大，療效就慢，而且很難傳承無法定性定量分析，中醫很難被現代醫學接受就是這個原因，且身體許多症狀仍無法用「把脈」方式診斷，如皮膚／末梢／水分問題。

王博士歷經 17 年研究歸納，以物理頻譜分析脈象，終於找到身體 12 經脈運作原理，且發明了脈診儀可以很正確的診斷身體毛病，這是中醫界非常重大的突破，中醫能夠科學化應該感謝王博士的努力。以下是王博士理論核心整理，同時並加入我分析身體為了應付「常態分配」及「動態分配」血液的完美設計。

王唯工博士理論整理

　　為了滿足身體不同體態如倒立／躺臥／手高舉／及跑步運動的時候，身體各個細胞／器官都能獲得正常血液的供應，血液系統設計如下：

1、身體設計是以「血液循環」來供應全身細胞／器官的營養，及排除廢棄物，而掌控整個血液循環的是「經絡系統」，血液的「常態」分配以各「經脈頻率及能量」多寡來決定，而為了應付身體「動態」需求於小動脈處加入「自律神經」小動脈開口的調控功能，其手段包括：

　　• 血液循環分成大動脈-小動脈-微循環-靜脈及淋巴系統。以心臟為幫浦，作為循環的動力源。

　　• 經絡分12經脈／十五絡脈／奇經八脈…五臟六腑分別有一條經脈對應，全身經絡接近體表設計360幾個穴道，經由穴道的調整可以改變／平衡五臟六腑血液的狀態，譬如「命門」穴受傷，到心臟的循環也會變差，針刺「命門」穴可以改善心臟本身的循環，此為中醫所說的「內病外治」。

　　• 12經脈是運用「經脈共振」的原理，在「氣」的統合下將心臟／血管／器官／經脈組成循環共振腔系統，將帶養分及氧氣的血液送達全身。

2、心臟是血液循環的動力源，心臟經由左心室以收縮壓力將血液打入180度大轉彎的主升動脈，並在血管壁重重一擊，於是壓力波就此產生。

3、大動脈是採「血管壓力波振動」方式，靠著血管壁「縮收／放鬆」，血液以「進3步退2步」確保血液在運送途中保持足夠的流速避免「紅血球」的凝固作用，這有點像預拌水泥車，運送中車斗不停旋轉，防止水泥凝固相同道理。

　　「舒張壓」就是為了維持血管振動壓力波所設計，讓血管隨時保持盈滿「彈性」狀態，才能維持血管振動。

　　而血管採用共振壓力波的設計，人類才能夠「運動」。如倒立／手上舉。

4、各器官以一根與動脈血管呈90度的硬管與動脈相連接，此硬管長度經特別設計，不同器官不同長度，器官必須配合此硬管才能在「經脈」協助下以各自「共振頻率」振動。

5、單一經脈就相當於一條動脈帶著臟腑器官和一條靜脈，再加上許多穴道組成的經絡管線所構成，會產生一個特定共振頻率出來，一個個穴道以一定距離排在經脈上，就會讓這二條血管好好的共振，不同經脈間有器官相連，振動

就會經由器官在經脈間互傳，身體「血液網路」在「經脈網路」調控下正常運作，血液就是靠「經脈及器官」振動的動力將「常態」血液送入該經絡及該器官中的小血管，這就是「氣統血」的真正意涵。

6、大動脈與器官間是以共振頻率方式將血吸入，對於各經脈／器官所在位置的「小動脈」特別設計經由「交感／副交感神經」來控制血管口徑大小方式進行血液「動態」分配，如運動時候肌肉血流量就增加，思考的時候自動把血液分配到腦部，飯後不能做激烈運動就是血液都被調往肌肉去了，胃及消化系統血流量變少了，吃到胃的食物無法消化變壞了。

當「自律神經失調」的時候，掌控「小動脈」能力疲弱，或因「氣血」不足，身體長期「關閉／限縮」較不重要的地方的供血，「高血壓」就產生了。

另外哪個器官出了問題，小動脈開口就開大，增加血流量，但如果開的太大，心臟血液供應不足的時候，在該經絡的脈象振幅就不穩，稱此現象為「風」，風為百病之始，且從高頻往低頻發展，病就愈來愈重。

所有內臟的小動脈開口調控，依靠「膀胱經」供血的「自律神經結」就近管控，也就是膀胱經上各器官的「俞穴」，包括心臟的供血。

7、穴道是小動脈／小靜脈／神經集結的處所，是動脈微循環的一部分，穴道是經絡振動的最大點，針刺穴道，造成遠離身體的血流量降低，灸法剛好與針刺的效果相反，遠離身體血液反而增加，手腳冰冷最好是採用「灸」法。

8、微血管以網狀擴大面積方式設計，將動脈「壓力」型式的血液改成「流量」型式，並藉由組織「負壓」結構及「毛細管虹吸」現象將血液送達細胞。

9、物理治療是幫助身體恢復循環很重要手段，心臟才 1.7 瓦，要靠心臟解決循環的阻塞不容易，體外的推拿／針刺物理治療更有效。

本書「諧振運動」就是一種「五臟運動，六腑振動」的物理治療手法，使用「動態磁能」磁力作用直接提升各臟腑「俞穴」及掌管自律神經的「三焦經」能量，雙管齊下促進臟腑快速恢復健康。

10、經脈靠「共振」方式運作，絡脈則以流動方式，可能已經到達末梢緣故。但我相信，奇經八脈／十五絡脈／十二經別／十二經筋／十二皮部，仍然依循著共振的原理在運作，只是有不同頻率罷了，可能因為頻率更高無法從手腕「橈動脈」脈診儀方式偵測到，後續章節會說明，故我將把王博士的經脈共振改稱為「經絡共振」。

王博士的理論值得探討事項

王博士的理論論述大致上是正確的，但有二點我覺得有待商議：

1、王博士以心臟「藉著調整血液打到主升動脈瞬間「脈衝波型」的稍許變化就可以打出12經絡各個諧波，來分配各器官血液流量，好像心臟直接取代了「經絡的調控功能」！！

　　這不太合理！心臟跟其他器官一樣是「做工」的器官，且才1.7瓦能量而已，身體的設計者不可能把「控制」器官工作那麼重要的職責，交給才1.7瓦能量輸出，同樣為作工的心臟，而且只在短短的「脈衝」瞬間，要來執行全身血液的分配，如果心臟可以勝任，那何必大費周章設計12條不同振動頻率的經絡，及全身360多個「穴道」的調整點，血循環最後階段要進入「微血管」之前仍然交由「自律神經」進行小動脈開口大小的控制呢？

2、王博士認定「動脈血壓力波」就是中醫所講的「氣」，我覺得值得探討。

　　以下我來詳細分析：

　　在王博士的理論中指出「心臟、血管、器官、經脈在氣的統合下組成循環共振腔系統」，這論點點出了「氣才是統合者」，「氣」的位階應該在心臟、血管、器官、經脈的上面，如果王博士的論點「心臟造成的血壓力波就是氣」，那「氣」就不是「統合者」，其位階是在「心臟」之下。

　　仔細重複研讀王博士書籍，有說到他「沒有發現經絡這個實質的東西」，但肯定是有「穴道」的存在，而且可以以「針灸」改變血液的流動現象。

　　王博士舉「命門與心臟」的例子，當「命門」穴受傷，到心臟的循環也會變差，針刺「命門」穴可以改善心臟本身的循環，所以「心臟本身也是受經絡來控制的」。

　　王博士是實事求是的科學家，凡事需「眼見為憑」，他因沒有看到經絡物質的東西，故無法去承認不存在東西的作用，剛好古書有云「氣聚膻中」，加上把「主昇動脈」比擬成「大鼓」，才誤會說「血壓力波就是『氣』，就是在血管及血液中傳送的聲波」這句話，如果真如王博士的理論，那形容膻中穴應該是「氣發膻中」才對，「氣聚」的意思應該是有許多不同的「氣」在此「聚集」才正確。

　　再則對於在人體四肢／頭部，遠離大動脈的末梢位置，以1.7瓦的心臟產生的「血壓波」就可以傳送及分配血液嗎？那為何還要設計「經絡」振動來推動動脈／靜脈的血液流動呢？

膻中穴是屬於任脈，是中醫八會穴的氣穴，是心包經募穴，膻中穴與督脈至陽穴連線中間就是瑜珈中脈「心輪」所在位置，為何修練者可以不吃東西仍然可以生活？可能就是透過身體中脈七個脈輪吸收宇宙光場能量，再經由任脈及督脈的能量管道傳至 12 經絡，膻中穴剛好位於「心輪」同水平位置，是「宇宙炁場」與「身體氣場」交會之處，又是身體八會穴的氣穴，主治身體「氣病」，故才有「氣聚膻中」之說。氣或者說是「能量」應該是由「形而上」的管道所「聚集」而來的，而不是由「心臟」單獨打出來的。

佛教修練「悟道」主要特徵就是將往世所累積的「業氣」經由中脈的「心輪」排放到宇宙虛空之中，內心歸於平靜…也許這也可以解釋「氣聚膻中」的道理吧。

膻中穴是修練者中丹田，分別與上丹田印堂形成上焦橢圓氣場，與下丹田氣海分別形成中焦橢圓氣場，膻中穴就位於此二組橢圓氣場中心焦點位置，中焦「氣」場能量強的話就可以分別支援上焦印堂「神」識信息，下焦氣海物質「精」氣。

古書云：身體「氣」分成「元氣／宗氣／營氣／衛氣／精氣／血氣／神氣／心氣／肺氣／肝氣／胃氣／脾氣／腎氣」，所以硬要說心臟打出的動能，轉化成動脈血管上共振的位能為「氣」的話，此氣應該只是「心氣」或是「血氣」吧。而經絡共振的能量才是這些能量的總合統稱吧！

王博士在「氣血的旋律」書中有提到之理論

1、身體動脈只有「一根弦」只有一組共振諧波，但有許多「共振腔」，五臟六腑需各自與一個諧波共振，也就是說心臟應該只是激發此弦「產生振動」的功能而已。各器官仍然須在各經絡協助下「主動振動」，才能從動脈中吸取血液，這樣才合理。

再從「琴弦」理論來說，心臟就像人的右手指「用力一彈」，觸發「動脈脈波弦音」，如果左手不按弦，所產生的頻率就是該弦的「基礎頻率」，其他頻率的產生必須來自左手的調控，我們身體也一樣，心臟就是觸發一條具備「舒張壓」，可以產生弦音的大動脈，大動脈產生該弦的基礎頻率，心臟搏打力道愈大，則該基礎頻率「振動幅度／強度」就愈大。

其他器官根據各經脈所提供的「振動能量（頻率／強度）」在大動脈這條弦上彈奏音符（頻率），五臟六腑的頻率一定是該弦基礎頻率的倍頻。

心臟只是做功的器官,「不能」也「不行」取代身體「控制系統」產生五臟六腑的諧振頻率,後續會說明。

2、大陸在「經絡」研究有幾千篇,把經絡分別為神經類/體液類/及能量類如「液晶」本書前面也提到大陸所研究「經絡穴道」的成果,五臟六腑外面被一層密密麻麻的「光纖維」包覆住,且小到任一細胞都有二條「膠原纖維」連接到「光纖維」系統。此具備光纖維硬體結構的系統就是「經絡」系統。

身體器官之所以會產生「共振」,我相信跟包覆在器官外圍的「光纖維」「經絡」系統大有關聯,身體設計此「光纖維經絡」系統一定有其用意的,後續會說明。

王博士說「氣就是在血管及血液中傳送的聲波」這句話應該只是「心氣」。此「心氣」就是由包覆在心臟的「光纖維經絡系統」提供的能量所產生,而其他器官也在各自經絡所提供的「能量協助下共振」,各器官產生自己的「氣」,而經絡系統必須有一套能量「產生及儲存及振動」的機制。這是本書想要探詢的重點。

我從其他研究資料中確認「經絡」確實是存在的,經絡的目的應該就是「氣/能量的管道」,提供「能量」讓心臟、血管、器官共同合作產生經絡共振。

動脈以「血壓力波」型式工作目的是為了「滿足人類運動」的最基本需求所設計,心臟負責將血液從「衝量」型式改成「血管壓力波」型式。

至於器官以一特定長度的硬管與動脈相連作為一個「濾波器」,硬管的設計就是為了配合不同經脈有各自共振頻率,各器官必須以硬管長度的頻率共振,血液才能吸入。

當器官「硬化」的時候,器官共振頻率無法與硬管搭配,器官就無法從動脈中獲得血液,此硬管也可以稱為「頻率」的「濾波器」,頻率對了,血液就允許通過。

中醫「針灸」治療手段就是在調整各經絡能量分配,進而改變血液的分配。血循環系統有如一部「推拉式火車頭」,心臟負責將血液加壓送到動脈,以「血壓力波」形式傳送到各器官門口,而器官以特定共振頻率將血液吸入,而動/靜脈經由該經絡及穴道及自律神經控制的小動脈開口,組成「運送及開關卸貨」系統,完成所在位置組織細胞「常態」及「動態」血液的輸送及分配任務。

再從能量的觀點來談,心臟能量才 1.7 瓦而已,如果完全仰賴單獨心臟來產

生動力，對心臟而言負擔太大了，但如果心臟只負責把血液打入「動脈」，只負責保持血管彈性壓力及一基礎頻率，各器官以各自的振動頻率來「吸取」血液，而所吸取血液的量，根據該經脈的振動強度／能量大小來決定，身體這樣的安排設計應該較為合理才對。

　　總結要把血液送入器官的條件是～「振動頻率要對，能量要足夠，時機要對」。

　　所謂時機就是由「自律神經」來判斷及調整的。

　　如果可以在「主昇動脈」處量測脈博，應該就只有「心跳」的頻率，至於為何在手腕「橈動脈」處可以量測到經絡頻率，應該是血管與器官／經絡共振下所耦合的結果。

　　心臟與經絡功能不能混淆，心臟扮演的是一個幫浦作用，主昇動脈的設計是要將心臟打出來的「衝量血液」轉換成「血壓力波」以滿足血液的輸送不受身體「運動及姿態」的影響，而「經絡」才是扮演五臟六腑及頭腦／肌肉／皮膚／骨骼血液分配的主導者。

　　再從心臟功能說起，心臟是一個做功的器官，心臟的跳動也是在 12 經脈裡的「三焦經」所管轄的自律神經來調控的，心臟也是接受經絡所控制的，試問當自律神經失調，產生「心悸」問題時候，心臟還能「越俎代庖」自己成為控制者發出命令讓三焦經活化，來改善「心悸」的問題嗎？這樣子身體的控制系統設計就亂了，主從不分了，所以我才說王博士「氣就是在血管及血液中傳送的聲波」這句話可能只講對一半，聲波也是能量，但中醫「氣」的重點應該是在講「經絡能量」才對。

美國 NIMS 床經驗～體外水平運動產生加強波效果，協助體內經絡產生共振

　　以我使用美國 NIMS 床經驗，在 2.4Hz 水平律動下，產生橫膈膜運動效應，形同產生「心肺復甦」效果，根據美國 NIMS 床臨床報告，此時心臟增加90%血流量，腦幹 180%，各器官 50%，對於心腦血管疾病改善效果非常理想。

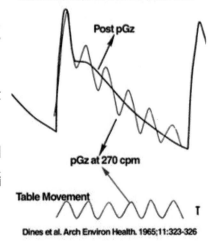

Blood Pressure Waveforms from Aorta

Post pGz

pGz at 270 cpm

Table Movement

Dines et al. Arch Environ Health. 1965;11:323-326

上圖 人體心率在水平律動床運動中所量測的波形

上圖為水平律動床在 270cpm（4.5Hz）的律動下，所量測到的心律，主波仍然為心跳，但在主波裡面又載了 4.5Hz 的頻率，4.5Hz 的頻率就是一個外加的「加強波」，此加強波會加強相對該經絡的血液流量。

下圖是根據我們以立體諧振床所做的研究，以 AI 智慧手環所量測到的波型，使用前心律波型只有單純心臟律動波形，實驗時立體諧振床以 3Hz ／ 4.8Hz ／ 6Hz 三種頻率運動，律動中量測到的心律波形確實已經加入了立體諧振床三種頻率，此也可以證明體外振動，經由橫膈膜運動使心臟被加壓，心臟打出的波形已經存在「加強波」效果，此加強波直接強化該振動頻率的經絡（3.6Hz ／脾經，4.8Hz ／肺經，6Hz ／胃經）。

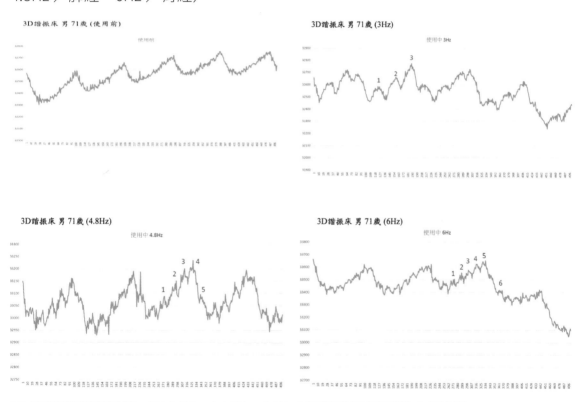

圖 立體諧振床使用前，及以 3Hz ／ 4.8Hz ／ 6Hz 三種運動頻率量測的心率波形

如果以王博士的「血壓力波」理論，心臟只工作在脈沖上升波瞬間是打不出這種諧波波型的，前面章節也提到心臟分配血液的流量幾乎只在前三階「肝（63％），腎（28％），脾（7％），肺（0.76％）」，到第四階的能量已經少之又少了，如要來協助肺經及後續的六腑，以「體外諧振運動」才是最佳方案。

心率頻譜分析中有一個非常重要線索，心臟很難分配高頻能量給第四階以上

的器官，也就是說心臟低的跳動頻率只能照顧肝（1.2Hz ／ 63%），腎（2.4Hz ／ 28%），而脾（3.6Hz ／ 7%）及肺（4.8Hz ／ 0.76%）以上交由體外諧振床來協助是最棒的安排，且根據第一個振動主波所獲得的能量為 63%，而第二個倍頻諧波仍然有約 28% 的能量，立體諧振最高頻率的設計是 6Hz，就是當立體諧振床以 6Hz 振動的時候，給 6Hz 的胃經 63% 能量，還有 28% 能量會給 12Hz 的小腸經。立體諧振運動及振動模式說明如下：

立體諧振「運動」模式設定在 3.0Hz，3.6Hz，4.2Hz 三個頻率～

　　·3.0Hz 產生最大的橫膈膜運動，直接加壓心臟的方式增加心臟血流量。

　　·3.6Hz 時候開始強化脾經能量（63%）及 7.2Hz 的膽經（28%），

　　·4.2Hz 的時候可以補償 8.4Hz 膀胱經（28%），

立體諧振「振動」模式設定在 4.8Hz，5.4Hz，6.0Hz 三個頻率目的就是～

　　·4.8hz 幫助肺經（63%）及大腸經（9.6hz ／ 28%）

　　·5.4hz 以第二倍頻 10.8Hz 幫助三焦經（28%）

　　·6.0hz 幫助胃經（63%）及小腸經（12Hz ／ 28%）

　　立體諧振設計就是在「弭補心臟的不足，且以五臟為主及六腑為輔」再結合電動睡床以居家保健為目的。

　　而「動態磁能」的設計頻率從 7.2Hz 至 20Hz，主要是在「照顧六腑」，且是直接採用第一階（63%）能量照顧，如立體諧振床要照顧膽經只能以 3.6Hz 的脾經振動頻率的第二階頻率能量（28%）。

「動態磁能」直接以 7.2Hz 振動可以給膽經能量達 63%，比立體諧振床多了 35%。

「動態磁能」直接以 10.8Hz，振動給三焦經能量達 63%。比立體諧振床多了 35%。

　　「動態磁能」最高頻率達 20Hz 對於「心經」及「心包經」仍然可以照顧到。

　　人體體驗的實際經驗告訴我，一位女士使用立體諧振，當我把頻率提升到 4.8Hz 肺經頻率的時候，這位女士就開始咳嗽，我以為他感冒了，結果她才說她有抽菸，而其他頻率不會引起咳嗽，這也證實肺經確實是第四諧波。

　　我們以三焦經頻率振動的時候，全身末梢循環確實變得很好，改善「自律神經」失調問題效果也非常理想，許多吃了十幾年安眠藥的患者幾乎可以不用吃藥而能正常入睡了，這證實了王博士「經絡共振」理論是正確的，經絡共振頻率不會受到外界的影響變化，只有心跳的變動經絡共振頻率才會跟著變化才對。

體外諧振運動的時候，心臟自己仍然維持本身的跳動頻率，甚至因外界幫忙送血的條件改善了，心跳反而呈現降低的狀態，但反應在「血壓力波」上的頻率確實是增加了「加強波」效應。

根據 NIMS 臨床經驗，當心臟增加了 90%血流量的時候，血管內皮細胞偵測到血液流速增加（剪應力增加），將釋放「一氧化氮」使血管擴張，故雖然血液增加了但血壓不會升高，不會造成危險情況，血管因此才有彈性，降低因血管硬化產生的破裂問題。

所以我才說心臟作用是要維持「血管保持彈性」狀態，為了將心臟脈衝的動能轉換成「血壓力波」，故有主升動脈的設計及必須有「舒張壓」的存在，而往頭上的血管剛好設計在主升動脈的轉折處，此處血液壓力最大，較容易把血往頭上面打，心臟只能產生自己的心跳頻率，也就是經絡共振的「基礎頻率」，其他器官必須在「經脈」的協助下自行產生共振頻率將血液吸進器官。

高頻體外振動對身體的影響～高頻影響末梢循環／水分／皮膚汗腺／穴道

我猜測 12 經絡的真正的血液分配可能無法完全從「橈動脈」中看到，尤其是高頻部分因大動脈結構比較「軟」，高頻的振幅被吸收掉了，真正要看各個經絡所分配的血液可能要直接量測個別經絡的共振狀態來分析了。

可以在「橈動脈象」裡面看得到的頻率，應該就只有低頻波了，也是因為身體是個軟組織，低頻才能產生「橫膈膜運動」，才能產生縮放心臟的效果，血壓力波才會受到外界影響而改變了，這個外界頻率就是一個「加強波」，可以加強該頻率的相對應經絡獲得較多的血流量，但絕非「經由心臟瞬間脈衝波型的改變可以產生的」，血壓力波受外界低頻波影響，但是心跳本身的跳動仍然是一樣的，故「經絡」共振頻率也是一樣的，所以才可以藉由體外運動床的幫助，增加動脈血液的輸出，這也說明運動跳繩或外丹功皆可以產生橫膈膜運動的好處就在這裡。

前面說明高頻體外振動，應該無法反應在「血壓力波」上面，但卻可以直接反映在經絡上，12 經脈／穴道的分布都在體表，從手腳頭再到前胸及後背，「動態磁能床」讓全身都處於一個高頻振動頻率之下，應該是處在身體表層的經絡系

統受影響最大，這也符合高頻走表層的道理，尤其是第九諧波的三焦經被激活了，身體的「水分／組織液體及末梢循環」被強化了，幫助了「靜脈及淋巴循環」，對於「腦脊髓液」膠細胞淋巴系統循環，清除腦廢棄物應該都有非常大的幫助。

整個高頻六腑經絡直接受體外共振提升了能量，尤其是三焦經能量的提升，使得自律神經及內分泌恢復正常，身體啟動了自癒能力及自行修護／免疫功能。這就是我所強調的「五臟運動＋六腑振動」的道理：

- 低頻產生跳繩／橫膈膜運動，直接加壓心臟促進「動脈血液循環」。
- 高頻振動促進「末梢血液及組織液流動」，促進「靜脈回流」效果，此雙重效果避免了靜脈回流不彰所引起的「心腎不交」問題。

王博士有說明血管振動頻率有三種（上焦膽經／中焦肺經／下焦腎經），那怎麼又說在「動脈血管」中還存在其他頻率呢？

血管之所以需要分上／中／下三種頻率是因為頭部／身體／腳長度比率關係，血管「長度」勢必不同，所以血管也必須要有自己的振動頻率，血管愈長的其振動頻率就要低，上／中／下血管長度比率就是根據人體結構：上 6 ／中 4 ／下 2。

以我判斷，決定三焦（上／中／下）血液的分配的仍然由「經絡能量」來支配，腎經能量強時，往腳的血管在腎經脈振動推動下流量也強，膽經能量弱的往頭上的血流量相對就變少，肺經能量就支配往手的血流量。這是大分配，為了牽就三焦血管長度的關係只好這樣設計，其他相關經絡就以「經絡振動」方式調整三焦（上／中／下焦）各經絡所轄位置的血流量，所以在脈診上仍然看得到各經絡的振動頻率，而不是來自心臟的調整，這樣的解釋應該比王博士所說的「經絡血液流量取決於心臟壓縮時的波形所控制」要來得合理。

頭部血液循環： 針對王博士「五臟管生存，六腑司情慾」所作的進一步分析

再以頭部來說明，往頭部的經絡不只膽經，其他經絡亦有相對管轄的血管，如延腦是肝經，中腦為腎經及脾經有關，延腦與中腦管基本生存，故有「五臟管生存」，「六腑司情慾」之說，大腦是演化後期高等生物才有的，六腑經絡全部上頭，包括「膽經」，「心經」也是高頻波屬於後期演化，心經與心包經跟心臟

有非常大的關聯,為何是後期才演化呢?後續我有解釋這種安排的道理。

所謂「五臟管生存,六腑司情慾」之說,我們特別以腦部血管分配及管轄的經脈來說明五臟管生存必須優先供血,六腑可以選擇性供血的設計,並舉帕金森氏症與失智症/阿茲海默症來說明治療難易度。

椎動脈供應腦幹及小腦～五臟生存:

椎動脈經由基底動脈供血到腦幹及小腦,腦幹包含中腦/橋腦/延腦,連結腦部到脊隨,中腦負責聽/視覺及黑質區分泌多巴胺,橋腦及延腦負責體內「自主」性功能如呼吸/消化/心跳/血壓,小腦位於頭顱後半部在大腦之下,負責控制身體活動協調及平衡,腦幹及小腦掌管身體基本的生存運作,身體設計上隸屬於「動脈循環」範圍,只要心臟/動脈正常操作,不必經由「小動脈自律神經」調控的開口控制,就可以隨時獲得優先供血的權力。如同「肺動脈」循環一樣,心臟搏打以衝量方式將血送達。

經絡的相對設計延腦是肝經管轄,中腦為腎經及脾經管轄,小腦應該也受肝/腎/脾經管轄,肺由肺經管轄,這就是五臟管生存的道理。

NIMS 水平律動床運動模式其頻率就是腎經振動頻率,加上腦幹及小腦隸屬於「動脈循環」範圍很容易將血液經由椎動脈送達,對於腦幹黑質細胞多巴胺分泌不足引發帕金森氏症及小腦萎縮症就可以獲得治療效果。

頸總動脈供應大腦及顏面五官～六腑情慾:

· 是頭部供氧最主要動脈:

分左右二支,各在頸部分叉為頸外動脈走表層供血至頸部及顏面,和頸內動脈深入顱內供大腦血液,與椎動脈不同之處是設計有感測系統:

· 頸動脈竇:

是頸總動脈與頸內動脈起始部的膨大,竇壁外膜內有豐富的游離神經末梢,稱為壓力感測器,可反射性的調解血壓。

· 頸動脈小球:

在頸總動脈分叉的後方扁圓形小體,是化學感受器,可以感受血液中二氧化碳濃度變化的刺激,反射性調節呼吸。

頸總動脈就是供應大腦/松果體/頸部/顏面血液,而大腦是演化後期高等生物才有的,屬於高頻的六腑經絡管轄,往頭上的血管先是透過「膽經」的振動

頻率協助,將血經由頸總動脈打到腦部之後,個別經絡再接手分別將血液供應到各經絡所在位置組織細胞,大腦前額葉就是屬於高頻的六腑經絡管轄,如果缺氧將產生的失智症／阿茲海默症。

· 心包／三焦經能量不足:

　直接影響頭部及五臟六腑供血,產生頭暈／頭痛／耳鳴／眼睛酸澀／臟腑退化。

· 心經／小腸系統能量不足:

　產生心悸／失眠／肩周炎／三叉神經／太陽穴附近偏頭痛／暈眩

三焦／小腸／心／心包經皆屬於高頻波,心臟能分配的能量非常少,傳統中醫以中藥／針灸也難改善。

松果體的血液供應比較特別,雖然它位於椎動脈供血的腦幹上方,但竟然也有來自頸內動脈的血管由上方往下穿過腦室脊髓液,供應松果體血液!本書後面「諧振運動的宇宙觀」章節有針對此問題說明,請參閱圖十四。

要把血液打到大腦前額葉／顏面的條件,除了須以高頻的六腑振動頻率實施之外,另一個原因是大腦前額葉／顏面位於表層屬於末稍循環範圍,必須先借助動態磁能床「三焦高頻振動的協助以平衡／活化自律神經」,自律神經調控的小動脈開口才能正常操作之後再以立體諧振床振動模式協助之下才能將血液送達,完善治療失智症／阿茲海默症,愈到末梢愈不容易治療就是這個原因。

NIMS 水平律動床其運動頻率僅達 3.0Hz,缺乏高頻六腑振動頻率,當然對於大腦前額葉缺血產生的失智症／阿茲海默症治療效果差。

王博士所談頭部血液受「膽經」控制,如果再細分的話應該是說管六腑情慾的大腦及顏面「五官」受膽經影響,而管五臟生存的腦幹／小腦是受肝／腎／脾經管轄,這樣來得更精確,跟生存有關的控制系統如腦幹及小腦是不受六腑控制的。

除了前述五臟管生存,六腑司情慾,影響身體另一項問題就是「血管問題」,當今人類飲食太過於油膩,膽固醇／三酸甘油脂／高密度蛋白質堆積於血管壁,形同黃色小米粥樣的斑塊,久而久之使血管壁彈力下降,血液流動受阻,最終引發心／腦疾病,且血管壁組塞在 70%以下是沒又症狀的。

血管堵塞問題必須優先清除,諧振運動加速血流,產生一氧化氮擴張血管

之外，還能產生溶解血栓的「血纖維蛋白酶」加速清理堵塞的血管。

立體諧振 2.4Hz ／腎經頻率振動的時候，除了可以將血液打到腦幹之外，腎經亦是下焦的頻率，可以協助將血液往雙腳打，同時把自由基／穢氣洩放到大地。

往頭面的血管先是透過「膽經」的振動頻率協助，將血打到頭面之後，個經絡再接手分別將血液供應到各經絡所在位置組織細胞，大動脈到腳的血液應該也是以「腎經」頻率輸送，再交由經絡配送，同理手上的血管就是以「肺經」為主。

控制血液進入微血管的因素除了「經絡共振」之外，還包含自律神經控制的小動脈開口，三焦經如果失調，影響自律神經，就會影響心跳（心悸／心律不整）及小動脈的開口異常關閉，造成器官／細胞缺氧，繼而產生「高血壓」，三焦經在身體運作上是非常重要的，因為三焦經就是掌控自律神經及內分泌運作的後台老闆。

人類大腦屬於高頻波，六腑管轄的「情慾」功能，但受限於心臟跳動為低頻，心臟提供的能量幾乎只給了肝／腎／脾經，符合「五臟管生存」說法，高頻的能量很有限，但腦又是那麼重要，有什麼方式可以幫助「心臟」的忙？可以提高六腑高頻能量呢？「體外」諧振運動的高頻波剛好可以分攤心臟的負擔。

中醫診斷既然已經科學化了，但治療方式仍然只有傳統中藥／針灸等手法，有沒有可以根據新發現的經絡共振理論來研發治療儀器？這才是重點。

諧振運動結合「經絡共振理論」亦是一種新穎的「物理治療」手法

王博士治療經驗中也特別提出因為心臟只有幾瓦的功率，採用「物理治療」如推拿／針刺可以快速協助堵塞的「血液／經絡」的流動，「諧振運動」就是一種既結合「經絡共振理論」又是一種新穎的「物理治療」手法。效果比單純「推拿」高明多了。

王博士「經絡共振」理論重點著重於「從心臟將含養分／氧氣的血，如何打入動脈，及各器官如何以經絡振動方式將血液」吸入，對於「末梢及靜脈回流」這一端著墨的少，有說到「絡脈」已經不是以振動在處理血液的流動，文章有提到「心腎不交」係靜脈回流不彰，心臟只好加強工作，造成「心火」，王博士的「經

絡共振」理論顯然仍然不完全，只談了「動脈」循環，缺了「末梢及靜脈循環」這塊。這是因為高頻的領域以「脈診儀」去量測的時候，幾乎量不到「能量」，所以不敢斷言「末梢」以至靜脈的回流如何加強的問題，頂多採用溫水泡腳或多走路散步方式幫助靜脈回流。

王博士有提到第九諧波「三焦經」，只說明練外功及氣功外放，會虛化內部脾／膽經能量，對身體不好，其實「三焦經」非常重要，李時珍「奇經八脈考」中說明奇經八脈是「氣之江湖」，奇經八脈就是屬於三焦經，三焦經能量多的話，若哪一個經不好，它可以去幫忙，可惜的是三焦經能量不大，脈診儀都量不到，遑論可以幫助別人。

任／督二脈就是屬於奇經八脈，修行著之所以可以「辟穀」生活，我想就是李時珍所說的「氣之江湖」道理，從大自然所吸收的能量透過任／督二脈輸入「三焦經」所致。

本書「諧振運動」之所以可以解決疾病的源頭，就是可以以「諧振運動器材」很輕易的提升「三焦經能量」，以解決「自律神經」失調，及「末梢循環」不良所產生各種疾病，如老人失智／高血壓等問題，同時也解決靜脈回流不彰「心腎不交」衍生「心火」的問題。

「諧振運動」以體外能量的補充產生「相生」作用，直接幫助各經絡，也適度的減少各「器官」因其他經絡能量不足，拼命代償工作所產生的虛火「相剋」問題。

三焦經能量充足的時候，自律神經及內分泌才會正常，心臟才能正常工作，同時還會自動分配能量到其他經絡，以現在中醫靠吃中藥或針灸方式的確很難可以改善「三焦經」能量低落所產生的文明病。

根據美國 NIMS 及王唯工經絡共振理論，經過 15 年的不斷開發測試過程，我提出了「諧振運動」理論，並根據此理論研發出「立體諧振運動」，將單純僅改善心腦血管功能的「2D」美國 NIMS 水平運動床，增加了可改善失眠問題的「立體諧振運動」。

同時為了加強高頻六腑能量特別研發「動態磁能床」，完善了經絡共振理論兼顧了五臟運動及六腑振動，尤其是提升三焦經／膀胱經及包覆身體的能量場能量，提升身體免疫／防衛病毒／風寒能力，改善自律神經及內分泌，大幅改善慢

性病問題。

王博士對血管因應身體三焦長度比率不同的看法：

除了 12 經絡是採取共振方式運作之外，其實「血管」也採取振動方式推動血液，尤其是主要動脈，身體上中下血管振動模式如下：

上焦：橫膈膜以上的動脈血管是以膽經（6）振動頻率往頭面走。

中焦：橫膈膜以下肚臍以上，血管以肺經（4）振動頻率，往手方向。

下焦：肚臍以下血管以腎經（2）振動頻率，往腳方向，腎經能量弱的時候，流到腳的循環變差，加上重力影響，靜脈血液無法充分回流，會產生腳水腫／靜脈曲張的問題，因回流不順，形成下肢深層靜脈血栓很容易引起肺栓塞。

為膽經在子午流注運行時間就是晚上 11 點到凌晨 1 點，往頭面的血管就是借助膽經的振動頻率將更多的血往上打，此時如果不躺下來無法將更多的血打到頭上，頭腦無法獲得足夠的營養來修護，產生如失眠／記憶衰退／頭痛／失智問題，王博士特別提到在脈象裡看不到此現象，懷疑可能是由自律神經控制的小動脈開口在調整的。

除了上（6）／中（4）／下（2）三焦之外，身體還分表（9）／中（6）／裡（3），如下所述：

表「三焦經（9）」：衛氣，管轄皮膚／奇經八脈，三焦經強免疫系統就強，身體感覺被 一股氣包圍著，外邪／風寒／病毒就不易入侵。

中「膽經（6）」：平衡衛氣與營氣表裡消長，頭部血液上行的動力。膽經弱了，頭部就會缺氧，久之腦部病變／中風／失智／腦鳴／高血壓…

裡「脾經（3）」：營氣／營養佈輸／肌肉／臟腑：脾臟弱影響胃的消化及小腸吸收。

身體上／中／下焦與表／中／裡經脈關聯，請參閱圖十三。

氣功大師發功治療外放的氣就是三焦經之氣，但長期把氣往外送／發功，三焦經能量會降低，同時內部脾（3）能量減弱身體畏寒，膽（6）變虛造成腦部缺氧，變得神經有些不正常，甚至「走火入魔」就是這個道理。

曾經有一位氣功大師來體驗「動態磁能床」，說平常一天頂多治療三四位患

111

者，身體就沒氣了，如果可以使用「動態磁能床」補充三焦經之氣後，一天要治療十個患者應該游刃有餘，病患調整之前也先使用「動態磁能床」補充能量及熱身，治療起來就輕鬆多了，不用花掉自己太多的能量，效果也更好。

三焦經（9）能量不容易鍛鍊，如果能藉由「動態磁能床」補充，再經由三焦經將多餘的能量給予膽（6）及脾（3）經，身體內外能量達平衡狀態那最完美。

根據前面上（6）／中（4）／下（2）及表（9）／中（6）／裡（3），共同存在一個膽經（6），表明膽經是平衡身體氣血重要通道，坊間有些書鼓勵拍膽經是合理的，經由提升膽經來克服「虛不受補」，否則吃進一堆補氣的食物／藥，只停留在表層，體表溫度提升了，營養仍然無法達到內部，多吃無益。

膽經的失能將會弱化往頭部的血流量，是許多許多老化或慢性病的共同起源，像失眠／老人痴呆／失智／小腦萎縮／高血壓／腦中風／腦鳴等。

根據氣功大師臨床使用建議，每次使用諧振運動設備的時候，首先要以 2.4Hz／腎經協助將身體積累的穢氣，往下焦引導從腳底洩放，之後再開始使用。

動態磁能是增加中焦／上焦／光場的能量，每次諧振運動結束時，還需要藉立體諧振床以 2.4Hz／腎經協助將能量往下焦運送，達到平衡身體能量的狀況。

膀胱經的重要：

背部含許多俞穴，如肺俞／心俞／肝俞／膽俞／脾俞／胃俞／腎俞等等，所有的器官都連接交感與副交感神經節來維持／掌控各器官運作，膀胱經的俞穴就是運送血液給這些交感與副交感神經的轉運站，膀胱經的穴道掌管這些神經節的供血，而交感與副交感神經節又掌管器官的供血，這些穴道如果缺氧連帶造成自律神經的失調，器官就不正常了。

「動態磁能床」磁能分布就是位於這些俞穴位置，當俞穴獲得能量，這些神經節活化平衡，內臟將能正常運作，又膀胱經主司毒素／水分排泄，故很重要。

排毒就是排除含二氧化碳和酸水：

二氧化碳（CO_2）及水（H_2O）是身體產生能量時所產生的，必須經由紅血球將 CO_2 與 HO_2 結合成 H_2CO_3 帶走，經由靜脈系統將細胞中的廢物收集送至心肺，再由肺部進行氧氣（O_2）與二氧化碳的交換，HO_2 再經由腎臟排除，如果因「心肺功能」不好，血流速太慢／停滯，紅血球沒有流動，無法帶走二氧化碳，組織就開始「酸化漲水」，身體開始「水腫」，同時身體會以「脂肪」將 CO_2 包起來

堆放在肚子／內臟四周，國外研究發現含 CO_2 飲料即使是無糖無卡的「蘇打水」，證實會造成癡肥／腰肥，且產生心臟病／腦中風／糖尿病機率升高二倍，身體千方百計設法要把 CO_2 排出身體，竟然還有人要把 CO_2 喝到身體裡面！

「諧振運動」振動模式就是在加速身體「末梢微循環」，一來因一氧化氮（NO）擴張血管增加容積，二來運送更多的紅血球來排除酸水毒素／消除水腫。
高血壓問題～高血壓只是虛證，是因器官／組織／細胞缺氧所衍生的現象

西醫把高血壓認為是實證，所開的藥是利尿劑降低血壓／阻斷劑降低心跳／鈣離子拮抗劑擴張血管，但血壓只能控制，因為無法針對自律神經失調所產生微循環問題，缺氧的細胞組織仍舊缺氧，心臟仍舊要試著解決問題，而西藥一直在干擾心臟的功能，直到心臟已經無力加壓，缺氧細胞最終癌化，長期吃藥吃到肝腎衰竭，洗腎。

根據王博士十幾年人體實驗研究，「高血壓只是虛證，高血壓是因身體重要器官缺氧，要求心臟加壓設法解決缺氧問題」，而血管長期受到高壓力的影響逐漸形成血管硬化，容易發生缺氧問題的地方有二個地方：
1.腦部缺氧：

許多失眠問題幾乎是因腦缺氧。問題是什麼原因造成腦部缺氧？膽經的失能將會弱化往頭部的血流量，如果缺血的地方是在末端，如大腦前額葉，則跟三焦經能量不足，自律神經失調微循環打不開有關，立體諧振強化膽經及三焦經有助於改善腦部缺氧問題。

下圖 2019 年與朝陽科大進行產學合作，針對「大腦前額葉」血流量研究，以 NIMS 水平律動床跟立體諧振進行人體實驗比較，以半年時間量測 16 名會員。

不管是血流速或含氧血紅素，立體諧振床幾乎是 NIMS 水平律動床的 200%以上，這是非常難能可貴的，此研究也證實我前面的論點，NIMS 水平律動床以心肺復甦（CPR）的做法僅能把血液打到大動脈，如腦幹，而立體諧振根據經絡共振理論及特殊立體振動模式，很輕鬆地就把血液送到「大腦前額葉」了。

在 NIMS 研究文獻僅提到可以改善「帕金森氏症」，就是分泌多巴胺的組織是位於腦幹部分，研究論文缺乏因「大腦前額葉」缺氧產生的失智症（語言／行為反常／社交功能障礙）報告，就是 2D 水平律動床無法把血液打到「大腦前額葉」緣故。

大腦前額葉含氧及血流量測試

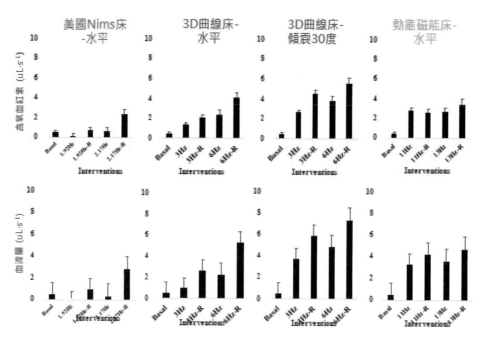

平均年齡 67 歲，所測得數據如上圖

　　阿茲海默症是大腦神經細胞退化所造成的失智問題，大腦結構含前額葉／頂葉／枕葉／顳葉，之所以會產生神經退化最初也是因為大腦供血不足產生的，解決之道就是設法恢復大腦血液的供給，至於水平律動除了產生血管內皮型一氧化氮（NO）擴張血管之外，同時還會產生「神經型一氧化氮」，促進神經突觸再生，幫忙因大腦神經細胞退化或中風之後「神經重塑」及「神經連結」促使神經再生與連結，慢慢恢復已經受傷神經細胞功能。

　　腦部缺氧一開始表現出來的就是血壓升高，可能是因膽經／三焦經能量太弱，打到腦部血液循環不足，腦細胞缺氧，長期就會針對缺氧部位慢慢轉變成血管型失智症，最終腦神經細胞因缺氧而導致退化／腫瘤，衍生阿茲海默症，如果缺氧部位位於腦幹黑質區，造成多巴胺分泌不足就產生「帕金森氏症」…

2. 肺功能不良：

　　舒張壓升高患者，通常是外面肌肉受傷，沒有能力把肋骨打開或抽菸／粉塵／病毒感染肺部纖維化／肺血管栓塞／低血壓／貧血，造成氧氣交換效率不好，血中氧氣不足，只好加壓努力提供更多的血給各器官和組織。

　　使用立體諧振床以「運動模式」產生心肺復甦效果改善「心肺功能」最為直

接有效，再佐以肺經振動頻率協助肺循環，同時床面呈傾斜狀態產生拍背／拍痰效果，把附著於肺泡的粉塵／痰同時清除，提升「氧氣交換效率」，身體獲得足夠氧氣之後，心臟就會恢復正常，血壓就降下來了，不管是腦部缺氧或是肺虛問題，改善肺功能是首要之重點。

NIMS 研究論文有提到可以改善「肺動脈高血壓」，是因為心臟打到肺部的血管是採用：「衝量」方式，而「體循環」是採用「靜壓脈波」方式，完全不一樣，之所以簡單的採用「衝量」方式設計，是因為心臟與肺部相鄰，沒有重力落差，相鄰的血管粗短，而且不須經過自律神經調控，只要實施橫膈膜運動產生心肺復甦就可以把血液送過去，故因肺功能不良所產生的高血壓，NIMS 水平律動及立體諧振床都可以改善。

單單高血壓的虛症，西醫都沒辦法進行有效治療了，拖到最後衍生的組織病變／器官衰竭／癌症，器官都壞了，此時已經很難善後了。

中醫難學

中醫於把身體的症狀分成八綱「陰陽／表裡／寒熱／虛實」，病因又分六淫「風／寒／署／濕／燥／火」，中藥方劑又分四氣「溫／涼／寒／熱」，五味「辛／甘／苦／酸／甜」，稍不留神很容易診斷失誤，所開的藥方無效之外可能讓身體更差。

諧振運動直接提升三焦能量，三焦能量充足會自動根據身體情況分配能量到所需的地方，不至於因誤診開錯藥性所產生身體更差的後遺症。

中醫很重要的手段就是把手腕「橈動脈」的脈象，我猜測 12 經絡的真正的「脈象」可能無法完全從「橈動脈」中看到，尤其是高頻部分因「頻率高，振幅又小」，加上大動脈結構比較「軟」，高頻的波型會被動脈吸收掉了，只能看得到第 8 諧波，而高頻信號太弱了，所以中醫才強調還須「望聞問」來彌補「把脈」的不足，真正要判讀 12 經絡問題可能要直接量測個別經絡的共振狀態來分析了。

王博士 17 年臨床經驗，許多毛病肇因於外傷，只要找到受傷的地方給予適度推拿，改善效果很快，如治肝病的時候注意脊椎是否壓到肝俞？有沒有右彎去壓到肝？心肌梗塞患者注意背部膏肓穴是否瘀血？背部膀胱經各俞穴攸關身體內臟問題，「動態磁能床」磁能分布就是位於這些俞穴位置，當俞穴獲得能量，這

些神經節活化平衡，內臟將能正常運作。

根據經絡共振原理所開發的「諧振運動」器材，振動波可以鬆弛僵化的肌肉，筋膜沾黏，促進微循環，另一方面提升各經絡能量，尤其是「三焦經」能量，藉著身體體表「氣之江湖」特性，將能量往身體內部「五臟六腑」分配，身體能量充足了，經由身體已經非常完整的「自動控制系統」，自動調節，可以在不需要診斷及中藥方劑治療下，恢身體的健康，這就是「上醫治未病」的真諦。

我對王唯工博士「經絡共振」理論幾點疑問與猜測

1. 三焦經非常重要，為何能量那麼少？

王唯工博士「脈診儀」所量測到的三焦經振幅與第零諧波比才只有 2.6%？而肝經達 80%！愈到高頻能量就愈來愈弱，到心包經能量更低才 1.18%，古代名醫華佗所言「三焦統領五臟六腑」，對身體的健康居於主導地位。但從「脈診儀」所量測到的三焦經能量如此之低實在是非常不合理！

分析此種差異可能有以下三種原因：

- 華佗所言的三焦與手少陽三焦經是不一樣的東西。
- 脈診儀對於高頻的三焦經頻寬不足，所以量不到／失真了／不準了。
- 三焦經本就不在脈內，當然量不到。

以我這些年「諧振運動」實務經驗，我可以確認前述三種因素都是對的。

華佗所指的三焦不是手少陽三焦經，而是「包覆」身體上中下的三焦，而包覆身體的說法有以下二個含意：

- **包覆身體上中下就是皮膚及身體最接近皮膚的末稍循環。**
- **皮膚屬於身體的話，則包覆身體亦可形容是環繞身體周圍的能量場。**

如果前述說法正確，那華佗所指的三焦是在脈外的末稍循環及身體周圍的能量場，脈診儀當然量不到。

人類之所以有三焦經基本上也是因應反映皮膚汗腺／毛細孔及末稍循環的調控，走身體表層本來就不在脈內，且頻率高，脈診儀頻寬也不足了。

前面華佗三焦及三焦經論述有一個共通點，二者皆在脈外末梢，只是華佗所指的三焦還涵蓋了環繞身體周圍的能量場。

王博士所強調「心臟／血管／器官／經脈在氣的統合下組成循環共振腔系

統」，氣的重要不言而喻，氣就是能量，沒有能量身體就無法產生共振腔狀態，根據「動態磁能床」的臨床亦得知「能量是維持身體健康最重要的指標」！

身體的三焦能量來自於包覆身體周圍的能量場，包覆身體周圍的能量場能量充足，身體的三焦才能獲得足夠能量，自律神經才能恢復平衡，身體自動控制系統才能正常操作。

華佗所言「三焦統領五臟六腑」亦可稱「能量統領五臟六腑」

王博士對三焦經沒有對應的器官這件事，他也不明白，猜測三焦經可能就是「全身皮膚」或「奇經八脈」也因為能量太小，所以認定影響身體不大！但如果是這樣的話，華佗與李時珍為何如此看重三焦經呢？王博士以脈診儀量測能量太弱，就忽視三焦經的影響，可能產生偏差了！我懷疑高頻波無法從「橈動脈」實際量測得到，可能是「橈動脈」物質特性「頻寬不足」，高頻信號衰減太嚴重了，不然就是三焦經走皮膚表層，本來就不在「脈內」，中醫「把脈」當然把不到真正的強度／能量。

前面的分析可以得到下列結論：

· 身體的三焦能量應該最充足的，只是脈診儀量不到身體的三焦能量。

· 三焦／三焦經對身體的自動控制系統（自律神經）影響很大，治療疾病首先第一步驟就是提升三焦（能量場）能量，能量自動會進入身體的三焦／奇經八脈，就如同李時珍「奇經八脈考」中說明奇經八脈是「氣之江湖」奇經八脈就是屬於三焦經，三焦經能量多的話，若哪一個經不好，它可以去幫忙。

王博士經脈共振理論只是在探討身體運作的方式，但對於氣／能量如何產生沒有仔細研究，頂多仍採用針灸／中藥調理。

三焦能量很難採用脈診來診斷，中醫對於三焦及脈外的末梢循環，因振動頻率高／振幅小，屬於黃帝內經所說的「濁氣／衛氣／行於脈外」，已經超乎手指感應範圍，要期盼中醫來治療，當然效果就差了。

傳統中醫療法很難提升三焦經能量，而「諧振運動」之所以可以解決疾病的源頭，就是可以以諧振運動的「動態磁能床」應用「磁能」很輕易的提升「三焦／三焦經能量」，以解決「自律神經」失調，及「末梢循環」不良所產生各種疾病，如老人失智／高血壓等問題，同時也解決組織間液／淋巴及靜脈回流不彰造成心臟空打「心腎不交」衍生「心火」的問題，本書後續針對三焦經有一包覆身體「無

形器官」的說法在後續「三焦新解」這章有進一步詳細的解析。

諧振運動館會員使用「動態磁能床」次數／時間最多，他們使用心得就是當身體能量提升之後，許多毛病都會依次產生「好轉反應」，症狀就一件一件減輕了，「磁能」結合「經絡共振」所產生的能量相當強，真的是完美組合。

2. 王博士認為經脈靠「共振」方式運作，絡脈則以流動方式，此看法錯誤了！

根據十幾年來的臨床及參考國內外資料，確信不只 12 經脈在共振，奇經八脈及 15 絡脈／十二經別／十二經筋／十二皮部，仍然依循著共振的原理在運作，只因共振頻率高，手指脈診已經無法感測，且上述絡脈屬於黃帝內經所述「脈外」末稍循環系統，本來就不屬於脈內系統，無法經由手腕「橈動脈」偵測得到，人類架構除了肉體之外，外圍還有光場圍繞著身體。

身體振動頻率由裡面（內臟）往中（六腑）到外面（皮膚），愈到表層頻率愈高，與人類光體相互連接，一脈相承，光體最外層頻率高達 2000Hz，光體構建人類身體所有資訊及能量系統。

3. 為何心經及心包經頻率最高？胚胎發育如何上演一部物種演化史？

王博士「經絡共振」心經及心包經頻率竟然比三焦經高，這點我也百思不解！王博士有說「心經」是發育後期才有的，但心臟是胚胎發育最早產生的器官，怎麼是後期才有？心經的頻率竟然不是心臟跳動頻率，這與其他臟腑的經絡共振頻率有違背，不是說器官振動頻率與經絡振動頻率需一致嗎？

乍看之下，會有此疑問，但如果以「自動控制」理論來探討為何心經及心包經頻率那麼高，就不足為奇。

在「自動控制」理論上面，有所謂「頻寬」問題，如果我們要來控制一顆心臟進行每秒 1.2Hz 的跳動，那控制心臟的自動控制系統「頻寬」必須高於 1.2Hz 的「十倍」以上反應速度，也就控制靈敏度必須達 12Hz，心經頻率是 13.2Hz 是心跳的 11 倍，符合了自動控制系統頻寬的要求。

心臟與其他器官最大的不同是心臟是血循環總「幫浦」跳動強度必須要很強，尤其是心臟是以脈衝方式瞬間將血液打入主昇動脈，而其他器官是血液的接受方，振動強度不須太強就可以將血吸入。

控制心臟跳動的「自動控制」系統就是「自律神經」，為了要「迅速」反映人類行動能力，設計有三十幾個神經結隨時控制心跳的脈衝波型及速度。也就

是說控制心臟的系統本來就要具備「十倍」於心跳的控制能力才能駕馭這顆跳動 1.2Hz 的心臟，而且心跳在激烈運動的時候可能達 2.4Hz，控制系統必須還能駕馭，那經絡與自律神經到底又有什麼差別呢？

經絡之所以有頻率的設計，可能也是基於「頻寬」的考量，肝臟的功能比較屬於常態，不需進行快速的反應，同時體積最大，所以頻率也最低，五臟管的是基本生存運作，而六腑受到外界干擾情況多，需要較「靈敏動態響應」，尤其是與外界直接接觸的「皮膚」，面對外界「冷／熱／風／寒」，毛細孔必須迅速反應，而管皮膚的就是「三焦經」，所以排在第九諧波，至於小腸經為何排在第十？王博士說小腸經也是後面高等人類才有，大部分的小腸是交由「脾經」在管控的，可能是為了適應人類演變成「雜食」特徵，必須快速反應吃進身體裡面食物「五味」的不同特性進行快速調控，而心包經目的是在防護心臟，確保心臟不同狀態下都可以正常工作，故必須比心經更敏捷「動態」調控心包裡面的液體，此心包液體在自動控制系統而言是一種「主動式阻尼系統」，用來保護心臟不會受到外界／身體運動包括上下／前後跳動加速度的影響，同時也將心跳的心音包護住，就像汽車引擎的避震器一樣，抑制了振動及噪音，人日常作息或夜深人靜的晚上才不會受到心跳的干擾。

如果以「頻寬」來解釋經絡「頻率」的安排，創造人類的「神」可能也是經過許多的設計調整及「後來追加」，才滿足了這號稱「新人類」族的「性能」需求。

猩猩經絡只到「大腸經」，人類去除了動物包覆在身體的毛，故加入三焦經，為了滿足活動敏捷性能的要求，再追加「心經」，又因為心臟性能變得太強悍了，只好再設計心包經「主動式阻尼系統」來保護這顆心臟。

沒有心經的動物其心臟可能是由「肝經」來控管，人類胚胎發育初期可能就是這樣，所以肝才與心跳同頻，等發育後期才再追加「心經」及「心包經」將心臟功能升級，預期未來「新新人類」可能還會有更高階的經絡顯現出來。

心經之所以擺在 12 經絡最後面，除了前面「頻寬」的解釋之外，可能還蘊含其他更高深的道理，心經有可能不是用來控制心臟的跳動的，容我在此賣個關子，請讀者繼續閱讀本書，後面有更精闢的解說。

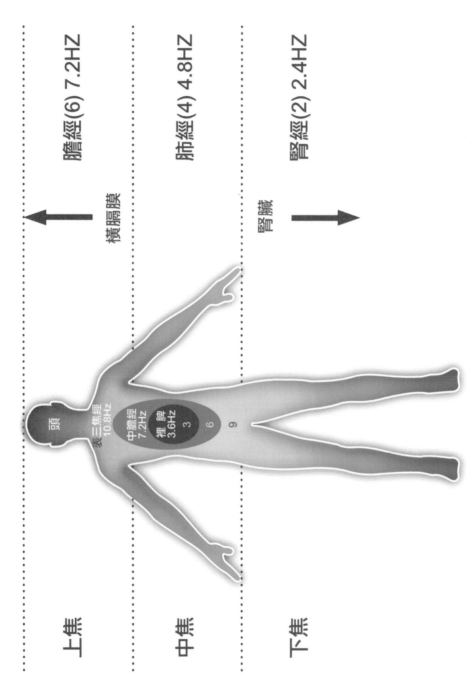

圖十三.人體上/中/下焦與表/中/裡經脈關聯

膽經(6) 7.2HZ

肺經(4) 4.8HZ

腎經(2) 2.4HZ

橫膈膜

腎臟

上焦

中焦

下焦

頭

表三焦經 10.8Hz

中膽經 7.2Hz

裡 脾 3.6Hz

3

6

9

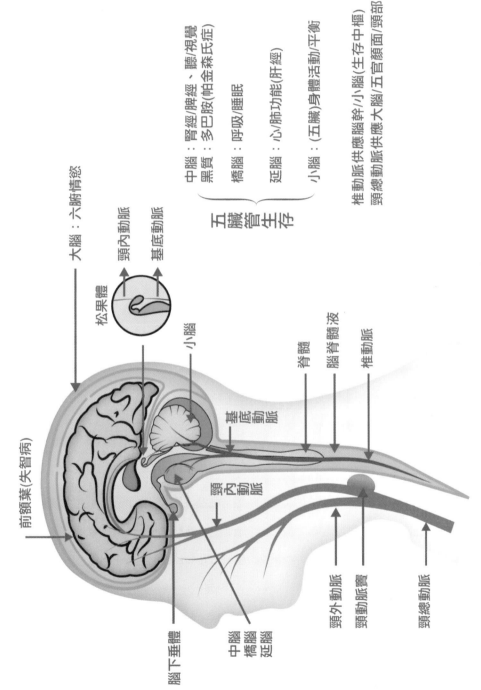

大腦：六腑情慾

前額葉 (失智病)

松果體

頸內動脈

基底動脈

小腦

中腦：腎經/脾經、聽視覺
黑質：多巴胺(帕金森氏症)

橋腦：呼吸/睡眠

延腦：心/肺功能(肝經)

五臟管生存

小腦：(五臟)身體活動/平衡

椎動脈供應腦幹/小腦(生存中樞)
頸總動脈供應大腦/五官顏面/頸部

基底動脈

頸內動脈

脊髓

腦脊髓液

椎動脈

腦下垂體

中腦
橋腦
延腦

頸外動脈

頸動脈竇

頸總動脈

圖十四.腦部供血，血管分配與五臟/六腑關聯

121

何謂被動式運動？與主動式運動差別？

人躺在 NIMS 水平律動或立體諧振裝置，藉由床的律動所產生的運動效果，我們稱此種運動模式為「被動式運動」，傳統主動式運動則是經由肌肉自主運動如跑步游泳等，以下針對主動式及被動式運動的功效／優缺點／適合年齡層分析

運動目的：

運動的目的是要追求健康，從健康觀點，運動是為了達到以下效果：

· 增加肌耐力雕塑身材，維持年輕體魄。

· 加速血液循環預防缺氧，改善呼吸／睡眠／內分泌／消化吸收排泄／

輕壯年有體力可以主動式運動一來可以鍛鍊肌耐力，二來讓身體維持健康狀態，但對於銀髮族或無法運動的病患，很難採取主動式運動方式獲得健康，採用被動式運動除了缺少肌耐力鍛鍊功能之外，上述健康效果都能獲得。

主動式運動優缺點：

適合青壯族訓練肌耐力，但缺點是必須消耗體力／能量，須適當補充營養，且易產生運動傷害，容易受體能／場所／時間／天候／空氣汙染等因素影響運動成效，銀髮族沒有體力，關節損傷者很難進行主動運動。

被動式運動才適合銀髮族：

被動式運動最大的特色就是「身體完全處於放鬆進行修護狀態」，而諧振運動運動模式協助身體產生「橫膈膜運動或稱為腹式呼吸法」，大量增加肺活量及血流量，此時所增加的氧氣暨加速的血液完全送達「五臟／六腑／大腦及身體需要進行修護的部位」，而傳統主動式運動，血液被送達「肌肉」，內臟／大腦／需要修護的部位反而缺氧狀態，而且被動式運動「既不消耗能量，反而增加能量」。

被動式運動既不消耗體力，只有運動好處沒有運動傷害，很容易實施，室內／居家都方便，晚上睡覺也可以實施，唯一缺點缺少肌耐力的鍛鍊，「肌少症」是銀髮族另一必須重視的一環，尤其是下肢肌肉缺少時容易跌倒／骨折，水平運動床是我所提倡「健康三部曲」中第一個階段，目的是在「修護」身體，等身體

完成修護才會進入「成長」的第二階段，身體有體力開始起身走路／慢跑，增加肺活量／新陳代謝，最後才進入「活力」第三階段，開始進行肌耐力訓練，讓細胞恢復年輕。

　　我另一項發明「振動型肌力訓練機」就是針對銀髮族肌少症，青壯年肌力／爆發力訓練目的創新產品。以伺服馬達取代傳統鐵塊，使用中加入振動功能，使用者只須出一半的力量，很短的時間達成肌肉訓練，剛好可以彌補被動式運動缺乏訓練肌力的不足，請參閱圖十五。

水平律動好還是垂直律動好？

　　市場上出現水平和垂直的運動，到底哪種較好呢？這要根據需求來評斷，垂直律動當初的設計是供運動員訓練肌肉使用，如 Power Plate，採用站立方式訓練大腿肌力，因為屬於高強度，使用時間不能太久。

　　銀髮族健康養生而言，人躺在水平律動床進行水平律動，既安全又放鬆，才是最適合養生。

　　垂直律動站立使用，適合肌肉鍛鍊用途。不適合銀髮族使用，原因是年紀大的人大多有骨質疏鬆或椎間盤突出，坐骨神經壓迫問題，針對這些問題治療方式是採用牽引方式，而當人站在垂直律動機上面律動，效果就有如拿一根榔頭從腳底往上敲打，腳踝／膝關節／髖關節／脊椎／頸椎承受衝擠壓力，使用不慎可能造成椎間盤突出及坐骨神經壓迫問題惡化。

美國運動醫學會研究
2014 年第 61 屆美國運動醫學年會研究論文報導

這些是國外針對振動／律動臨床資料整理

- 振動有助於提升停經婦女及老人的骨密度。
- 被動運動確實能改善血液循環，增加 血管彈性，降低血壓血糖血脂及二型糖尿病患者的肥胖。
- 振動可以很有效的增加下肢肌肉力量，助於改善老人膝蓋關節及行走平衡。
- 振動可以刺協助中風復健及減輕纖維肌痛症患者疼痛。
- 振動可以刺激運動員神經系統提升靈敏度及增加肌力。

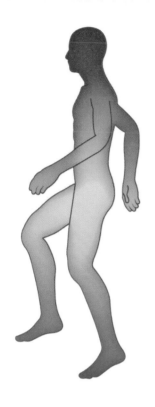

主動式運動(專注)
專注中肌肉運動
交感神經興奮
肌肉充血
消耗體能
年輕健身長肌肉

被動式運動(放鬆)
休息中/內臟運動
副交感神經興奮
器官充血
修護身體
銀髮族保健養生

主 動 式 運 動

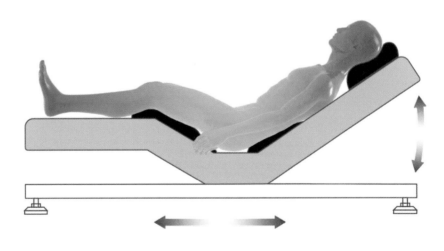

被 動 式 運 動

圖十五.主動式/被動式運動差異

諧振運動演進～動態磁能及心率諧振

前面已經針對王唯工博士「經絡共振」原理進行說明，知道身體運作原理，心臟、血管、器官、經脈在氣的統合下組成循環共振腔系統，12 經絡的共振頻率，是以心臟頻率開始由 1 到 12 倍頻震動。

動態磁能床：

我根據經絡共振理論，研發「諧振運動」器材以伺服馬達專利振動技術模擬「經絡共振」帶動床身往復運動，往復行程「振幅」10mm---50mm，「頻率」1Hz-20Hz，床身相對於人體背部在脊椎二旁，膀胱經各個內臟的「俞穴」位置再加入磁能，磁力線穿透身體，身體神經及經絡系統是良導體，經由諧振運動帶動身體，身體神經及經絡系統與磁力線產生「動態切割」效應，此效應就是發電機的物理原理，身體神經及經絡系統產生微弱「生物電流」，此電流就是一種能量，在不同的振動頻率之下，更加強化經絡的能量。

市場上有所謂「良導絡」產品，以量測經絡阻抗高低來判斷身體好壞，組抗愈小的身體愈好，組抗愈高的身體愈差，根據動態磁能床使用者體驗，身體情況好的在使用過程中大多數感覺背部感覺是「溫溫的」，身體比較中等的感覺是「熱熱的」 身體比較差的背部感覺是「燙燙的」，不是背部全面發燙，而只是局部會發燙，曾經受過傷的地方發熱的程度愈高，可以以「通則不熱，熱則不通」來形容。

身體背部會發燙就是經絡阻抗高（電阻大），當動態磁能床讓經絡系統產生微弱「生物電流」流經具有電阻的導體就會產生熱，根據物理定律：

$P = R*I*I$　　P：功率（熱）　　R ＝電阻（經絡阻抗）　　I ＝生物電流

只要根據背部發熱程度就可以知道身體好壞程度，及發燙位置判斷是哪個經絡發生問題，以實際體驗使用幾次之後發燙的感覺會慢慢降低。除了使用當下發燙之外，發燙部位會產生類似刮痧後顯現的紅色斑點，嚴重一些會產生水泡。

使用「動態磁能」床結束之後會感覺全身被一股強烈「氣場／能量場」包覆，

像一陣一陣的能量波在皮膚上流動，久久不能停息，而實驗顯示當把磁能去除的時候，全身被一股強烈「氣場／能量場」包覆的感覺就不見了，只感覺身體皮膚／末梢組織間液，及皮膚層的「奇經八脈」的「氣」增加了，全身只有「酥麻」的感覺而已。

根據我「手汗症」經驗，如果把磁能去除，只有振動效果的時候，以三焦經頻率振動仍然無法改善我的手汗症，「交感神經」仍然興奮，實驗也顯示人直接躺在靜止狀態的動態磁能床上面，是產生不了能量的，沒有「氣場／能量場」包覆的感覺。

動態磁能單獨以三焦經的振動頻率振動，全身皮膚都有「酥麻的感覺」，但為何無法如華佗所言「統領五臟／六腑」的功效呢？自律神經仍然無法平衡，更遑論「統領五臟／六腑」！由此顯示出動態磁能床之所以有效，我猜測跟使用「磁能」大有關係，

前面實驗分析動態磁能之所以可以提升身體能量，主要因素分析如下：

- 身體必須要與磁能產生「相對運動」，才會誘發磁能產生「能量」的機制。
- 磁能所產生能量影響範圍已經超越皮膚，已經擴大到身體「外圍」了，至於如何增加包覆身體能量場的能量，未來會進一步探討，我判斷是因身體奇經八脈能量提升之後，能量強反而將能量再度反饋回體外能量場，或是磁能本來就屬於第四維度的物質，經由動態磁能床交互作用而提升了體外能量！
- 磁能對身體的影響符合華佗所言「統領五臟／六腑」的功效！

本書後面章節將會交代華佗所言「三焦者統領五臟／六腑」的真正道理。

總結動態磁能床功能

- 提升 12 經絡能量，尤其是六腑（胃／膽／膀胱／大腸／三焦／小腸），三焦經掌控五臟／六腑運作，免疫防衛系統，神經／內分泌系統，活化三焦經才是打開身體健康的鑰匙。
- 磁能強化膀胱經各「俞穴」能量，讓調控五臟／六腑的自律神經系統趨於平衡，交感／副交感正常運作（參見下面圖表）。
- 振動促進末梢循環，放鬆背部肌肉／筋骨，減緩背部／肩膀痠痛症。

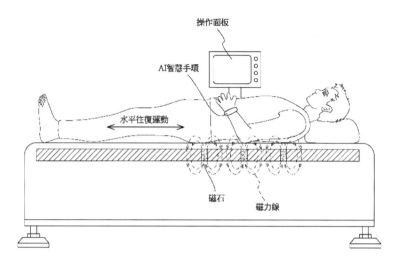

操作面板

AI智慧手環

水平往復運動

磁石　磁力線

（動態磁能床）

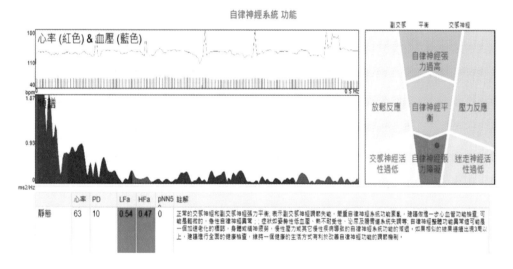

動態磁能床使用前自主神經量測（有張力障礙）

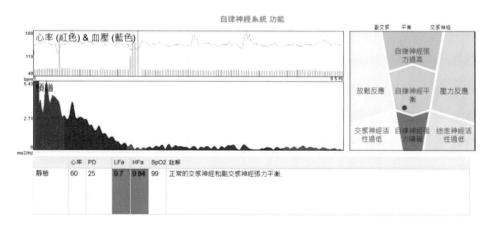

動態磁能床使用後自主神經量測（已達平衡）

心率諧振

　　前面動態磁能／立體諧振床，其中頻率的調整仍然依賴使用者輸入，頻率未必與使用者自己的經絡同步，體外要激發體內經絡共振態 重要的因素就是要與身體經絡同頻率震動。

　　根據經絡共振原理，經絡是以心跳頻率為基準，由 1-12 倍頻率振動，只要能偵測到使用者心律，就可以激發 12 經絡共振，提升經絡能量。

　　連結智慧手環，及時量測使用者心率，運動床根據經絡共振論， 自動調整諧振頻率，床與身體融合成一體，形成一閉迴路控制系統， 根據能量傳遞物理原理，當床身振動頻率與身體經絡共振頻率一致的時候，阻抗最低，體外動能最容易傳入身體，經絡可以獲得最大能量，符合了個人體質，量身訂做，更精準傳遞能量，修護身體。

　　目前已經在我們諧振運動館測試「心率諧振」功能，動態磁能床新設計的功能可以讓使用者選擇欲加強的經絡，使用者初步感受，確實更明顯，比如以「心經」來諧振，使用者明顯感受整個能量集中在心臟部位，而當使用「心包經」諧振的時候，其能量範圍比較大，剛好包住心臟。

　　考量心跳比較快的人，例如 90 下／分鐘，則心包經諧振頻率就達 18Hz，因此我把動態磁能床的最高頻率由 16Hz 提升到 20Hz，以滿足更大心跳範圍的使用者使用。

　　後續將繼續進行更多的人體實驗以測試「心率諧振」效能。

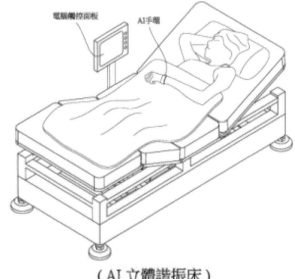

（AI 立體諧振床）

諧振裝置研發歷程
從水平律動到立體諧振呼吸中止／失智症實驗

美國 NIMS 床屬於醫療產品，成本高不適合推廣居家市場，為了降低成本推廣非醫療市場於是於 2010 年開發一款「運動沙發」

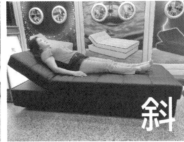

運動沙發適合放在客廳使用，考量需要滿足經絡共振理論，五臟運動／六腑振動的需求，就必須要提高頻率，但一提高振動頻率，勢必要將振幅縮小，否則加速度太大，使用者會有受傷的顧慮，而當振幅一縮小的時候，低頻的運動狀態時，其內臟按摩力道又顯得不足，這是個二難的問題，一邊要考慮高頻振動的安全，一邊又要兼顧低頻的運動效果，經過深入研究不斷實驗測試，我們找到了一個非常完美的解決方案～把床身增加一個傾斜角度。

人體是個複合彈性體，水平運動作用機制是經由床體往復作用，產生橫膈膜運動，當人體平躺的時候，腹部處於扁平緊實狀態，需要較大的往復移動距離才能產生橫膈膜運動效果，但是當床身呈傾斜狀態時候，身體腹部放鬆了，只需要較小的移動行程就可以達到相同效果，尤其是對於腹部脂肪多的胖子，因為傾斜狀態腹部這顆球體搖晃運動效果非常理想，產生橫膈膜運動的強度竟然不輸給往復移動距離大的水平運動床。！！

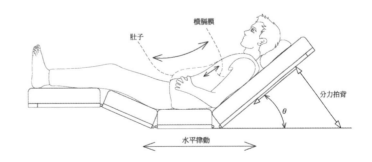

（3D傾斜運動）

上圖：
・腹部容易產生搖晃效果，增強橫膈膜運動強度。
・水平律動產生一垂直於背部分力，產生拍背效果
・增加大腦前額葉血流量

而且在傾斜狀態，把頻率調高的時候，我們發現流到大腦前額葉的血流量竟然是 NIMS 水平律動床的二倍之多，這真是太完美太不可思議了！！！

　　床身傾斜的設計目的是為了達成了經絡共振理論，五臟運動／六腑振動的要求，沒有想到此調整而超越 NIMS 水平律動床的效能，一舉將水平律動僅能將血液打到大動脈／腦幹的能力，提升到大腦前額葉的末梢處，造福了腦部缺氧患者！！！

　　這是非常大的突破，也印證了經絡共振理論的正確性。我把頻率提高到 NIMS 床的二倍，振幅縮小四倍。

　　調成 6Hz 的時候，可以坐著一邊看電視，一邊使用，6Hz 是胃經的振動頻率，適合吃飽飯幫助消化，6Hz 振動的時候，因振動頻率夠高，只有腹腔左右搖晃，頭部是不會搖晃的，設計的巧思配合人體的彈性剛好滿足只搖動腹部，頭部靜止不動。

　　以坐姿坐在床邊搖晃身體實驗過程中，我們還發現改善了婦女經痛問題，因為此種搖晃振動是一種骨盆腔運動，增加了骨盆血液循環，因而改善了婦女經痛問題當床身在傾斜狀態的時候，不管是運動或是振動，對身體而言不再是水平 2D 律動，而是呈現立體律動狀態，更符合身體的立體結構。

　　當以肺經振動頻率振動的時候，因傾斜效果，有一部分的振動能量被分配到垂直於傾斜的床面上，就是位於身體背部位置，此振動分量猶如拍背／拍痰的效果，又多了此功能，適合老人安養照護，真的是完美的設計了。

　　於是我們結合電動睡床與諧振功能為一體，設計了「立體諧振床」

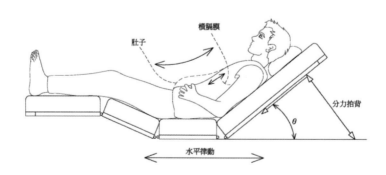

（3D傾斜運動）

圖　結合 AI 手環／電腦自動控制 的立體諧振床

立體諧振床特點如下：

- 進步性：傾斜增強五臟運動效果，振動激活六腑，活化三焦經幫助睡眠
- 實用性：人體工學電動睡床＋諧振運動／雙效合體，睡眠中幫助消化／循環
- 功能性：搖動／運動／振動／三種模式，九段頻率
- 廣泛性：居家床／照護床：幫助消化防便祕／睡眠／打鼾／褥瘡／拍背／拍痰
- 學術論證：朝陽科大學術研究實驗，大腦前額葉血流量與傳統水平律動床比較提高 200％ 幫助及預防腦部缺氧。
- 中正大學針對失智症患者三個月臨床實驗，證實效果顯著進步。

相關研究報告分享如下：（本篇於 2021 台灣老人學會線上研討會中發表）

台中市大大人長期照護關懷協會
「身心機能活化合併立體諧振床」運動方案成效分析
國立中正大學成人及繼續教育系 許秋田助理教授

壹、參與者基本資料

　　完成參與此三個月運動方案前後測之失智長者總計有 9 位，其中以女性有 6 位（佔 66％），男性有 3 位（33.3％）。平均年齡為 79.11 歲，標準差 7.98 歲，教育程度 4.3 年，以不識字有 4 位佔最多（44.4％）、其次小學畢業有 3 位（33.3％）、初中有 1 位（11.1％）、高中畢業有 1 位（11.1％）。

貳、運動方案內容

一、身心機能活化運動

　　「身心機能活化運動」為日本小川真誠先生所研發之運動，其融合娛樂、運動及競賽等特性，運用簡單的運動器材及指導士帶動，引導失能、失智及高齡者進行有系統的運動方案。此運動由溫熱活動、身心機能活化體操、手指棒、健康環、高爾槌球、賓果投擲、回想訓練等項目組成有系統的運動。

二、「立體協振床」水平律動

　　「立體協振床」水平律動結合「被動式運動」及「中醫經絡共振」理論所研

發之協振運動系列產品之一。其運用五臟運動及六腑振動的方式，提升身體經絡能量，排除酸水、清理身體環境，活化內臟、循環、及三焦經，進而平衡自律神經，藉由諧振運動，使用者完全不需要以傳統消耗體力的主動式肌肉運動方式，就可以達到養生健康的目的，適合銀髮族養生修護、青壯年消除疲勞及能量的補充。

參、結果分析

針對 9 位輕度失智症長者參與台中市大大人長期照護關懷協會於東區奉茶館失智症據點所舉辦的三個月「身心機能活化合併立體諧振床」之運動方案，前後測分析結果顯示，長者在整體認知功能（ t = 2.620， p ＜ .05）及大腦額葉功能（ t = 2.801， p ＜ .05）皆有顯著之進步，特別在大腦前葉部分（ t = 4.255， p ＜ .01）及語文部分（ t = 2.928， p ＜ .05）出現明顯差異（詳見表一）。顯示「身心機能活化合併立體諧振床」之運動方案有助於刺激失智症長者之大腦額葉功能活化，促進認知功能改善。

表一 身心機能活化合併立體協振床運動方案前後測結果分析

測驗項目	前測		後測		t-test
	平均數	標準差	平均數	標準差	
大腦額葉功能	8.00	4.50	10.11	5.35	2.801*
認知功能總分	55.00	13.18	64.63	16.66	2.620*
前葉認知功能	10.38	4.24	14.13	4.52	4.255**
後葉認知功能	17.13	2.80	18.13	4.80	.756
語文認知功能	17.13	3.76	20.63	4.57	2.928*
非語文認知功能	10.38	3.78	12.38	5.26	1.789

*p ＜ .05, **p ＜ .01

肆、結論

「身心機能活化合併立體諧振床」運動介入有助提升失智長者之額葉功能及認知功能，推測可能透過諧振運動增加大腦前額葉血流量，有助提升長者身心機能活化運動的學習效果，進而改善長者大腦功能表現。

立體諧振床與打鼾／呼吸中止症

立體諧振床居於體外「被動式運動」模擬人體「跳繩橫膈膜運動」，除了前述增加心腦血管系統的循環之外，另一項對人類的幫助就是「幫助身體二氧化碳及氧氣的交換，增加含氧量」，立體諧振床已經榮獲 20 年發明專利「多功能止鼾運動裝置」，以下詳細說明此全新設計理念，協助人體以「腹式呼吸法」強化心肺功能，解決呼吸中止的困擾。

美國 NIMS 水平律動床強調心血管效能，從橫膈膜運動的原理來分析，橫膈膜運動是胸腔與腹腔的相互搖晃，橫膈膜往下的時候是壓腸胃，同時將胸腔拉開，橫膈膜往上的時候心臟與肺部同時壓縮，心臟血流增加的同時肺部氣體也被壓縮，肺部吐出來的空氣壓力就增加了。

傳統解決呼吸中止症的方式是採用「外部正壓呼吸器」人須佩戴面罩，空氣經由一壓縮機加壓，整個呼吸道壓力持續提高，雖然可以撐開塌陷咽喉，維持呼吸道暢通，但因外部壓力大，不利廢氣的呼出，患者根本無法將二氧化碳（CO_2）排出體外，最終產生二氧化碳中毒現象，且須佩戴面罩睡覺不舒服，有時候我真的非常納悶，到底是哪位天才工程師設計的？

完全違背人體呼吸方式，只是解決咽喉的塌陷問題，但又製造了二氧化碳（CO_2）排不出體外新的問題，身體裡面二氧化碳排不出去氧氣就進不來，你想身體會好嗎？。

睡覺打鼾的患者主要是因疲勞能量不足，咽喉部位塌陷而阻擋了呼吸道，採用立體諧振床睡覺的時候，床身調成傾斜角度，產生的橫膈膜運動，肺部肺活量增大：

· **橫膈膜往下運動的時候，肺部呈現「負壓」狀態，將大量新鮮空氣強行吸入。**

· **橫膈膜往上運動的時候，肺部呈現「正壓」狀態，將塌陷咽喉部位往外強行吹開，因而打通了呼吸道，將大量廢氣吐出來。**

睡覺的人無須費力，心臟也不須額外加壓，血壓不會飆高，打鼾及呼吸中止很難處理的問題，輕輕鬆鬆就迎刃而解了。

立體諧振床除了以心律諧振功能，於睡前協助使用者五臟運動促進循環，幫助消化，六腑振動調和自律神經幫助睡眠，停止後床身會自動恢復水平或使用者

所設定角度，以利使用者睡眠。

　　立體諧振床另一項功能是晚上睡覺的時候，會自動偵測身體血氧濃度（SPO$_2$）當你睡著的時候，床仍然貼心地偵測你是否有「打鼾」，如有打鼾情形發生身體血氧濃度（SPO$_2$）會降低，床會自動輕輕啟動搖晃身子，設法降低「打鼾」聲音，如果仍然無法改善，更嚴重到產生「呼吸中止」的狀況，身體血氧濃度（SPO$_2$）更降低的時候，床會自動將「床身」升起來，且將速度提升到「運動」模式，在你睡夢中增加肺活量，協助你呼吸打開塌陷的咽喉…，等你血氧濃度恢復的時候再緩慢停止運動，早上醒來你可以查看打呼次數及時間統計…。

　　打鼾躁音困擾枕邊人的睡眠，打鼾／呼吸中止更造成缺氧的嚴重問題，身體一缺氧，心臟就累了，拼命加壓，血壓就飆高了，高血壓問題就來了。

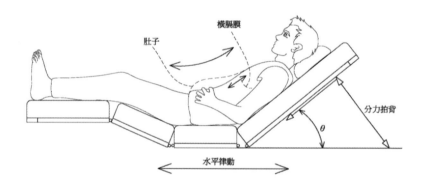

（3D傾斜運動）

圖 立體諧振 讓身體橫膈膜上下運動產生「心肺復甦」效果，增加肺部空氣壓力，克服咽喉塌陷所產生的「呼吸中止」症狀。

振動肌力機發展～爆發力訓練／銀髮族肌少症／膝關節退化問題

　　沿襲將近 100 年重力訓練設備，大多採取以鐵塊方式作為阻力的來源，鐵塊只能進行的重力訓練為等張（Isotope）功能訓練，除了等張訓練之外還有等速（Isokinetic）及等長（Isometric）訓練模式，適合物理治療復健用途。

　　前述三種模式僅能進行增加肌肉量，增加肌耐力，真正運動員需要的訓練除了增加肌耐力之外，還有一項很重要的項目就是「靈敏度」訓練。

　　「靈敏度」訓練就是加快身體反應速度，如球類／短跑／舉重／拳擊／跳高／跳遠／標槍／高爾夫等等最需要瞬間「爆發力」，而「爆發力」就是力量與加速度的合成。

　　身體反應靈敏度跟神經反應速度有關連，要刺激身體「靈敏度」主要就是以體外震動刺激身體神經感受體，如肌梭（Muscle spindle）裡面的感覺神經元，肌梭主要用來偵測肌肉長度變化，當肌肉被拉長或肌梭兩邊橫紋收縮時感覺神經興奮，將信號經脊髓傳往中樞，肌梭為了保護肌肉會引發反射性收縮動作，而當肌肉收縮張力極強的時候，感覺肌肉張力的高爾肌腱器會發出抑制效應，使肌肉放鬆，此稱為「牽張反射」（stretch reflex），此機制能快速連接離心神經與向心神經，利用本體感受器的刺激，在最短時間內增加運動單位的徵招，而達到快速增加肌耐力與靈敏度訓練。要達到快速牽張反射最有效方法就是「體外振動」。國內外都有以振動刺激方式增加身體靈敏度的研究。

　　我另一項發明「振動型肌力訓練機」就是針對青壯年肌耐力／爆發力訓練及改善銀髮族肌少症目的所開發的創新產品，採用「伺服馬達」當作重力發生源，且重力（阻力）在使用中可以弦波方式不斷變化，「阻力／振動頻率及震幅強度」可以獨立設定，使用者僅需出一半的力量，就可以很輕鬆破壞老舊肌肉，最適合銀髮族改善肌少症問題，振動同時刺激神經的靈敏度引發牽張反射，此雙重效果同時訓練叫做「爆發力訓練」，這是運動員最渴望的訓練器材。

　　振動肌力訓練機除了傳統模擬配重塊的等張（Isotope）功能訓練之外，還具備等速（Isokinetic）及等長（Isometric）訓練模式，適合物理治療復健用途。

還應用電腦及網路科技，具備物聯網／大數據分析／電腦教練這些現代化功能。具省時／省力特點符合速效運動，傳統重訓機只需要將鐵塊部分去除／改裝，裝上「振動訓練系統」及電腦人機螢幕，即可將產品升級使用。

多功能振動型肌力訓練機操作示範圖（示範者：葉耀翔）

傳統重訓改裝「振動訓練系統」升級到電腦化振動肌力訓練

嘉義大學研究成果

　　本資料摘錄自嘉義大學體育與健康休閒學系陳旻煒碩士論文（2019），使用我們下肢振動肌力機所做的研究成果。

研究目的：

探討振動式肌力訓練機對 下肢肌肉之影響。

研究方法：

以國立嘉義大學 33 位學生為研究對象，依前測成績平均分配，將學生分為實驗組 A 11 人，實驗組 B 11 人，控制組 C 11 人。實驗組 A 接受每週 3 次，共 8 週的振動模式之肌力訓練；實驗組 B 接受每週 3 次，共 8 週不振動模式之肌力訓練；控制組 C 則維持生活正常作息，不介入任何訓練。三組受試者皆於訓練前後進行前後測，比較 8 週訓練前、後下肢肌肉的變化。

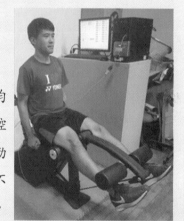

　　實驗結果以獨立樣本變異數進行分析，比較有無振動之肌力訓練對下肢肌肉是否有顯著差異，再以獨立樣本 t 檢定分析各組前、後測成績是否有差異。

經統計結果分析後發現：

施測項目（單位）	組別	訓練前	訓練後	變化幅度 %
60M 衝刺（秒）	A 振動訓練組	10.52±1.40	9.92±1.25#	+5.70
	B 肌力訓練組	9.74±1.01	9.70±0.92	+0.41
	C 控制組	9.71±1.67	9.96±1.80	-2.57
立定跳遠（公分）	A 振動訓練組	181.91±25.73	208.27±23.20*#	14.49
	B 肌力訓練組	194.91±26.41	208.00±21.82*#	6.72
	C 控制組	207.18±48.20	207.55±48.19	0.18
伸膝最大肌力（公斤）	A 振動訓練組	71.82±11.89	99.55±12.93*#	38.61
	B 肌力訓練組	79.55±12.93	94.09±13.38*#	18.28
	C 控制組	75.00±25.88	74.09±24.58*	-1.21

結論：

藉由 8 週振動式肌力訓練機的訓練，可有效提升下肢的爆發力與最大肌力，增強下肢肌肉的運動能力。

- 肌力：傳統訓練提升 18%，振動肌力提升到 38%，（傳統訓練的二倍）
- 60 米衝刺：傳統訓練提升 0.47%，振動肌力提升到 5.72%（傳統訓練的十倍）
- 立定跳遠：傳統訓練提 6.72%，振動肌力提升到 14.49%（傳統訓練的二倍）

　　國外亦有許多研究論文證實「振動訓練」非常卓越，分析振動訓練之所以可以快速增加肌力及爆發力的原因如下：

- 振動的不穩定狀態促使神經反射，徵招更多的小肌群協助穩定肢體。
- 振動刺激神經受體，增加神經反射速度，提高人體靈敏度。
- 傳統訓練阻力固定，振動訓練馬達產生阻力瞬間可達傳統的一倍。
- 傳統阻力訓練往返一次才造肌纖維刺激一次，振動快速來回的拉扯，每次都造成更多的肌纖維微小刺激，比傳統更有效率。

膏肓痠痛～物理治療最常見的問題

　　膏肓痠痛症是許多中年人經常遭受的問題，尤其是勞動朋友在經年累月工作後會產生的職業傷害，我雖然不從事勞力工作但在 50 幾歲的時候，可能因為長期姿勢不良也發生膏肓痠痛問題，求助推拿按摩／電療／熱敷之後，頂多症狀舒緩了幾天，之後又開始痠痛，傳統物理治療方法對於膏肓痠痛似乎效果有限。

膏盲痠痛來源

· 肌肉／筋膜沾黏發炎疼痛：如中斜方肌／菱形肌／豎脊肌有激痛點。

· 神經痛：長期姿勢不良／退化性椎間盤突出／骨刺／或頸椎旁過緊的肌肉筋膜
壓迫第五神經根或背肩胛神經有關。

　　膏盲痠痛問題純粹依靠外部推拿按摩／電療／熱敷似乎無法將沾黏的肌肉／
筋膜分開，根據使用我所開發的「多功能振動型肌力訓練機震動肌力機」實際使
用經驗，以坐姿手握織帶雙手往前平推方式，可以很有效的解決膏盲痠痛症肌筋
膜沾黏症狀。

　　此方法使用者必須用力跟振動肌力機抵抗，此猶如伏地挺身姿勢，維持這個
姿勢讓膏盲位置斜方肌／菱形肌／豎脊肌在用力的情況下肌肉快速等長伸張與縮
收，使用者盡可能出最大力量，使用頻率 10Hz，振幅 100％，身體會感覺膏盲處
肌肉微微發熱，經由振動肌力機與肌肉相互作用拉扯下使肌肉伸張與縮收，很快
就把肌筋膜沾黏症狀改善，再配合其他姿勢手法，只要幾次治療就解決了膏盲痠
痛問題，至於頸椎／脊椎退化性椎間盤突出／五十肩治療詳細手法請參考下一章
有詳細說明。

銀髮族肌少症／膝關節退化問題

　　「肌少症」是銀髮族另一必須重視的一環，尤其是下肢肌肉缺少時容易跌倒
／骨折，水平運動床是我所提倡「健康三部曲」中第一個階段，目的是在「修護」
身體，等身體完成修護才會進入「成長」的第二階段，身體有體力開始起身走路
／慢跑，增加肺活量／新陳代謝，最後才進入「活力」第三階段，開始進行肌耐
力訓練，讓細胞恢復年輕。

圖：蹬腿 (Leg Press) 「振動肌力訓練」 銀髮族 肌少症 / 膝關節 修護機

參考春山茂雄訓練「腰部以下肌肉」以解決「內臟脂肪」及改善「肌少症」問題，特別開發一款「蹬腿（Leg Press」機種。

　　根據會員及我實際使用蹬腿（Leg Press）機經驗，確實改善了銀髮族下肢肌肉量，「振動肌力訓練」除了具備速效運動特點，還增加省力／輕鬆運動的特徵，使用者僅出平常訓練一半的力量，藉由伺服馬達的協助，以弦波方式不斷變化阻力，很快速就可以達到破壞老舊肌肉的效果，最適合銀髮族改善「肌少症」問題。

　　除了增加下肢肌肉之外，我們發現會員使用之後身體變得結實，身體也瘦了下來，而且顯現較年輕的狀態，使用王唯工博士發明的「脈診儀」量測身體年齡，會員身體年齡都比實際年齡年輕 10-20 歲，一位 80 歲的男性使用一年半後身體年齡才 40 幾歲。

　　這現象符合春山茂雄訓練「腰部以下肌肉」破壞老舊肌肉的同時，大腦分泌「生長荷爾蒙」來修護組織傷害，同時腰部以下的年輕肌肉會分泌一種 myokine 的「抗老化荷爾蒙」，它可以分解脂肪，預防糖尿病，軟化血管進而安定血壓，甚至對認知障礙或癌症都有療效，身體整體表現出來的就是年輕了。

　　「振動肌力訓練」蹬腿（Leg Press）機種，除了可以塑身又可以增加下肢肌耐力之外對於「膝關節退化」問題改善效果也很顯著，真的出乎我預料之外，包括我十幾年因膝關節退化，爬山下坡的時候膝關節非常疼痛的問題，竟然在使用蹬腿（Leg Press）機不到三個月時間都解決了，現在爬山下坡的時候膝關節不再疼痛了，許多會員膝關節問題也改善了，蹲下去也可以順利的輕鬆站起來了。
研究之所以改善膝關節問題是因為：

‧ 振動訓練下肢肌肉量增加，有助於支撐身體，維持膝關節處於正確角度。

‧ 膝關節不斷的接受振動刺激，有助於營養液進入膝關節進行軟組織修護。

‧ 振動衝擊可以增加骨密度，改善銀髮族骨質流失，骨密度降低問題。

　　「振動肌力訓練」具有劃時代的效能，對於重訓／物理治療或引髮族養生助益甚高，期待後續可以進行更廣泛的研究／實驗，下一章說明振動肌力機更廣泛用途。

振動拉筋／頸椎／五十肩／與膏肓痠痛治療

　　振動肌力機除了前面說明,可以快速增加肌耐力／靈敏度之外,另一項很特別的功能就是振動拉筋／頸椎／五十肩／與膏肓痠痛症治療。

　　俗話說「筋長一寸,壽延十年」,說明拉筋的重要性,瑜珈主要述求就是拉筋,經由身體的大角度彎曲將筋骨拉開,放鬆緊繃的肌肉,減輕壓力／關節疼痛,促進循環／增加免疫力／幫助睡眠……。

　　四合一振動肌力機是我專為物理復健治療所設計的,以最小的空間完成複合功能,從頭部／頸部／肩關節／背部痠痛／膏肓痠痛／增進淋巴／手臂背部血液循環,腹部瘦身,訓練手臂／大腿股四頭肌／預防肌少症等等。

手部有三陽、三陰六條經脈:

　　三陽:手陽明大腸經／手太陽小腸經／手少陽三焦經,

　　三陰:手太陰肺經／手少陰心經／手厥陰心包經

　　有到頭部經脈有(由前面到背部)任脈／足陽明胃經／手陽明大腸經／手太陽小腸經／手少陽三焦經／足少陽膽經／足太陽膀胱經／督脈

　　頭部穴道非常多,許多毛病是因為經絡不通所致,診斷經絡不通的問題非常難,「振動肌力機」經由手部振動,除了打通手六條經脈之外,也同時牽動了頭部經脈。

　　根據使用者疼痛部位個不同,大概就可以判斷是哪一條經脈不通,不管哪一條經脈不通,只要經過幾次的拉筋振動,經脈不通的問題很快就打通了。

　　不只 12 經脈問題,奇經八脈／十五絡脈／十二經別／十二經筋／十二皮部,在「振動肌力機」拉筋振動下,快速打通了,許多中西醫查不出的毛病,經過這樣的振動,基本上已經好一半了。

肩頸痠痛／睡眠障礙患者，大部分同時存在頭部／肩頸部「經絡不通」及「血循環不良」我們會以「振動肌力機」各種功能整理如下：

疏通頭部／肩頸關節痛／落枕／五十肩／手臂酸／網球軸肘／高爾夫球肘／腕關節痠痛

單手側拉的方式，機器從手末端抖動手臂，頭部往遠離機器方向傾斜。

使用不到十秒就會立即反映頭部有些部位疼痛，如後腦杓／頭頂／側面，右手拉的時候會拉到左邊經絡，左手拉的時候會拉到右邊經絡。

頻率 12Hz-15Hz，力 10-15kg，70％強度

疏通身體左右側筋骨／淋巴

肩頸關節痛／落枕／五十肩／手臂酸／網球軸肘／高爾夫球肘／腕關節痠痛

站立雙手左右分別側拉，將身體左右側面筋拉開，同時協助液下淋巴循環，協助乳癌患者淋巴循環。

頻率 12hz--15hz，力 10-15kg，70％強度

五十肩／肩關節痛／落枕／手臂酸／網球肘／高爾夫球肘／胸悶

　A：站立面對機器身體往前往下彎曲，雙手被機器往上拉。

　　　頻率 12Hz-15Hz，力量 10-15kg，70%強度

　B：坐姿面對機器，雙手將把手往身體側拉。

　　　頻率 12Hz-15Hz，力量 10-15kg，70%強度

　C：坐姿背對機器，雙手後拉住把手往身體前方拉，機器參數同 B

脊椎牽引／肩頸痠痛／淋巴／胸悶

　A：背對機器或面對機器，雙手拉住鉤住在上方的握把，當機器將身體往上振
　　　動牽引的同時，使用者以脊椎為心軸線左右旋轉，有益於脊椎牽引

　B：屁股不動身體往前傾，擴胸，再將上把手往下啦。

　　　頻率 12Hz---15Hz，力量 10----15kg，70% 強度

　　　　A 背對機器　　　A 面對機器　　　B 前傾擴胸

肌少症／大腿肌肉痛／膝關節疼痛／梨狀肌／臀中肌症候群

坐姿雙手將鉤住在上方的握把往下拉，同時雙腳勾住下方泡棉包覆的勾腿裝置，可以同時訓練手臂及大腿股四頭肌。

頻率 12Hz---15Hz，力量 10----15kg，70%強度

膏肓痠痛：胸肌酸痛／胸悶

· 機器調整成「外部啟動」，使用者腳踩啟動／背靠盡量往前調整

· 使用長拉繩，勾住把手適當圓孔

A：背對機器坐式手臂平推，10Hz ／ 20kg ／ 70%，使用者全力往前推，姿勢類似扶地挺身狀態，讓膏肓肌肉出力與機器抗衡過程，膏肓肌肉呈現用力與機器拉扯狀態。使用時間：約 2 分鐘

B：接著身體面向機器，坐姿手臂將把手往身體牽引，頻率 16Hz ／ 15kg ／ 70%。

C：背對機器坐式手臂平推，16Hz ／ 15kg ／ 70%，此方式視使用者體能狀況，量力而為，力量調小。

腹部瘦身／腰部／腹肌痠痛／臀中肌／髖關節酸痛

A：身體坐姿背對機器，使用二條寬板織帶。左右一
端勾住把手二側，另一側將左右織帶束緊肚子，
調整 15-20kg ／ 12-15Hz ／ 70%機器透過把手及
織帶振動肚子，將脂肪振粹，顆粒變小以方便淋
巴循環帶走脂肪。

B：身體反過來背對機器，織帶左右一高一低的配置
可以進行背部／臀部／髖關節拍打，治療痠痛，
活化循環。

中風復健

中風或坐輪椅行動不便患者，可採取右圖方式，雙手握住握把，背部用吊帶
讓機器振動雙手及背部。

12Hz-15Hz，10--15kg，70%強度

好轉反應／瞑眩反應

在會員體驗中，確實產生類似生病的過程，必須經過此過程，症狀會逐漸好轉，此現象稱為「好轉反應」或「瞑眩反應」。

中醫有所謂：通者不痛，痛者不通，意思是說經絡／循環通暢者，不會有癢、痠、痛、麻的感覺，身體如果癢、有痠、痛、麻的感覺，表示經絡／循環不通暢了。

身體產生疾病過程，是有分以下階段的：

1、健康：沒有不舒服感覺。

2、身體產生癢、痠、痛、麻的感覺。身體還有能力反應。

3、不健康：身體麻痺沒有感覺。

此時很容易被誤解身體正常，其實是身體已經放棄反應問題了，此狀況免疫力差最為危險，稍有感染，可能會演變成大病。

4、再產生不適，腫瘤、癌症、肝硬化，生病的過程 ：先是能量不足、缺氧，最後器官病變

身體恢復健康的過程，也是分成以下幾個階段：

1、從麻痺（木）沒有感覺

2、逐漸產生麻、痛、痠、癢的感覺。

3、舒服感覺

4、重覆二、三反應過程幾次，痠、痛、麻時間慢慢縮短，舒服感覺時間逐漸增加，此反應是身體在修護過程會發生的，是正常現象。我們稱之好轉反應或瞑眩反應。

中醫靠脈診依據身體能量如果是增強的話，可以確認是好轉反應，但西醫以儀器檢查，根據血液數據會認為是不好的，對此現象無法判斷，很容易誤診。這也是西醫的盲點。

5、恢復健康

拜讀研究所學長吳清忠所寫「人體使用手冊」其最精闢的論點就是以身體由健康到不健康的過程，先是陽虛，接著是陰虛，更差的是陰陽二虛，最後血氣枯竭，及由不健康到健康的反應，會反映不同階段的現象，指出西醫單單以抽血分

析方式來界定是否生病存在一個很大盲點，

他論點是人體「血液總體積」是變動的，血清中水分多寡影響診斷正確性，

水少了，同體積內容物濃度高，水多了，同體積內容物濃度低，水分會因器官失能而產生變化，身體虛弱血流速慢，血管縮收，血管中的水跑到組織間，此時抽血檢查搞不好覺得身體好，而當身體強血流速快，血管擴大，組織間液進入血管，此時抽血檢查搞不好判定身體差。

最重要的考量是必需根據身體到底是好轉還是轉壞來判斷身體狀況，如果是好轉反應，就不用緊張，不要干涉，讓身體自行調整。除非是轉壞才需干涉，文章中以觀察嘴唇及牙齦顏色，當身體開始好轉會從下嘴唇內側開始改變顏色，從紫色慢慢轉為淡紅色，整個下嘴唇轉成淡紅色約需一年時間。牙齦約需半個月至一個月時間，就會在牙齦靠近牙齒部份出現一條很細粉紅色的新肉痕跡，氣血弱牙齦顏色淡，氣血強顏色呈血紅，且牙肉會愈長愈厚，逐漸長到牙齒縫隙中，從「諧振運動」會員使用經驗，嘴唇轉成淡紅色只需二個月時間。

不能單靠血液中「肌酸酐」指數多寡就斷定腎功能問題，一開始可能是因肺／脾功能失常造成血液總量不足，流進腎臟血流量減少，無法把毒素清除，或因充分休養後身體開始把各部位廢物排除，倒入血液中使得指數升高了，指數上下波動過程就是「好轉反應」，例如：

- 當血液重新進入久已缺血的肌肉組織，會使人產生全身痠痛。
- 進入肺部驅趕長期駐留在肺中的寒氣時，就會產生感冒的症狀。
- 進入肝臟進行清理工作時，就會出現肝熱小便發黃和肝病類似的症狀，血液中的血脂和各種廢物也會由於肝臟始進行大掃除而大幅提高。
- 血液進入腎臟時，就會出現小便混濁並且產生尿蛋白症狀。

「人體使用手冊」訴求唯有「提升能量」，身體自有一套自動控制系統就會進行自動修護，無須干涉，提出敲膽經，疏通心包經洩放心包積液，心臟恢復功能，進而帶動血液循環，才有能力帶走廢物，包括存在組織間液中的脂肪。

肥胖肇因其一是腸胃受感染，產生脾虛，心包積液，心臟失調，衍生循環不良，其二是經絡不通無法排除廢物所致，如膽經不通則大腿外側較胖或蘿蔔腿，腎臟不好會產生中段腰及臀部特別肥胖，大腸經問題則額頭／下巴二側臉頰肥厚，正面臉頰，眼下及比鼻子二側較厚者，則是胃部問題造成的。

要減肥首先要增加身體能量，減肥不是減重量，而是減體積，發胖是減肥必要的中間過程，因為脂肪堆積太久逐漸形成顆粒／板塊，必須先充水軟化變小，淋巴系統才能將脂肪帶走，因此人會先行發胖，體重增加，等排除廢物之後再瘦下來，有許多速成減肥多數是將垃圾脫水，這是不對的。

　　許多疾病都因脾／胃／腸長期受病毒攻擊／風寒引起的，如肺腺癌／鼻咽癌／大腸癌／過敏性鼻炎／肌無力／哮喘／皮膚病，一定要先治理腸胃。

　　「人體使用手冊」「提升能量」，與本書的能量論點是一致的，只是本書再將能量更深入研究，根據「經絡共振」原理，研發「諧振運動」器材，藉由器材的協助，以經絡各自不同的共振頻率提升「12 經絡」能量，所以不能只籠統的只講「能量」這二個字，因為身體系統運作是根據「經絡共振」原理而來。

　　提升身體能量必須考慮是提升哪個經絡能量及用什麼「頻率」提升能量，同時還必須考慮體外諧振運動器材「頻率」是否正確，「強度」是否足夠引發身體的「經絡共振」，這是身為自動控制工程人員，開發「諧振運動」器材必須注意的技術參數，「心率諧振」就是為了找到正確頻率，增加「心率」感測器，感測使用者心跳的不同，隨時追蹤及自行修正振動頻率，達到「精準」治療效果。

　　目前傳統提升能量方法大都僅著重身體能量的提升，或以遠紅外線照射／毛毯方式強化身體循環，皆缺少對包覆身體「光場能量」的提升，而光場能量不足是影響「自律神經暨內分泌」失調原因，本書「動態磁能床」強化了光場能量，改善了「自律神經暨內分泌」失調問題，才是改善身體最重要／有效率的手段。

　　除了提升能量之外，「立體諧振床」幫助「五臟運動＋六腑振動」，從腸胃蠕動／幫助消化改善便秘／末梢到主動脈循環／靜脈回流／淋巴／呼吸／神經／經絡能量／全方位調理身體。

　　大腦位於身體最頂部，血液循環最弱的地方，就算是運動習慣的人也不容易把血液往頭上打，更何況是銀髮族，加上現代人缺少運動，飲食多油又熬夜酗酒，中風已經是身體頭號殺手，建議從飲食中多補充「葉酸」可以降低中風風險，拜伺服馬達的協助，我們已經找到「諧振運動」這條捷徑，以現代最新科技技術輕輕鬆鬆地達成養生目的了。

　　諧振運動快速提升身體經絡能量，而且是以專業諧振運動設備取代傳統徒手鍛鍊／按摩／敲打，效率當然比傳統徒手高，時間也大為縮短，身體有問題的地

方在修護過程中會逐漸顯現「好轉反應」，無須費時診斷分析，「好轉反應」表示身體能量已經有能力修護身體了，這是好現象，無須驚恐。

許多第一次來體驗者，會在使用中立即感受到「好轉反應」，有些腦部缺氧者，如有睡眠障礙者使用立體諧振床／動態磁能床會有頭漲／疼的感覺，如果不是因血循環出問題，但仍然有睡眠問題者，我們就會以「振動肌力機」採用單手拉的方式，機器從手末端以 12Hz 振動頻率抖動手臂，使用不到十秒就會立即反映頭部有些部位疼痛，此時就可以斷定是因為頭部經絡不通引起的睡眠障礙，只要多使用幾次，再以頸椎／肩部振動牽引，經絡不通問題就解決了，許多中西醫查不出的毛病，經過這樣的振動，基本上已經好一半了。

再使用高頻「動態磁能床」加強背部經絡振動及提升能量，尤其是打通了膀胱經活化了膀胱經上十四組俞穴，督脈從命門到大椎等重要穴道。

最後使用中頻「立體諧振床」幫助「五臟運動＋六腑振動」，從腸胃蠕動／幫助消化改善便秘／末梢到主動脈循環／淋巴／呼吸／神經／經絡能量／全方位調理身體曾有一位心臟已經安裝了 7 根支架的患者，第一次使用前主訴這幾年他頭部一直感覺不舒服，經由腦部精密儀器檢查也查不出問題，我就以「振動肌力機」採用單手拉的方式，使用不到約二十秒就立即感覺頭暈，就讓其躺下來休息，20 分鐘後他說這幾年造成他頭部不舒服的問題完全解決了，他頭部的問題是因為經絡不通所產生的，西醫精密儀器怎麼量也量不到經絡的問題。

如果是低血壓／貧血患者，使用立體諧振床的運動模式，會感覺心臟／胸部不舒服，這是因為末梢循環的血液尚未回流到心臟，立體諧振床的運動模式直接加壓心臟，回到心臟的血液不足，中醫稱此「心腎不交」造成不舒服感，此時需改變使用模式，對於這類患者，一定要先以振動模式促進末梢循環，也可以說是「熱身運動」讓滯留於末梢的血液加快回流到靜脈，然後才能進行「運動模式」按摩心臟加速動脈血液循環。

因肌肉長期缺血，開始使用諧振運動設備，「好轉反應」會顯現出全身或局部痠痛問題，此問題可以持續幾天甚至到一個多月，才會慢慢舒緩，使用者需要有堅定的耐心忍受此痠痛「好轉反應」問題，我們會建議縮短每天使用時間，或是隔天才再使用。

曾經有一位剛開始體驗會員，第三天在旁人鼓吹之下，使用振動肌力機「Leg

Press」，力量才 50kg，腳很容易踢出去，一次就踢了 50 下，結果隔天無法起床，臀部及大腿前側位置痠到不行，解釋為何會發生此現象，如下：

1、振動的不穩定狀態促使神經反射，徵招更多的小肌群協助穩定肢體。

2、傳統訓練阻力固定，振動訓練馬達產生阻力瞬間可達傳統的一倍。

3、傳統阻力訓練往返一次才造肌纖維刺激一次，震動快速來回的拉扯，每次都造成更多的肌纖維微小刺激，比傳統更有效率。

　　振動促進了原來可能都沒有用到的小肌群出力，且因感覺不怎麼出力，馬達瞬間就產生比傳統訓練大了一倍的力量，且非常快速拉扯，當下使用者還沒有感覺痠痛，但隔天這些小肌群痠痛了，甚至於無法自行爬起來。

　　長期依賴安眠藥的患者，大部分同時存在頭部「經絡不通」及「血循環不良」問題，使用「動態磁能床」時頭部漲痛會持續幾周時間，使用「振動肌力機」採用單手拉的方式，造成的頭痛也會持續幾周時間，有些人開始幾天反而睡不著，有些是會感覺非常的疲勞，一直想睡，只要持續使用經過這段時間頭痛問題會逐漸趨緩，快者一個月，慢者二個月，吃了十幾年的安眠藥困擾就解決了。

　　我們敢鼓勵「好轉反應」患者繼續使用「諧振運動」的原因有下列：

1、根據 NIMS 研究，水平律動加速血液循環，血管內皮細胞會分泌一氧化氮（NO），一氧化氮（NO）擴張血管，頭部的漲痛就是血管擴張的過程產生的，血管擴張可以改善「動脈硬化」問題，降低了血管破裂風險。

2、血管內皮細胞除了分泌一氧化氮（NO）之外，同時分泌溶解血栓的「血纖維蛋白酶」，溶解血栓，血管又擴大，血流又加速，大大的降低血管栓塞，如腦栓塞／冠狀動脈栓塞／肺栓塞風險。

3、諧振運動快速提升身體能量狀態，「好轉反應」基本上是身體獲得足夠的能量，身體開始進行自我修護的過程，此時血液化驗數據呈現大幅波動，這是正常反應，不需過度緊張，當然我們會建議使用者不要立即停止藥物，先藉由藥物控制之下，逐步改善身體情況，或者只有當「好轉反應」較強烈的時候，如血壓偏高的時候再吃藥控制，待「好轉反應」慢慢舒緩的時候，原先的藥量也慢慢減少。

有一位長期使用的會員使用二年，身體機能都變得很好了，但最近在三個月回醫院抽血化驗，尿蛋白指數突然飄高到 4000 多，身體沒有不舒服的感覺，繼續使用，同時要求去公園赤腳踩草坪，洩放身體累積大量的自由基，後來指數又逐漸地降低下來，判斷身體更好了，身體再繼續清除廢棄物了。

4、不管低血壓／貧血／洗腎患者，依循我們設計的使用次序，先將立體諧振床調成水平狀態，以振動模式進行五分鐘「熱身運動」，優先促進末梢靜脈循環，再將立體諧振床調成 30 度傾斜角度，開始進行 20 分鐘「運動模式」加速動脈血液循環，最後再進行 20 分鐘「振動模式」活化動脈微循環，將帶氧的血液打入末梢，尤其是大腦前額葉，結束的時候再以 15 分鐘「搖動模式」讓身體恢復，每天使用早晚各一個小時。

年紀大的長期缺氧的，或是病況愈嚴重的好轉反應也愈強烈，必須要能熬過「好轉反應」這段時間，讓身體逐次自我修護，身體問題不會同時顯現，大部分會先從背部／腰部痠痛開始，有時候痠痛到連站起來走路都需要別人協助，只要休息個幾天就恢復了，內臟不同部位會不舒服，有些人反映初期使用後精神好睡不著／或變得很累很想睡覺／或血壓變高…，身體累積幾十年的問題了，不可能不用經過「好轉反應」的過程就好了。

經絡運作所需的能量來自哪裡？身體細胞所需能量來自哪裡？

　　仔細研讀王唯工博士「氣的樂章」，只交代經絡共振理論，但似乎沒有說明經絡共振的所需的能量到底從何而來？而我強調的「諧振運動」所產生的能量最終去了哪裡？難道就只是供應經絡共振的用途而已嗎？那又為什麼能量足了就不餓呢？西醫所說的粒腺體產生能量後到底是如何傳導及使用的？單顆細胞所產生的能量就只提供給自己使用而已嗎？還是另有用途？修行者為何可以不用靠吃東西還能生存？從脈輪吸收進來的能量，又如何提供身體正常運作之所需？動態磁能床的磁能效果，真正影響身體的機制是如何呢？

　　這些疑問當我看到了國外醫學研究文獻中了解，人體所有組織，甚至小到個別的單一細胞，都至少有二根膠原纖維與經絡系統相連，而人體各個臟器外部的保護膜，也是一片密密麻麻的光纖維…我知道快找到答案了。

　　前面的說明根據研究，我們身體個別細胞至少有「二根膠原纖維與經絡系統相連」，不禁讓我好奇人體到底是為了什麼目的做此設計？

　　許多文獻／古籍說「氣走經絡」，而「氣」與細胞粒線體產生的能量是一樣性質的東西嗎？既然粒線體已經可以產生能量供應細胞需要，幹嘛還要設計二條膠原纖維與經絡系統相連？其目的是做什麼？細胞是不是就是以此膠原纖維的把能量傳到經絡系統？或者經絡系統所攜帶的能量也可以供應細胞運作所需的能量呢？

　　前面有提到的「食氣族」或是打坐修行者為何可以不吃東西，人體（細胞）還能正常運作呢？這二條連接經絡系統的膠原纖維可能就是解釋人體是可以不用靠吃東西來維繫生命的道理。

　　我們再次整理，身體經絡系統是一種具有傳遞能量的光纖結構體，本身是無法產生能量的，所需的能量「氣」來自於下列三條途徑：

1、細胞粒線體所產生化學作用的能量，經由膠原纖維將能量傳輸到經絡系統。

2、打坐修行從大自然獲取宇宙能量，經由脈輪系統吸收，進入任／督二脈，再傳到 12 經絡能量，最終也連結到各個細胞。

3、「諧振運動」，經由體外自動化設備以「心率諧振動能＋磁能」雙重作用之下激活 12 經絡共振，直接將能量灌注到人類的光場及經絡系統，同樣也直接灌注到細胞，所以就不餓了，請參閱圖十六。

　　細胞上的這二根膠原纖維與經絡系統相連，把我所有疑問全部解決了，這二條膠原纖維非常重要，我相信這是連接「細胞／生物體與能量／經絡系統」的通道：是中醫與西醫連結的重要橋梁！

　　經絡系統有了能量才能產生「經絡共振」，這也說明了如果身體有足夠的營養及充分休息，五臟六腑各器官細胞內的粒線體除了產生自己工作／修護所需的能量之外，細胞還可以產生多餘的能量上傳給經絡系統來維持全身正常的運作，此時身體整體表現出來的氣／脈就很強。

經由前述論點，讓我合理猜測經絡光纖系統應該是：

　　「可繞性的光纖維束彈性體，將細胞所提供的能量轉化成經絡共振的動能，而且根據 12 經絡頻率的不同，經絡結構可能是採取不同的『直徑』來自動改變振動頻率，愈到高頻經絡直徑可能就變小，五臟低頻其相對的經絡直徑就變粗」。

　　中醫把脈的「脈動」就是經絡共振，經絡也只有在共振狀態，才能儲存這個能量，這是最佳的能量儲存方式，期盼後續有人能更加深入研究「經絡共振」與「能量儲存」之間的機制。

　　當身體缺乏足夠的營養時候，粒線體只能勉強供應細胞正常運作所需的開銷，或者有點不足的時候，經絡系統就會適時調配能量給需要的器官／細胞，此時中醫師把脈的脈象就偏弱，如果器官功能已經無法維持正常運作的時候，疾病就開始產生了。

　　再從另一個角度來說明經絡系統，經絡系統靠能量產生共振來維持身體正常運作，經絡系統把能量轉成脈動的「動能」儲存了起來，包括穴道／經絡形成的管線外毛細血管間的組織液流場，可能也是身體能量的儲存場所，就好像電子電路裡面的電容（電池）一樣。

　　美國奧克蘭大學吳建華教授實驗室發現，人體體液中有十倍於紅細胞數量的納米級非 DNA 蛋白質生命小體在間隙體液中作自主運動，北京幾位教授研究此流動是隨者經絡路徑，具有與「脈動同步的微小波動」，此「波動」意涵是什麼呢？

　　經絡路徑上的微小波動應該就是該經絡的振動頻率，正確地說是先有了經絡

的振動頻率才有「脈動頻率」的產生，而經絡振動的能量來源就是本章所說的既來自細胞粒線體也來自宇宙能量，諧振運動是身體能量第三條管道。

經絡系統本身無法產生能量，須由外界供應，平常由細胞慢慢儲存小額能量及隨時小額能量輸出，同時因有此電容儲備能量，還可以應付身體瞬間所需較大能量需求，如應付身體激烈運動，靜止與運動能量需求可以相差 200 倍。

人體運動時，是經由肌肉收縮所達成，而肌肉收縮所需的能量，來自於儲存在肌肉裡的 ATP（腺苷三磷酸）分解為 ADP（二磷酸腺苷）時所產生，但存在肌肉細胞中的 ATP 卻非常有限，大約在 2-3 秒就會被耗盡，粒腺體無法瞬間滿足的時候，為了讓運動能繼續進行，身體會經由其他代謝路徑不斷提供 ATP 給細胞使用，根據使用特徵分成以下三類：

- 極短時間／高強度／爆發力：ATP-PC 系統：磷酸肌酸（PC）的分解來重新合成。
- 短時間／中等強度：乳酸無氧系統：醣解無氧乳酸作用產生。
- 長時間／低強度：有氧系統 醣類／脂肪與蛋白質氧化作用代謝來補充 APT。

這些化學作用還是需要時間，如果身體還有能量儲存機制來及時供應身體所需，這樣的設計才是完美的，這也才能解釋為何脈象有強有弱，如同電子電路裡面電容儲存電荷的作用，電容所量測到的電壓高低一樣。

伺服馬達的驅動線路設計也是採用這樣的方式，電力由外界交流電輸入，經過整流將交流電轉換成直流後，就以電容作為濾波及儲存電荷的地方，當馬達需要瞬間增加輸出扭力的時候，外界的電力來不及提供，就是由事先儲存於 電容的電力供應，所以電容電壓是隨時在變動的，就好像身體脈象的強與弱。

經絡系統還扮演整體「能量收集與分配工作」，如果把全身的細胞當作是數以兆計「小型發電廠」，這些細胞分別形成不同器官，除了供應各器官隨時需要之外，多餘的就往包覆在器官外面的「光纖網路經絡系統」儲存，各器官產生的能量就是古書所說的「氣」，分成「元氣／宗氣／營氣／衛氣／精氣／血氣／神氣／心氣／肺氣／肝氣／胃氣／脾氣／腎氣」。而各經絡系統再相互連結，形同能量網路，將能量適當調度到較缺乏或瞬間消耗能源較多的地方，這樣細胞集體運作效能會更好更即時。

　　李時珍「奇經八脈考」中說明奇經八脈是「氣之江湖」，奇經八脈就是屬於三焦經，三焦經能量多的話，若哪一個經不好，它可以去幫忙，我想就是這個道理。

　　「諧振運動」中「動態磁能床」就是強調三焦經的能量，身體三焦經能量充足就可以將能量分給其他經絡，就是這個道理。

　　上醫治未病就是在處理能量，提升能量，能量足了，五臟就不用靠自己細胞拼命工作而產生「虛火」，也不會因虛火再衍生「相剋」問題，能量足了，就可以補充虛弱的臟器產生「相生」的修補，能量充足五臟才能達成平衡狀態。
這也說明了五臟／六腑，陰陽／五行相生相剋的道理：

五臟屬陰　木（肝）　生火（心臟）　生土（脾）　生金（肺臟）　生水（腎臟）
六腑屬陽　木（膽）　生火（小腸）　生土（胃）　生金（大腸）　生水（膀胱）

　　前面五臟都有配屬一個腑相對應，唯獨三焦沒有對應的器官，後面章節將為大家揭曉二千多年來中醫尋尋覓覓的三焦對應器官，光纖維與經絡的連結可能不是那麼單純全部連結在一起，而是先由各單獨經絡的器官細胞產生能量並將能量傳遞到該經絡，該經絡於是獲得能量，至於經絡與經絡之間的能量傳遞，則是再經過五行的精心設計排列，產生相生／相剋，五臟六腑互為表裡的關聯性，也就是所謂「外治經絡，內實五臟」，五臟以相生／相剋構成身體的平衡，如果五臟中任何一個臟器的能力較其他臟器強或弱，就會壞這種平衡。中醫難學的地方也就是如何判斷五臟虛實來對症下藥。
如果按照我所描述的經絡光纖系統：

　　「可繞性的光纖維束彈性體」，將細胞所提供的能量轉化成經絡共振的動能，而且根據 12 經絡頻率的不同，經絡結構可能是採取不同的『直徑』來自動改變振動頻率，愈到高頻經絡直徑可能就變小，五臟低頻其相對的經絡直徑就變粗」12 經絡因直徑的不同已經自動產生相生／相剋的物理現象了。

　　以上「經絡光纖結構／直徑及彈性振動儲存能量」及「宇宙炁場到身體氣場再到細胞粒線體能量場相互連結」觀點是我自己「大膽的猜測」，有待後續人才「小心求證」來解開身體「氣」這個謎團。

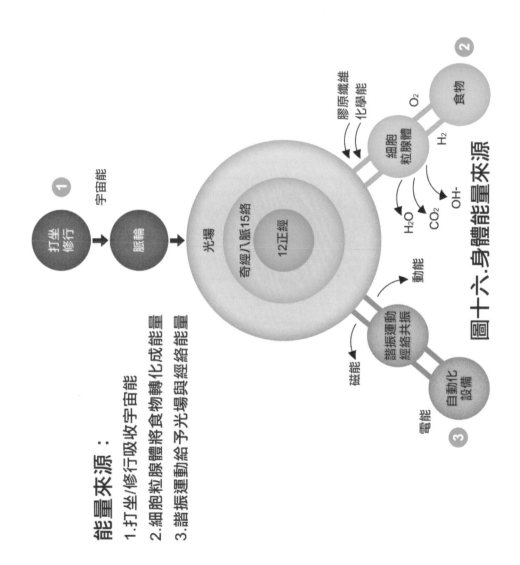

圖十六.身體能量來源

能量來源：

1.打坐/修行吸收宇宙能

2.細胞粒腺體將食物轉化成能量

3.諧振運動給予光場與經絡能量

身體運作架構「精氣神」如何相互搭配

前面的分析，愈發了解身體運作奧秘，回頭從新審視身體運作方式：
中醫所謂「精氣神」到底如何定義及運作？

「精」走血液（營養）～（陽）

精是指構成人體生命活動的各層次有形元素，如身體運作所需的營養物質，
這些物質依靠血管在體內進行輸送。

身體運作物理架構以 96000 公里的血管貫通全身，以血液攜帶營養物質到細
胞，並帶走細胞產生的廢棄物，以心臟為幫浦，由大動脈小動脈－微血管將營養
物質運送到各個細胞，細胞經由粒線體生化作用，將食物最終產物「氫」及由肺
部呼吸經由紅血球攜帶而來的「氧」產生：

- 能量／腺苷三磷酸（ATP）
- 好的和壞的「過氧化物（自由基）
- 二氧化碳（CO_2）／水（H_2O）。

其中 CO_2 及 H_2O 與紅血球結合經由微血管－回流到靜脈，最終進入動脈，再
由心臟右心室將缺氧的血液打入肺部進行 CO_2／O_2 氧氣的交換，再經由左心室
將含氧的血液打入肝臟進行解毒／製造身體有益物質（胺基酸／蛋白質／膽固醇
／糖代謝…），到腎臟排除廢物…較大結構及外部病毒由淋巴管收集經淋巴球殺
菌／過濾之後再經脾臟造紅細胞，激發免疫系統，周而復始循環。

「氣」走經絡（能量）～（陰）

氣指構成人體生命活動的各層次無形元素，如黃帝內經說的人體吃進食物所
產生的「營氣」及「衛氣」，及各器官／細胞所產生的各種名稱的氣。

細胞粒線體將人體吃進的營養素經乙醯輔酶轉成腺苷三磷酸（APT），所產
生的能量除了供應本身器官運作所需之外，有多餘的能量再經由與細胞相連接的
二條膠原纖維將能量導入光纖結構的各自經脈系統中儲存（12 經脈），供該經脈
使用，能量如果還有剩餘，會將能量往上儲存到類似湖泊功能的「奇經八脈」，
並經由奇經八脈「氣之江湖」的特質，自動分配到其他缺乏能量的經脈。

經絡系統也以細胞提供的能量產生 12 經絡的振動，且各經脈是以心臟為基

礎從 1 至 12 倍頻在振動，能量愈強，振動強度愈大，協助身體血液循環，最終 12 經絡趨於陰陽平衡，五臟六腑順利運作，身體健康。

能量除了由細胞粒線體產生之外，另一個來源就是從大自然吸收而來，修行者打坐／靜心，經由脈輪系統接收宇宙能量，供光場能量，再經由屬於身體三焦的奇經八脈（絡脈／任／督二脈）將能量導到 12 經脈系統，經由二條膠原纖維與細胞相互連結。

原來能量來源只有前面這二種方式，現在經由我們的努力，人們多了一條能量管道～「諧振運動」。

利用伺服馬達精密振動專利技術所設計的動態磁能床，以「心率諧振」方式激活 12 經絡共振活化五臟／六腑，同時經由振動與磁能交互作用產生能量，直接將能量灌注到光場及經絡系統，此種方式最簡單／直接，不必經過粒線體冗長食物鏈分解／消化／吸收／運輸／有氧化學作用，且不會產生「自由基」破壞／老化身體，也不用費時打坐修行，任何人／任何時間，只需放鬆躺著就可以。

「神」走神經～（訊息）

神指構成人體生命活動的各層次型態功能變化的活力，泛指調整身體生命活動的「自動控制」系統。

身體以神經系統進行與外界環境的資訊收集，經由大腦／心智判斷之後下達命令讓肌肉動作，及日以繼夜沒有間段的操控全身「自動控制」系統，竭盡所能的讓身體維持在健康的狀態下運作。

神經系統分成中樞神經及周圍神經，中樞神經的功用是在身體全部位之間傳送信號及接收反饋，周圍神經可分成下列三種：

1、軀體神經：

　・傳出神經：連結肌肉隨意念控制肌肉運動。

　・傳入神經：收集外部信號回饋給中樞神經。

2、自律神經：

　分交感／副交感：根據緊急／休息狀態，自動調節身體「自主」性功能如呼吸／消化／心跳／血壓，如小動脈開口的控制就是根據緊急／休息狀態，自

動分配血液流向，靜止與運動的差別是心臟血流到內臟與肌肉血流變化相差可達 5 倍之多。

3、腸神經

消化道的控制，與自律神經一樣屬於「自主」性功能。

以自律神經說明，負責將下視丘及腦幹下達的命令，或者我們稱之為「心與靈」產生的信息攜帶到達五臟／六腑，控制體內各器官系統的平滑肌，心肌，腺體等組織功能，如心臟搏動，呼吸，血壓，消化和新陳代謝，重要的是控制「小動脈」管壁縮收來導引血液的分配，本書非常重要立論基礎就在於：

當三焦經失調，自律神經無法正常運作的時候，小動脈開口無法打開，連接於後面的末梢循環無法獲得血液供給，就會發生局部細胞缺氧問題，高血壓就因而產生，衍生許多後續文明病。

血液，經絡及神經就是硬體，負責輸送不同性質的東西維持身體的健康，就好像一個居家建築～有水／電／網路：

・電：走電線，電力（能量）輸入，而細胞可以輸出也可以輸入能量。

・水：走水道，只是分乾淨的淨水與髒的下水道，身體血管厲害了，動脈與靜脈是連通的，但有肺過濾交換空氣／肝解毒／腎臟的濾水器，及淋巴球／脾臟殺菌器。

・網路：信息，家庭與外界溝通的管道，如果連接雲端，就類似於我們所謂的「身（body）（家庭），心（心智 mind），靈（spirit）（靈性雲端）…。

諧振運動「高頻振動」與身體「衛氣」及「水分調控」關聯

中醫所云～三焦走全身體表，奇經八脈均屬三焦，掌管神經及內分泌，全身氣及水分的調控

華佗在（中藏經）上說：三焦者，統領五臟，六腑，榮衛，經絡，內外左右上下之氣也。古代神醫那麼重視「三焦」一定存在其道理的。

最近科學研究也證實「人體經絡中就會形成管線外毛細管間的組織液流場，有點像海洋中的洋流，沒有管子，但有水流」，推測這很像「黃帝內經」中所描述的榮衛之氣的衛氣，這跟體驗者使用「動態磁能床」後的感覺全身被一股「氣場」包住，我想這可能就是古書所說的「衛氣」吧！！

國外也發現在臟腑器官骨骼肌肉小至細胞間，這些有形體之間充滿液體，這些液體統稱「組織液」，化驗這些組織液營養物質相當多，尤其是在穴道上發現七種元素「鈣／磷／鉀／鐵／鋅／錳／絡」，在穴位和非穴位含量有 40-200 倍的差距，懷疑身體除了血液與淋巴循環之外還存在另一體循環！！

黃帝內經素問靈蘭密典：三焦者，決瀆之官，水道出焉」是水分調控重要的流道，是在組織間液／淋巴中的水分，身體「水腫」跟此有關連，三焦是臟腑的「外府與外衛」，就是所謂的「衛氣：循皮膚之中，分肉之間，熏於盲膜，散於胸腔」在組織間液中的絡脈系統運行，負起保護器官的責任。

身體 12 經脈只有三焦經無實體臟腑對應，古書又說是臟腑的「外府」與「外衛」是貫通全身的水溝，疏通水道，運送水液的作用，是水液升降出入的道路，三焦經如果只是一條手上的經絡，他怎麼可能有那麼大的能耐呢？請參閱圖十七。

黃帝內經「素問」：衛者，水穀之悍氣也，其氣慓疾滑利，不能入於脈也，說明了其運行速度非常快「頻率高」，且強調是行於脈外，衛氣屬於三焦之氣，三焦既然行於「脈外」，中醫無法從「脈診」中診斷三焦問題，下一章「三焦新解」會詳細說明，本章先確認「三焦屬於高頻波」，「高頻波促進身體水分流動，皮膚汗腺的調控」功能，以下二案例說明：

案例一，洗腎水腫患者使用諧振運動床之後水腫消失的描述，及洗腎後必須

先將滯留於組織及末梢的血液以「高頻振動模式」促進「靜脈回流」，之後才能以運動模式將血液再由心臟打出來，否則會產生「心腎不交」問題。

我原本論述是「血液循環加速之後，因一氧化氮（NO）促使血管擴張，血管容積變大而將組織液吸收進血液「所致，現在經由前面國內外研究及古書論點，可能還出現另一種可能～「高頻振動」將全身體表及體內組織液體攪動，給予流動的動能，而促進了全身「水循環」，因而改善了水腫問題。

案例二，一位三叉神經痛二年多女士，看遍了中西醫，一直無法改善臉頰右側三叉神經痛，痛起來是椎心的痛，中醫「把脈」因為身體虛弱，根本把不到「脈」，該女士第一次來體驗館身穿長袖，不敢吹風，手腳冰冷，詢問之下知道她十幾年來幾乎不會「流汗」，夏天不敢出門，因為不會流汗無法調整體溫一出門就「中暑」，「冬天手腳冰冷身體寒濕」，全身看起來從頭到腳都有水腫現象，這是典型「三焦」能量太弱，而且到了幾乎沒有能量了，皮膚汗腺及毛細孔都失去調整能力。

首先我以動態磁能以高頻「三焦經」振動頻率，提升三焦經能量，再輔以立體諧振「運動模式」協助「心肺功能」提升，加速血液／淋巴循環幫助排除酸水毒物。

使用了第一個月，三叉神經痛問題已經改善很多了，連帶睡眠充足，心情開始有笑容了，繼續使用到一個半月已經開始流汗了，十幾年來幾乎不會流汗的問題竟然在還不到二個月時間就改善了，手腳也暖活了，以前不敢吹風／冷氣／洗手這些問題都改善了，身體水腫問題也改善了，全身瘦了一圈。

從此案例可以確認皮膚「汗腺水分調控」及「毛細孔」的調整也是屬於是「三焦經」管轄範圍，後續一篇「神造人遐想」有說明為何動物全身有皮毛但沒有三焦經，直到人開始才有「三焦經」設立的目的。

三焦經走全身體表，奇經八脈均屬三焦經，其振動頻率是心臟第九諧波，高頻走體表，一方面三焦經能量的提昇就是提升身體「衛氣」，身體的防衛能力提升了，使用「諧振運動」後全身被一股約 30 公分厚的氣場包覆著，如果以空氣壓力來解釋，此時身體周圍氣場會產生一股高於周邊空氣的氣體薄膜，對於病毒這些微小粒子而言，可能就是一層很難突破的圍牆，病毒很難「趁虛而入」了，就算進入也因為免疫系統強了頂多到淋巴球就被阻擋了，這也是我將近 20 年來

所體驗的心得。

三焦經「衛氣」可能不只行於「循皮膚之中，分肉之間，熏於盲膜，散於胸腔」，根據使用「動態磁能床」的經驗，廣義的「衛氣」也可能已經涵蓋到包覆身體的「無形氣場」，這跟練氣功一樣，能量強的話感覺全身被一股氣場包圍，練氣功的人免疫力強，不容易感冒，應該就是此氣場的保護功能，此氣場可能就是黃帝內經「素問」篇所指的「衛氣」吧！留待「三焦新解」說明。

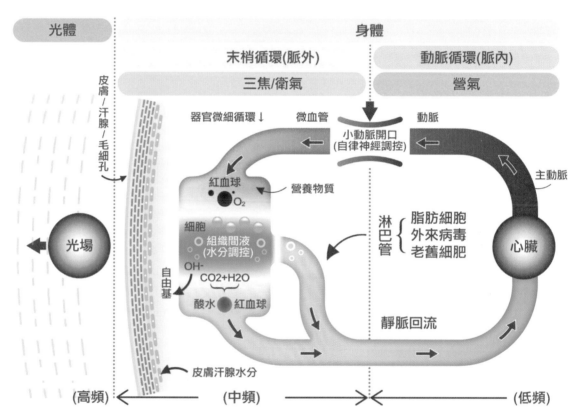

圖十七.末梢循環/衛氣與水分調控

三焦新解～光場能量體／脈輪與肉體陰陽相對的關聯

　　華佗在（中藏經）上說：三焦者，統領五臟，六腑，榮衛，經絡，內外左右上下之氣也……。

　　李時珍「奇經八脈考」中說明奇經八脈是「氣之江湖」，奇經八脈就是屬於三焦經，三焦經能量多的話，若哪一個經不好，它可以去幫忙，協助身體恢復健康。

　　古時候名醫很強調「三焦經」，華佗在（中藏經）上說三焦與李時珍「奇經八脈考」中說的三焦，應該是說包覆身體表皮（汗腺層）的三焦，練「氣功「會提升身體表層的能量，也就是三焦的能量，為何這麼重要的「三焦經」在中醫針對手上的「三焦經」個個穴道治療的功能並沒有像華佗與李時珍「奇經八脈考」中說的三焦功能那麼神奇呢？

　　王唯工博士「脈診儀」所量測到的三焦經振幅與第零諧波比才只有 2.6％？而肝經達 80％！，愈到高頻能量就愈來愈弱，到心包經能量更低才 1.18％，我覺對於「統領五臟六腑」的三焦經，能量如此之低實在是非常不合理！

　　王博士對三焦經沒有對應的器官這件事，他也不明白，猜測三焦經可能就是「全身皮膚」或「奇經八脈」也因為能量太小，所以認定影響身體不大！但如果是這樣的話，華佗與李時珍為何如此看重三焦經呢？王博士以脈診儀量測能量太弱，就忽視三焦經的影響，可能產生偏差了！

　　我猜測 12 經絡的真正的「脈象」可能無法完全從「橈動脈」中看到，尤其是高頻部分因「頻率高，振幅又小」，加上大動脈結構比較「軟」，高頻的波型會被動脈吸收掉了，或是因全身三焦經行走於身體表層皮膚，是行於「脈外」

黃帝內經的觀點

　　黃帝內經素問靈蘭密典：三焦者，決瀆之官，水道出焉是水分調控重要的流道，是在組織間液／淋巴中的水分，身體「水腫」跟此有關連，三焦是臟腑的「外府與外衛」，就是所謂的「衛氣：循皮膚之中，分肉之間，熏於肓膜，散於胸腔」在組織間液中的絡脈系統運行，負起保護器官的責任。

美國奧克蘭大學吳建華教授實驗室發現，人體體液中有十倍於紅細胞數量的納米級非DNA蛋白質生命小體在間隙體液中作自主運動，北京幾位教授研究此流動是隨者經絡路徑，具有與「脈動同步的微小波動」，體液中流動的物質可能就是黃帝內經所描述「三焦者，決瀆之官，水道出焉」的意涵。

黃帝內經「靈樞」：人受氣於穀，穀入於胃，以傳與肺，五臟六腑皆受其氣，其清者為營，濁者為衛，「營在脈中，衛在脈外」，已經說明營衛的走向。

所謂清者：屬於低頻波／振幅高，可以在脈診中清晰數脈。

所謂濁者：屬於高頻波／振幅小，脈把起來不清晰且混濁在一起。

黃帝內經「靈樞」：五臟者所以藏精神魂魄者也，六府者所以受水谷而行化物者也，其氣內干五臟，而外絡肢節，其浮氣之不行經者為衛氣，其精氣之行於經者為營氣，陰陽相隨，內外相貫，如環之無端，說明營衛互為表裡／陰陽。

王唯工博士曾指出「12正經」以經脈共振頻率運作，而表面皮膚之絡脈只以「流動」方式運作，王博士此看法應該是錯誤了，絡脈仍然以頻率／振動運作，只是頻率更高／振幅較小，已經超越手指的敏感度感知範圍了，衛氣就是運行於「脈外」的絡脈。傳統以手脈診根本把不到。

王唯工博士指出身體振動頻率是「內部為脾經低頻波，中間為膽經中頻波，身體皮膚為三焦的高頻波」，絡脈走更末梢外圍，其頻率理應比三焦經更高才合理，這樣才能銜接本章節後續包覆身體「能量場」的更高頻率現象。

黃帝內經「素問」：衛者，水穀之悍氣也，其氣慓疾滑利，不能入於脈也，說明了其運行速度非常快，且強調是行於脈外，衛氣屬於三焦之氣，三焦既然行於「脈外」，當然想要通過「把脈」方法來看「三焦」狀態是很難的，這應該是「中醫」醫療的一大問題點，中醫只看到「脈內的營氣」而已。

在此有必要針對黃帝內經「脈內」與「脈外」的說法做一詳細探討，中醫主要把脈位置是手腕「橈動脈」，是屬於「動脈循環」系統，而動脈系統與末梢微血管循環中間被由「自律神經調控開口的小動脈」分隔，中醫「脈診」只看到「動脈循環」，就是黃帝內經所說的「脈內」，而小動脈後面的「微循環」（末梢微循環）脈診看不到，就是黃帝內經所說的「脈外」，三焦以上屬於高頻／低振幅，本來就是行走於「脈外」表層／皮膚，無法以手指「脈診感測」，而屬於三焦的衛氣就是行於脈外：「循皮膚之中，分肉之間，熏於肓膜，散於胸腔」在組織間

液中的絡脈系統運行，負起保護器官的責任。

　　穴道是小動脈／小靜脈／神經集結的處所，是動脈微循環的一部分，穴道應該就是位於「自律神經調控開口的小動脈」，是經絡振動的最大點，針刺穴道，造成遠離身體的血流量降低，灸法剛好與針刺的效果相反，遠離身體血液反而增加，手腳冰冷最好是採用「灸」法，針猶如一塞子作用，針刺皮膚表面的穴道也會調整該經脈的器官血流量，抽調氣血至病徵發生的器官，謂「內病外治」應該就是這個道理，雖然針刺穴道可以把血液調撥至病徵發生的器官位置，但器官內部仍然存在自律神經調控開口的小動脈，如果自律神經仍然失調，器官內部小動脈無法打開，阻擋血液的流入，器官仍然缺氧。

　　在本書導讀中提到中醫針灸作用猶如自來水公司「因水源不足，只好進行分區輪流供水，調撥供水至缺水嚴重區域」的作用，針灸無法提升能量不足現象，只好視身體情況，調撥能量／氣血去治療已經生病的器官。

　　12 正經根據「經脈共振理論」負責將血液送到小動脈開口處，也就是該經脈穴道位置，至於血液是否要進入該小動脈（穴道）之後的微血管，視自律神經調控的決定，針刺穴道就是以外力協助調整因自律神經失調所引發身體局部缺血問題，而穴道之後遠離身體就是該穴道附近的微血管及其附近的組織／細胞，稱為「末稍循環」，此末稍循環包含各器官綿密網狀／無處不在的微細小血管循環，已經不屬於 12 正經可以由「脈內」把脈管轄的範圍。而絡脈是從經脈分出遍布全身細小分支，「靈樞脈度經脈為里，支而橫者為絡」，意旨經脈位置較深，經脈橫行別出位置較淺的分支稱為絡脈，絡脈以 15 絡為主，包括孫絡／血絡／浮絡，有溝通經脈／運行氣血／和治療疾病的作用，15 絡包括 12 經脈分出的絡脈和任／督／脾支大絡。

　　衛氣可能就是浮絡吧！是絡脈浮行於淺表部位的分支，分布於「皮膚表面」，其作用是輸布氣血以濡養全身，就是李時珍「奇經八脈考」中說明奇經八脈是「氣之江湖」，奇經八脈就是屬於三焦經，三焦經能量多的話，若哪一個經不好，它可以去幫忙，協助身體恢復健康。

　　黃帝內經「素問」：衛者，水穀之悍氣也，其氣慓疾滑利，不能入於脈也，說明了其運行速度非常快，另一個說法就是絡脈因「頻率高／振幅小」，手指靈敏度已經無法感測，且也不在「脈內」，但可以確定是高頻波。

　　末稍循環屬於「脈外」系統，無法由手腕「橈動脈」處把脈診測，屬於三焦高頻波（10.8Hz）／震幅小，絡脈頻率還要更高！黃帝內經形容的「濁氣」，其氣慓疾滑利，不能入於脈也，末梢循環範圍非常廣，身體四肢末端，體內各器官綿密網狀／無處不在的微細小血管循環，包括腦部／皮膚／肌肉／眼睛／耳朵／各臟器／四肢，身體末稍循環的微細血管佔了血管總量將近九成，最細的微細血管，比人頭髮還細 20 倍，最容易產生阻塞的地方就是末稍循環微血管。

　　身體許多疾病就是肇因於「自律神經失調」，無法正常調控「小動脈開口」，使得銜接於後的微血管及組織細胞缺氧所致，而「自律神經」之所以失調肇因於第九諧波「三焦能量不足」，再加上現代人們運動量太少，或者說缺乏高頻振動造成「末稍循環」不良，此雙重作用造成疾病的治療難上加難！
以下舉帕金森氏症與失智症／阿茲海默症來說明治療難易度：

　　腦幹包含橋腦／延腦／中腦，延腦是肝經管轄，中腦為腎／脾經管轄，NIMS水平律動床運動模式其頻率就是腎經振動頻率，帕金森氏症就位於中腦黑質細胞多巴胺分泌不足，當水平律動床以腎經振動頻率，把血液經由椎動脈至基底動脈打到腦幹處，當然就改善了帕金森氏症，且腦幹位於動脈循環，故較容易改善供血問題。

　　而大腦是演化後期高等生物才有的，屬於高頻的六腑經絡管轄，往頭上的血管先是透過「膽經」的振動頻率協助，將血經由頸總動脈打到腦部之後，個別經絡再接手分別將血液供應到各經絡所在位置組織細胞，大腦前額葉就是屬於高頻的六腑經絡管轄，NIMS 水平律動床其運動頻率僅達 3.0Hz，缺乏高頻六腑振動頻率，當然對於大腦前額葉缺血所產生的失智症／阿茲海默症無治療效果。

　　要把血液打到大腦前額葉／頭面的條件，除了須以高頻的六腑振動頻率實施之外，另一個原因是大腦前額葉／頭面位於表層屬於末稍循環範圍，必須先借助動態磁能床「三焦高頻振動的協助以平衡／活化自律神經」，自律神經調控的小動脈開口才能正常操作之後再以立體諧振床振動模式協助之下才能將血液送達，完善治療失智症／阿茲海默症，愈到末稍愈不容易治療就是這個原因。

　　「黃帝內經」這本書上有云：「上工治未病，中工治已病，下工治末病」。孫思邈在「千金方」提出「上醫治未病，中醫治欲病，下醫治已病」。中醫治欲病的意思應該就是從「脈象」看得到的病。三焦從脈象看不到的或看得到但信號

太弱了，正常與不正常的差別太小了，失去衡量比較的標準，當然也無從治起。

上醫治未病，「未病」表示在脈診仍無法看到，三焦應該就是「上醫」下手的地方，如要再說清楚點，脈診看不到的就是在「脈外中運行的能量」。

華佗在中藏經觀點

我們再細讀華佗在中藏經上說：三焦者，統領五臟，六腑，榮衛，經絡，內外左右上下之氣也……。有其名而無形者也，亦號曰孤獨之腑……。

華佗其實已經點出「三焦者只是有此稱號名稱但實際是沒有形體的」，且因為看不到，沒有人會在意它，就叫它為「孤獨之腑」。華佗所說沒有形體與黃帝內經所說的行於脈外的衛氣性質應該是一樣的。但為何那麼重要呢？

華佗所提的三焦其功能與範圍更大，是統領五臟，六腑，榮衛，經絡，內外左右上下之氣也…衛氣只是其中之一而已，故絕對不是在說明「衛氣」而已。

使用「動態磁能」床之後會感覺全身被一股強烈「氣場／能量場」包覆，此氣場應該也隸屬於三焦範疇，12 經絡之中唯一沒有器官相對應的就是三焦經，王唯工博士猜測三焦經可能就是「全身皮膚」或「奇經八脈」，如果把包覆整個身體的「氣場／能量場」也算做三焦經的話，經絡理論將臻完整了，此三焦「氣場／能量場」就是身體一個「無形的器官」。

最接近此能量場的就是「皮膚」或「奇經八脈」，也就是李時珍「奇經八脈考」中說明奇經八脈是「氣之江湖」，奇經八脈就是屬於三焦，三焦能量多的話，若哪一個經不好，它可以去幫忙，協助身體恢復健康，也因為此「能量場就是身體經絡氣／能量的來源」，經絡有了能量，自律神經／內分泌／免疫系統活化，五臟六腑才能正常運作，所以華佗在（中藏經）上才會說：「三焦者，統領五臟，六腑，榮衛，經絡，內外左右上下之氣也。」我猜測華佗之所以被稱之為「神醫」，他應該可以看得到包覆身體的能量場吧，身體能量強的時候，此能量場應該會更厚實吧，而我們所稱的「氣功」，應該跟此「能量場」是一樣的性質。

華佗被稱為神醫，是最早發明麻醉劑和開刀動手術的人，我相信也因為此特異功能看到曹操腦部的「風癌」，向曹操提議要開腦治療，竟然因此入罪而死於中，於獄中手寫一本醫書竟然被獄卒燒毀，甚為可惜。

動態磁能床之所以有效，我認為跟使用「磁能」大有關係，根據我手汗症經

驗，如果把磁能去除，只有振動效果的時候，以三焦經頻率振動仍然無法改善我的手汗症，交感神經仍然興奮，這亦提醒華佗所說的三焦應該是偏向於「氣場／能量」的關聯性，能量才是掌管身體運作的關鍵。

三焦「能量」強的時候，它會把能量往內分給「五臟六腑」，此時中醫把脈才會察覺，上醫就是在處理「三焦能量」身體最重要的事情，因為三焦就是身體的「總管理師」，就是西醫所稱的「自律神經與內分泌」掌控「五臟六腑」「營養與防衛」及「氣與水分」的調控，多麼重要啊！

修練者可以不吃東西仍然可以生活，就是透過身體中脈七個脈輪吸收「宇宙炁場」高頻能量（頂輪963Hz至海底輪396Hz），經由奇經八脈的任脈督二脈匯入號稱「氣之江湖」的三焦經（頻率降至10.8Hz），與身體氣場「匯合」，此時身體的「總管理師」接手進行控制，再交到經絡光纖系統，傳到五臟六腑，且根據經絡共振原理分別調降頻率，最終再透過二條膠原纖維連接各臟腑到細胞層次，完成「能量」到身體之旅，協助這個「有機體」的運作，達到養生健康長壽「無疾而終」的理想境界。

西方光場能量的觀點

前面論點完全依據華佗（中藏經）：三焦者，統領五臟，六腑，榮衛，經絡，內外左右上下之氣也…如果華佗論點有差錯，那本書立論基礎就偏差了，勢必要另外找尋其他佐證。以下針對人體能量場東西方發展歷史做一個回顧：

下面文章所述：人體能量場內容係根據芭芭拉．安．布蘭能（Barbara Ann Brenman）所著「光之手—人體能量場療癒全書」所摘錄～

世界各地對於光場能量的研究超過五千年以上，古印度瑜珈修行運用呼吸／靜坐／肢體動作來掌控／活化「普拉納」宇宙能量。

西元前三千年中國發現擁有陰陽二極的「氣」之生命能量，以脈診／針灸／中藥調理身體。中醫幾千年仍然只沿用把脈／中藥／針灸，對於能量場的研究也僅停留在氣功層次，缺乏對能量場更清晰研究／突破，甚為可惜。

西元前五三八年左右開始發展的猶太神祕主義神智學「卡巴拉」稱這些能量為「星光」，在基督教的肖像畫中，耶穌和其他靈性人物都被光場所包圍。

西元前五百年畢達哥拉斯學派文獻中指出：這光對人類有機體產生多樣化的影響，包括疾病的治療。

從十二至十九世紀，西方對於光場的研究更加蓬勃發展。

二十世紀 1911 年威廉。克爾納醫生發表透過彩色螢幕和濾光鏡片對人類光場所做的觀測，更加清楚說明身體有三個不同區域光霧。

1930 年勞倫斯。本迪，強調乙太成形力量是身體健康與療癒的基礎。

近期卡拉古拉博士建立了脈輪能量擾動與疾病之間的關聯。

神智學會美國分會朵拉。昆博士提出「身體內每個器官在光場中都有對應的能量律動…」此論點已經接近「經絡共振」理論了。

1988 年杭特博士以電子儀器看見了光場顏色及頻率介乎 200-2000Hz 這跟脈輪頻率由海底輪 396Hz 到頂輪 963Hz 頻率相近。

人類光場由粒子般的質點組成，有如流體般的運動，好比氣流或水流。

人類光場，是建構此生肉體的所有資訊／生命藍圖／因果命運計畫，一切生命是先有光場的建構，接著才有肉體長成，身體的發育完全依照光場所預先設計的藍圖按部就班地逐步完成。

人類光場主要能量體

人類光場有七層主要能量體，從最接近身體皮膚往外敘述如下：

1、以太體 (從身體擴展出去厚度 0.6-5 公分) 建構身體的藍圖，連結身體自動機制及自主神經的運作。自律神經失調／免疫系統無法正常工作就是以太體出問題

2、情緒體 (從身體擴展出去厚度 2.54-7.6 公分) 讓人擁有情緒生活 的感覺，身心科疾病就是情緒體出了問題。

3、心智體 (從身體擴展出去厚度 7.6-20 公分) 讓人擁有線性思維

4、星光體 (從身體擴展出去厚度 15-30 公分) 讓人擁有愛的表現。

5、以太模板層 (從身體擴展出去厚度 45-60 公分) 是乙太體的藍圖，人生病時以太體會損毀變形，需靠以太模板層修復。

6、天人體 (從身體擴展出去厚度 60-82.5 公分) 讓人體驗靈性狂喜。

7、因果體 (從身體擴展出去厚度 75-105 公分) 容納個人此次轉世所有能量資訊，

包括所需完成的任務，什麼樣的業力需要得到償還，及需要透過什麼樣的人生來清除負面信念系統，這份人生課題稱為「個人任務」，除了個人任務之外還有一個「世界任務」，如此獨特的設計讓一個人藉著完成個人任務來做好準備，用以完成世界任務，個人任務透過釋放能量使靈魂得以解脫業力束縛，且運用這些能量繼而為世界任務所用，請參閱圖十八、十九。

光場第1、3、5、7層具有明確結構，第2、4、6層為不斷流動著的有色液體所組成。每一層都在振動，愈往外圍振動頻率愈來愈高。

光場作用是讓來自更高維度實相創造脈衝進入物質界的媒介，我們亦可透過提升能量場振動頻率，將意識穿透各個層次後進入神性自我的實相。

光場的每一層都是一個能量身體，就像肉體一樣是有生命的，且每個身體都活在一個意識界（維度）裡。這些世界是相互連結的，沈潛在我們體驗現實世界的同一個空間之中。

物質界有四個層次：肉體，以太體，情緒體，心智體。

靈界有三個層次：以太模板，天人體，因果體。

星光體，是物質界與靈界的橋樑。

個人任務可以說是為了償還「業力」所設計。而世界任務也可以說是為了實現「願力」所做的規劃，經由此設計人類才得以不斷傳承及朝覺醒的道路進步。

此因果體是個「動態」模板，隨著個體在生活與成長過程中所做的「自由意志」選擇而不斷的變化。當個體獲得成長時，就有能力留住那些進入和通過肉身／能量體及脈輪的更高頻振動／能量／意識，隨著人生軌道前進，得以擴展自己的實相。

生命計畫包含許多可能的實相，能讓自由意志有充分選擇權，也因為自由的選擇交織了許多「因果效應」，靈魂如果能夠逐漸清償減少業力，提升能量／意識，就可以擺脫「輪迴」的束縛，完成人生「二元性極限」體驗，回歸「一元性大愛」的宇宙懷抱。

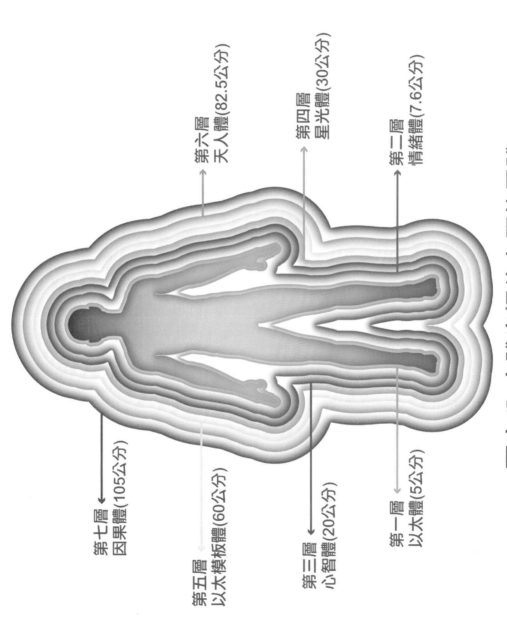

第六層
天人體(82.5公分)

第四層
星光體(30公分)

第二層
情緒體(7.6公分)

第七層
因果體(105公分)

第五層
以太模板體(60公分)

第三層
心智體(20公分)

第一層
以太體(5公分)

圖十八 人體光場的七層能量體

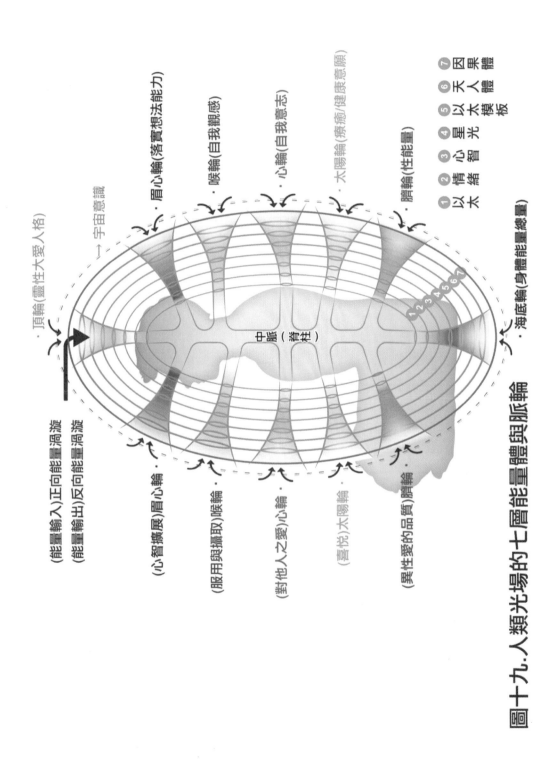

① 以太體
② 情緒體
③ 星光體
④ 心智體
⑤ 以太模板
⑥ 天人體
⑦ 因果體

頂輪(靈性大愛人格)
→ 宇宙意識
眉心輪(落實想法能力)
喉輪(自我觀感)
心輪(自我意志)
太陽輪(療癒/健康意願)
臍輪(性能量)
海底輪(身體能量總量)

(能量輸入)正向能量渦漩
(能量輸出)反向能量渦漩
中脈(脊柱)

(心智擴展)眉心輪
(服用與攝取)喉輪
(對他人之愛)心輪
(喜悅)太陽輪
(異性愛的品質)臍輪

圖十九. 人類光場的七層能量體與脈輪

脈輪是身體／光場與宇宙能量交換的輸出入端口

脈輪分下面三種：

　　・有七個主要脈輪：位於身體脊柱中線位置。脈輪是個會轉動的渦漩，除了海底輪脈輪是往下，頂輪往上之外，其餘每個脈輪具有二個能量輸入身體的渦漩，分別位於身體前面與背部，位置與身體前面任脈與背部督脈處於相同位置，脈輪直徑大小約 15 公分

　　・有 21 個次要脈輪：其中手上勞宮穴的脈輪對於進行療癒非常重要，乳頭有含小脈輪，餵哺母乳除了滋養身體，經由此脈輪還供給了孩童以太能量，其餘位於腳底湧泉穴／委中／腎經氣穴（性腺）／胸腺／太陽神經叢／肝脾胃／耳朵前面／眼睛後方…。次要脈輪直徑大小約 7. 公分。

　　・還有更多微小渦漩與中醫穴位十分相應，穴位幾乎都位於身體表層應該就是為了接收宇宙能量所做的安排。

七個主要脈輪／功能／滋養腺體由身體下方往上敘述如下：

1、海底輪：方向朝下　　　　身體能量的量　　　腺體：腎上腺

2、臍輪：前面（異性愛的品質），背面（性能量）　　　腺體：性腺

3、太陽神經叢：前面（喜悅），背面（療癒／健康意願）腺體：胰腺

4、心輪：前面（對他人之愛），背面（自我意志）　　　腺體：胸腺

5、喉輪：前面（服用與攝取），背面（自我觀感）　　　腺體：甲／副甲狀腺

6、眉心輪：前面（心智擴展），背面（落實想法能力）　腺體：腦下垂體

7、頂輪：方向朝上　靈性大愛人格　　　　　　腺體：松果體

　　身體前面脈輪與人的感覺有關，身體背面脈輪與人的意志有關，太陽神經叢背面脈輪亦稱「療癒中心」，攸關身體健康，頭部三個脈輪與心智有關，而每個脈輪都有七層，每一層都對應著一層光場。

脈輪有三個主要功能：

1、供給每一層能量光體生命力，因此也等於供給身體生命能量。

2、實現各個面向自我意識發展，提供靈魂駐紮於心輪的設計。

3、在光場之間傳輸能量，每個脈輪具有七層重疊在一起，愈外層振動頻率愈高，
　　直徑也大一些。

人體透過脈輪與宇宙能量場進行能量的交換，能量經脈輪進入身體，並透過中心脊柱的「普拉納」能量管進行身體內部上下傳輸，再傳至任督及奇經八脈，最後傳到 12 正經／絡脈，器官到細胞的旅程。

人體脈輪隨著不同年齡由海底輪逐漸往上發展與打開，年輕／壯年時期大多數人皆執著於物質享受，脈輪／能量大多只停留在海底輪／臍輪／太陽神經叢，當年紀較大有些人開始往靈性追求的時候，心輪以上能量／脈輪將逐漸打開，脈輪及能量場可以透過打坐／冥想／氣功鍛鍊來提升。

正常開放的脈輪末端直徑約 15 公分，脈輪旋轉方向適用右手定則，大拇指朝身體，手指彎曲方向為脈輪吸收宇宙能量的旋轉方向。松果體開發程度愈高的可以看到更多層能量體顏色／脈輪狀態，也可採用「靈擺」來測試脈輪，依據旋轉方向及形狀據以判別身／心／靈問題，主／次要脈輪及更多的微小渦漩皆與宇宙能量場交換能量及眾多訊息，活化且正常運作的脈輪增加能量流動，身體就愈健康，「身體的疾病是能量失衡或能量流阻塞／洩漏」所致，人類能量系統缺乏流動，最終導致疾病的發生，而藥物／化療／放射線／手術都會傷害能量場。

脈輪是否能正常活化取決於許多面向，心智／情緒／因果業力皆會影響脈輪的活化，積極／正向／大愛／喜悅／運動有助於活化脈輪。

能量體必須借助正常活化的脈輪吸取宇宙能量，不只能量要足夠，最重要的是「能量要能流動」，而因果業力也會影響能量失衡或能量流阻塞／洩漏。

以太體影響肉體的自動控制及自主神經操作，自律神經失調／免疫統無法正常工作就是以太體出問題。而身心科疾病就是情緒體出了問題。

以太體及情緒體厚度是從身體擴展出去約 0.6-7.6 公分，是中醫 12 經絡三焦經的「無形器官」！！這就是西方能量光場與中醫相互連結的橋樑。

國外對於以太體的功能描述完全符合華佗在中藏經上說：三焦者，統領五臟，六腑，榮衛，經絡，內外左右之氣也……。有其名而無形者也，亦號曰孤獨之腑…。

根據使用者實際體驗「動態磁能床」以三焦經振動頻率振動結束後，全身有一股很強的氣猶如波浪般一陣一陣全身跑動，久久不能停息，其波浪般的脈動頻率與以太體能量線每分鐘 15-20 個循環幾乎一致，有練氣功者使用完感覺全身被

一股約 10-30 公分厚的能量場包覆著，此能量場厚度至少涵蓋了以太體及情緒體，且因「動態磁能床「採用三焦經振動頻率，磁能在「床身往復運動中產生交流動態能量場」，一來提升了能量場能量，二來促進了能量場的流動，剛好解決／降低能量流阻塞的問題，有助於自律神經及身心疾病的療癒。

動態磁能床磁力設計在身體背面督脈及膀胱經俞穴位置，剛好與太陽神經叢背面攸關身體健康，專職「療癒中心」的脈輪相同位置，由於這些巧妙設計造就了動態磁能床不同凡響的效能。

現代人類因眾多因素脈輪被封閉，造成能量體缺乏能量／阻塞／洩漏，加上飲食不正常，粒線體亦無法產生足夠能量補充，產生許多文明病，靈性修持的道路也因缺乏能量更加難行，本書強調「諧振運動為人類創造第三條能量來源」，經由「動態磁能床」直接提升能量場能量，弭補／解決了身體因脈輪封閉無法獲得宇宙能量補充的問題，同時亦「自動修補了能量場的變異」，在身／心獲得有效解決的情況下，心情得以積極／正向／大愛／喜悅，有助於活化脈輪。

人類面臨的疾病幾乎都圍繞在「自律神經」失調與「身心科」情緒失調這二大部份，傳統西醫在處裡「肉體／器官」問題，中醫在處裡脈內（大腸經以下）「五臟／六腑」失調問題，且著重在五臟較低頻，可以顯現在「橈動脈」脈象的器官，而上醫在處理的就是頻率高，「橈動脈」把不到脈象，三焦經以上圍繞在身體較接近皮膚的能量場失調問題，如管控自律神經的以太體，暨管控情緒的情緒體，此能量場就是三焦經「無形的器官」，是華佗所說的「孤獨之腑」，對於 12 經絡之中唯獨沒有對應器官的千年懸案做了非常合理的交代，有了充足流動能量場，經絡振動的「氣」強，控制肉體的自律神經活化了，五臟／六腑才能正常運作，情緒穩定了，身心靈獲得全方位健康，這是「諧振運動 遠離病痛」最佳寫照。

三焦新解結論

華佗在（中藏經）上說：「三焦者，統領五臟，六腑，榮衛，經絡，內外左右上下之氣也。」可以重新註解為：光場／能量統領五臟，六腑…。

或者如下詳細說明：

與身體上／中／下三焦皮膚接觸的能量光場，如以太體暨情緒體能量經由脈輪／任督二脈／奇經八脈／絡脈的吸收，再流入 12 經脈最終與器官及細胞

相連，操控自律神經／內分泌系統，是統領五臟，六腑，榮衛，經絡，內外左右上下之氣的源頭。

這樣的形容說明應該更為清楚與貼切。

而身體細胞粒線體產生的能量經由二根膠原纖維與經絡系統相連，上傳至類似河流功能的 12 經脈，完成能量由無形能量場到身體細胞的「雙向」旅程，12 經脈多餘的能量將儲存於類似湖泊功能的「奇經八脈」裡，如果身體的氣更強的話可能將反饋 15 絡脈及到身體「能量光場」之中，皮膚紅潤／氣血充足，全身表現出「容光煥發」的氣象。

針對李時珍「奇經八脈考」中說明奇經八脈是氣之江湖我們可以加入以下註解：

- 奇經八脈是「氣之江湖」，三焦光場是「氣之大海」，而宇宙才是「能量源頭」。
- 人類光場則是「孕育生命的藍圖」「身體自動控制系統的上醫」。

身體／光體經由「脈輪」與宇宙能量充分交換，七層能量體得到圓滿，則肉體／以太體／情緒體等攸關物理「身」體獲得健康，將促進「心」智體／星光體覺醒，加速走往「靈」性道路修練，提升了以太模板／天人體／因果體能量及意識，這就是本書所說「諧振運動是一條促進身心靈健康的快速道路」的真諦。

諧振運動以中醫經絡共振理論所研發，除了滿足肉體「五臟運動暨六腑振動」，協助排除酸水，增加大腦血流量之外，最重要的就是加入「磁能」暨運用三焦經振動頻率在「床身往復運動中產生交流動態能量場」，其有二項作用機制：

- 提升了以太體及情緒體能量場能量。
- 促進了能量場的流動，改善能量場變異／洩漏，降低能量流阻塞的問題。

諧振運動設備涵蓋了情緒體／以太體／肉體三個範圍及二位醫生：

動態磁能床：「上醫」無形光場以太體／情緒體能量調理／脈外末稍循環。

立體諧振床：「中醫」有形肉體五臟／六腑的調理，居家天天使用，預防疾病發生。達到全方位解決現代文明病的理想。

諧振運動理論及實證讓四種不同觀點有了交集

- 西方醫學：身體能量來自粒線體將食物轉化而來，經由二根膠原纖維與經絡系

統相連，由下到上方式供應身體所需的「氣」。

- 中醫經絡：身體運作是以經絡共振理論分別控制五臟／六腑，而「氣」是經絡共振運作的必要條件，氣來自於宇宙能量或細胞粒線體，目前增加另外一條快速道路，那就是「諧振運動」。

- 預防醫學：光體／肉體經由「脈輪」接收能量，能量經由奇經八脈傳輸到身體經絡系統，由上到下供應身體所需的「氣」，包覆著身體的光場結構含七層能量體，以太體控制肉體「自動機制／自主神經系統」，而情緒體影響「身心發展」，對於身體影響範圍更大／更廣，光場操控肉體，光場缺少能量，身心靈都會出問題，靈魂也需要能量才能運作／操控身體，後續章解會詳細說明。

- 諧振運動：以經絡共振理論，借助體外自動控制設備，協助肉體五臟運動／六腑振動，再運用「動態磁能」提升光場以太體／情緒體能量，直接改善影響身心靈及自律神經／情緒作用的能量源頭。

　　四個看似獨立不相容的學說有了整體觀及連貫性，不再各說各話，相互排擠。

　　諧振運動完全採用「自動化設備」操作，人只要輕鬆地躺著，連在睡覺中都可以快速協助改善身體健康狀態，不再需要傳統推拿／按摩手工費時費力作業，也不需要長期／有恆心的運動／太極／氣功鍛練，最適合銀髮族／生病沒有體力的人來使用。

　　「諧振運動」的作用機制就是開創了第三條身體吸收「能量」道路，以伺服馬達所產生的動能及磁力產生的磁能，輕鬆快速增加身體能量，再藉由身體這位「上醫」進行自我療癒，實施手段分下列步驟。

上醫自我療癒步驟

1、「動態磁能」：

- 給予身體「三焦」能量，三焦經活化了，包覆整個身體的「光場」能量充足了，身體「總管理師」就接手修護身體。

- 活化膀胱經各「俞穴」，疏通身體「總管理師」的自律神經系統至「五臟六腑」的通道，讓身體自我調控機能可以順暢進行。

- 促進細胞組織間液體／淋巴／靜脈循環，我相信還包括協助「腦脊髓液」膠細胞淋巴系統循環，清除腦廢棄物。

2、「立體諧振」

- 六腑振動：加速末梢循環及靜脈回流，增加「大腦前額葉血流量」。
- 五臟運動：強化心肺功能，動脈與氧的供給，消化／排毒／營養／防衛。

3、「多功能振動肌力機」：

- 疏通經絡／筋膜／筋骨，確保能量的經絡通道暢通，才能正常調控血循環
- 頭部經絡的疏通非常重要，而傳統治療方式無法達到深層經絡的疏通。多功能振動肌力機以高頻抖動方式解決了深層經絡／筋骨不通題。

4、「蹬腿（Leg Press）振動肌力機」：

訓練下肢肌力，預防銀髮族「肌少症」，改善膝關節退化問題，促進身體恢復年輕「體態」及「體能」。

前面有提到黃帝內經「素問靈蘭密典：三焦者，決瀆之官，水道出焉」是水分調控重要的流道，是在組織間液／淋巴中的水分，身體「水腫」跟此有關連，三焦是臟腑的「外府與外衛」，就是所謂的「衛氣：循皮膚之中，分肉之間，熏於盲膜，散於胸腔」在組織間液中的絡脈系統運行，負起保護器官的責任。

除了華陀所言三焦者統領五臟六腑之外，三焦還負起全身水分調控及防 衛功能，則三焦範圍可能還要更大。

從三焦範圍身體外圍的能量場到全身皮膚／末梢微血管，及包覆器官外圍的組織液體。請參閱圖二十。

包括：

- 能量場：以太體／情緒體
- 身體末梢循環：奇經八脈／絡脈系統及底下皮膚／微循環：
- 皮膚：汗腺調控／毛細孔適應冷熱風寒所做的快速反應。
- 體內各器官綿密網狀／無處不在的微細小血管循環／細胞間隙組織液，包括腦部／肌肉／眼睛／耳朵／各臟器／四肢末端

廣義的三焦特徵

1、振動頻率高且振幅小：這符合本書立論基礎及實驗論證，全身表層走高頻，高頻促進末梢循環及細胞組織間液體的流動，如黃帝內經「濁氣」。

2、性質屬於脈外：三焦屬於高頻及體表，橈動脈把不到，且包含身體皮膚及器

官間組織液體的循環及能量場，如衛氣是行於「脈外」。

3、範圍廣：涵蓋肉體至無形能量場：能量光場才是維護身體健康最重要的地方，缺少能量此生身心靈無法圓滿。

　　因為三焦具有「高頻／脈外／無形」的特徵，中醫也很難去處理，諧振運動頻率涵蓋了三焦，以伺服馬達的強大動能再結合磁能才能勝任／協助中醫，且將中醫提升到上醫的位階。

諧振運動總整理～是涵蓋／組建人類的大架構

- 人類架構包含無形光體與身體，身體循環再以小動脈區隔分成上醫管轄的末稍循環（脈外）及中醫管轄的動脈循環（脈內）。
- 廣義三焦涵蓋了身體的末稍循環及光場的以太體及情緒體。
- 諧振運動的動態磁能床增進三焦能量及末稍循環，立體諧振床處裡身體脈內五臟運動及六腑振動，協助身體脈內及脈外包括頭部的循環。
- 經絡／光體頻率變化以心跳為基準，從脈內（1.2Hz-10Hz），到脈外（10Hz-200Hz）皮膚，銜接以太體 200Hz 到因果體的 2000Hz，毫無間斷循序升高。請參閱圖二十一。

從陰／陽論點再看人類光場與身體相對關係

　　東方陰陽理論，凡物「有陰就有陽，陰陽相隨，不可獨存，且陰中有陽／陽中有陰」，光場是塑造及維持身體運作的無形能量系統為陰，包覆全身的三焦有形肉體為陽，陽中身體又分五臟為陰／五腑屬陽，陰陽相互對應，而光場就是三焦無形的器官：

光場：大陰　五臟：陰木（肝）生火（心臟）生土（脾）生金（肺臟）生水（腎臟）
三焦：大陽　五腑：陽木（膽）生火（小腸）生土（胃）生金（大腸）生水（膀胱）
華佗所稱的三焦就是上／中／下包覆全部的身體：屬於陽（人類身體整體的陽）
光場無形能量體就是與身體整體（三焦）相對應：屬於陰（人類光場整體的陰）

　　光場是人類整體大陰，將能量輸入身體的大陽（三焦），也就是李時珍稱奇經八脈，為氣之江湖，由表層再深入裡面，供應五臟／五腑／細胞能量，滿足「氣統血」的運作。

　　本書三焦新解涵蓋無形光場（大陰）及有形肉體全身末稍循環（大陽），身

體又再細分：表（末稍循環／衛氣）為陽，裡（動脈循環／營氣）為陰，前面為陰／背部為陽。

有形器官／血管／血液／營養物質屬陽，無形經脈／絡脈／奇經八脈系統能量屬／陰。再仔細推敲華佗所謂「三焦」，有其名而「無形」者也，亦號曰孤獨之腑⋯，應該意指「能量光場」會更為貼切，因為「以太體」確實是身體自主神經的操控者。

華佗也許很難形容「無形的能量光場」，只好將光場稱為「三焦」，華佗所稱三焦如以廣義的看待，其實涵蓋了：

‧ 無形光場能量系統的大陰，或者再加入包覆全身有形肉體的大陽，成為一體。

‧ 光場就是我們全身肉體的無形器官，不僅僅只是六腑之一～三焦的無形器官！

由陰陽觀點看待人類架構更清晰了，也說明現代中醫與西醫確實整整缺了一大半，陰掌能量與身體操控，陽依靠能量的供應以維持身體的基本運作，陰陽不調和，身體會好嗎？請參閱圖二十二、二十三。

中醫幾千年來尋尋覓覓的答案，竟然藏在隔壁鄰居（光場）圍籬邊，其實只要願意探頭就看得到！上醫早就站在圍籬邊想跟中醫打招呼，可惜就是沒有人抬頭跨出這一步，學問學問，要學也要敢問！！能對現況提出問題，表示能觀察到細微差異，再小心求證，就可以得到新的發現，2500 年前黃帝內經早就有暗示了。

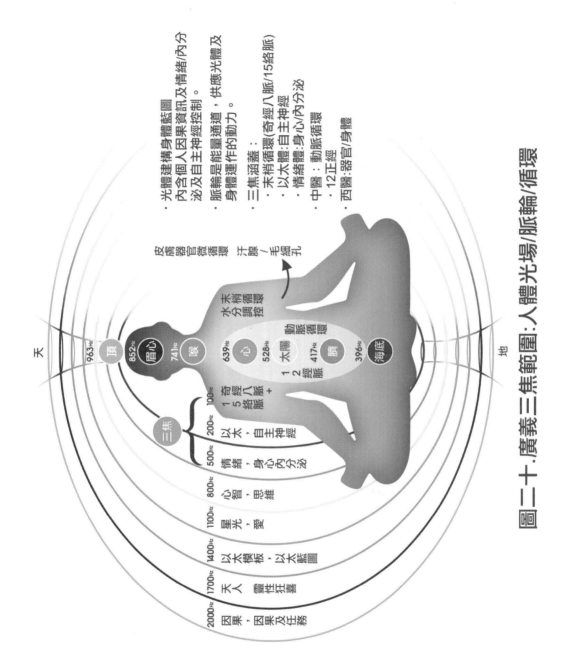

圖二十.廣義三焦範圍:人體光場/脈輪/循環

- 光體建構身體藍圖
  內含個人因果資訊及情緒/內分泌及自主神經控制。
- 脈輪是能量通道，供應光體及身體運作的動力。
- 三焦涵蓋：
  - 末梢循環(奇經八脈/15絡脈)
  - 以太體:自主神經
  - 情緒體:身心/內分泌
  - 中醫：動脈循環
  - ．12正經
  - 西醫:器官/身體

皮膚
器官
微循環
汗腺/毛細孔

末梢循環

水分調控環

動脈循環

1奇經八脈
2絡脈

1奇經八脈
+5絡脈

以太‧自主神經

情緒‧身心內分泌

心智‧思維

星光‧愛

以太模板‧以太藍圖

天人‧靈性狂喜

因果‧因果及任務

963Hz 頂
852Hz 眉心
741Hz 喉
639Hz 心
528Hz 太陽
417Hz 臍
396Hz 海底

100Hz
200Hz
500Hz
800Hz
1100Hz
1400Hz
1700Hz
2000Hz

三焦

天

地

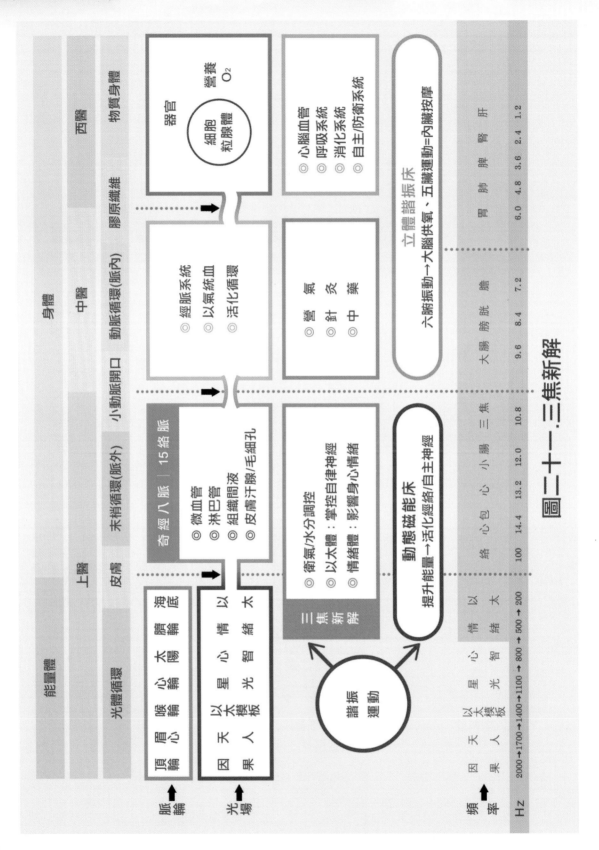

圖二十一 三焦新解

陽(＋)：五腑、三焦
陰(－)：五臟、光場
五 行：木火土金水

心 （－）（＋）小腸 生
脾 （－）（＋）胃 生
火 土
尅 金
木 水
肺 （－）（＋）大腸
肝 （－）（＋）膽 生
腎 （－）（＋）膀胱 生

光場 （－）（＋）三焦

情緒體 末梢循環 外腑
光 場 焦 三
三八脈絡 氣體
大六塊

有形肉體(大陽)
無形光體(大陰)

圖二十二.人體光場/身體/五臟/六腑/陰陽關係

183

圖二十三.人類光場與三焦/陰陽關係

經絡諧振與脈輪能量關聯

在實際體驗中,有些較敏感體質,很快就可以感受到血循環,或者我們可以稱為「氣循環」。

使用「動態磁能床」,以固定一個高於 10Hz 頻率定頻使用,有些會感受到督脈能量由背部下方往頭上走,通過百匯穴再由前面任脈往下走,其餘大多數人只會感覺到背部溫熱,如果經絡不通的點會局部發燙。

使用立體諧振的時候頻率會變化,頻率的不同,身體感受到的位置也不同,有些有打坐習慣的人,他們體驗感受到的就是「脈輪」啟動了,從一些資料獲知脈輪系統頻率如下:

脈輪系統頻率

脈輪	海底輪	臍輪	太陽神經叢	心輪	喉輪	眉心輪	頂輪
頻率	(396Hz)	(417Hz)	(528Hz)	(639Hz)	(741Hz)	(852Hz)	(963Hz)

實際測試較敏感體質者使用立體諧振,床振動頻率相對應脈輪關係

振動頻率	(2.4Hz)	(3.0Hz)	(3.6Hz)	(4.8Hz)	(5.4Hz)	(6.0Hz)	(7.2Hz)
脈輪	海底輪	臍輪	太陽神經叢	心輪	喉輪	眉心輪	頂輪

現在問題是按照研究資料,脈輪頻率比經絡共振頻率高,經絡共振頻率居於具有實際物質,其 12 經絡頻率較低,由 1.2Hz-14.4Hz,脈輪頻率因不具備實體物質,其振動頻率則由 396Hz-963Hz,二者頻率相差 133 倍,為何經絡共振頻率可以啟動脈輪?

脈輪頻率已經屬於音頻範圍了,我花了約 2 年時間,針對打開「間腦」也就是「松果體」製作了特殊音樂,很容易就可以啟動 6 歲至 12 歲小朋友「松果體」,間腦經過開發之後矇著眼睛可以「手指識字」,能力強的不用透過手或額頭接觸,就可以直接唸出,給敏感體質的大人聽,也可以幫他們打開第三眼,打坐者聽到此音樂,很快就打通脈輪,甚至直接出體,但低頻的經絡共振床為何也有此效果?

分析其原因,當以 3D 諧振床以傾斜模式用 6.0Hz 振動的時候,大腦前額葉供血量增加了,眉心輪就打開了,要打開脈輪需要能量,許多修行者修行多年一直無法打開頭上面的脈輪,主要原因是身體往頭上的能量不足,或因外傷如頸椎

受傷造成能量／血液通道受阻，諧振運動結合經絡共振及血管振動理論，王唯工教授的上焦血管是以「膽經」振動頻率振動，我們實驗也證實此理論，而且我們還發現其實當達到 6Hz 胃經的頻率，血液已經到達大腦前額葉了，7.2Hz 血液到達頂輪，身體七個脈輪同時啟動，且氣可以往上衝出頂輪，往下由腳底的湧泉穴離開，實際的振動頻率會因每個人心率的不同會有稍許的變化，脈輪位置的移動也是隨著頻率增加而逐漸位移。

經絡振動提供了能量，幫助修行者打開脈輪加速修持，但對於脈輪未開通的人而言，頂多提升身體能量而已，這樣的解釋可以從我幫小朋友進行間腦開發所遇到的現象來說明。

我訓練小朋友進行「間腦開發」方法，是趁著小朋友在睡覺時候，讓「潛意識」聆聽「間腦開發」音樂約 6-8 小時，隔天早上進行第一階段蒙眼分辨色卡，約 9 成小朋友都可以分辨色卡，但曾發生身體較弱的小朋友隔天再進行，蒙眼分辨色卡的能力消失了。

以為可能沒有完全打開，所以準備進行第二次聆聽「間腦開發」音樂，剛好來我公司，幾個小朋友興奮地在「振動跑步機」上振動玩樂，結果發現原來消失的蒙眼分辨色卡的能力竟然都恢復了，所以我判定「間腦開發」音樂確實已經幫助小朋友打開了「潛能」，但使用此「潛能」需要消耗不少能量，活力強的小朋友能量應該是比較充足，所以沒有這個問題，體能較差的能量也不足，必須鍛鍊體能，提升能量，才能維持或持續精進到「手指識字」能力。

這也說明許多修行者在「動態磁能床」很快就可以感受到「氣」走任／督循環，沒有能量「氣」就跑不動，這也間接證實身體是以「經絡共振」方式運行的，能量可以更具體化的以 12 經絡各自頻率來分別補充了，未來只須經由量測經絡能量的儀器分析，哪個經絡缺少能量，我們就以該經絡的振動頻率協助提升該經絡能量，就可以提升身體健康品質了。

靈修過程有所謂「藉假修真」這句話，身體只是個提昇靈性的載具，到底我們如何以身體這個載具來修真呢？什麼才是真的？第一道關卡是先修身，修身就是照顧好身體，提升身體「能量」，有了能量才有機會打開脈輪，所謂「一目了然」，第三眼就是這「一目」，打開了往上的眼界，看清宇宙運作的道理，了然於心，行住坐臥生活無罣無礙，就是修行，沒有能量修行這條路難走。

我所製作的「間腦開發」音樂，是以上述脈輪頻率為基礎。運用「雙耳波差」技巧，同時加入「六字大明咒／超高速播放／左右差頻／快速交叉變異／多聲道合成技術」，除了提供小朋友打開「間腦」特異能力之外，也曾提供給修行者聆聽，反應都說此音樂「能量」很強。

我們也嘗試不用耳機，直接以大型音箱，低音頻寬較高的擴音系統，於打坐同時撥放間腦音樂，修行者感受都很明顯，音頻震波確實可以影響經絡脈輪，尤其是運用「雙耳波差」產生 7Hz 超低頻音樂其震波打到胸部，整個胸部產生共振效果很強烈，而王唯工博士使用一面大鼓「咚」的一聲，其頻率激發身體氣感有類似效果。

黃帝內經有提到音樂可以打通經絡，藏傳佛教六字大明咒也是利用發音的不同頻率協助五臟脈輪，根據相關研究，音樂頻率所對應五臟如下：

五臟	脾	肺	肝	胰 (三焦)	心	腎
發音	Do	Re	Mi	Fa	So	La
六字明咒	唵	嗡	嘛	呢	咩	吽
道家六字氣訣	呼	嘶	噓嘻	可	吹	

不管哪個宗派，就是利用發音頻率的差異讓五臟產生共振效果，協助打通經絡與脈輪，此需要個人長期修行努力才能獲得。

我所製作的「間腦開發」音樂，是以脈輪頻率為基礎，加入「雙耳波差」技巧，也摻入「六字大明咒」，及超高速播放及左右差頻變異多聲道合成複合技術組成，對於開啟脈輪效果當然快速。

而諧振運動是以科學伺服馬達振動技術結合經絡共振理論所開發的產品，伺服馬達輸出功率夠強頻率又正確，對於提升身體能量及打通經絡／脈輪效果遠遠超乎傳統做法，任何人只要放輕鬆躺在「諧振運動」器材上就可以源源不絕接收能量。

諧振運動與腦波～腦脊髓液／松果體作用機制探討

　　初次體驗「動態磁能床」的人，使用頻率約 10-13Hz，使用時間約 20 分鐘，當使用結束停下來的時候，會感覺全身周圍被一股很強的能量包圍著，且呈波浪狀從頭到腳一波一波的能量波流竄全身，持續至少 20 秒以上才慢慢消退下來，身體感覺輕飄飄地好像沒有了重量漂浮在空中，許多人就在這種狀態下入睡了…

　　也有使用者將「立體諧振」買回家裡當睡床，使用的時候就睡著了，有時候是整個晚上以 6Hz 頻率「邊振動邊睡覺」，或是以 3.6Hz『「邊運動邊睡覺」，或是以 2.4Hz』「邊搖動邊睡覺」，早上醒來「精神反而更好了」。

　　幾年前與中國醫藥大學李信達教授合作申請國科會案子「水平振動與睡眠關係」，於中國醫藥睡眠中心臨床研究，其結果是將近有 80％的睡眠障礙的病患在水平振動床以 16Hz ／ 40％低強度振動，使用 10-30 分鐘期間「一邊振動就睡著了」。

　　許多人有此經驗就是：「在行進中的車上很容易睡著」。

　　搖籃的設計就是以非常低頻慢速的搖晃下，幫助入睡。

　　許多睡不著的患者會以「數綿羊」方式讓精神放鬆幫助入睡。

　　到底這有何機制促進了睡眠？諧振運動跟腦波有何關聯？

腦波的分類：

　　「腦波」是指人腦內的神經細胞活動所產生的電氣性擺動，因這種擺動呈現在儀器上，看起來像波動一樣，故稱為腦波，或許是由腦細胞產生的生物能源時的節奏。腦波醫學研究非常完整，將腦波分五大類：

1、Beta 波（14~30Hz 顯意識）：生病波／左腦／緊張（交感神經活躍）

　　· 低免疫力／易生病

　　· 20.5-28Hz：激動／焦慮

　　· 16.5-20Hz：思考／處理或接收訊息（聽到或想到）

　　· 12.5-16Hz：放鬆但精神集中

2、Alpha （8~14Hz 橋梁波）：健康波右腦／放鬆（副交感神經活躍）

· 高免疫力／腦內嗎啡／禪定

· 12-14Hz：（Sigma 波）最容易進行「睡眠」學習的頻率／深沉睡眠。

· 9-12Hz：靈感／直覺或點子發揮狀態，身心輕鬆而注意力集中。

· 8-9Hz：臨睡前大腦茫茫，意識逐漸模糊。

3、Theta （4~8Hz 潛意識）：修護波／極度放鬆／修護力強

· 佛陀腦波（7.5Hz）：入定：宇宙意識

· 自癒能力（7.8Hz）

· 深睡作夢／深度冥想，創造力與靈感的來源。

4、Delta （4Hz 以下無意識）：休息波：深度睡眠／非快速動眼睡眠第三期

· 靈魂／元神出竅／直覺性／第六感

5、Gamma （30Hz 以上 超意識）：內觀波：（自律神經活化／平衡）專注力，
創造力，覺知力，狂喜／極樂／幸福感，減輕壓力，創造能量。

關於諧振運動與腦波一些相關研究資料

· 松果體接收地球磁場作用時身體就會進入自我治癒的狀態，此時腦波會呈現 7.8Hz（舒曼波），但據聞「舒曼波」頻率已經隨著地球能量提升 25% 而上升到 10Hz 了！現在感覺時間過得飛快，可能跟此現象有關連。

· 我製作的「間腦開發」音樂中有應用「雙耳波差」技術，其特徵就是 7Hz。

· 3-7Hz 聲光激發進入放鬆／催眠／增強學習／記憶／創造力

經絡共振理論經絡頻率為 1.2Hz---14.4Hz，跟腦波比較其頻率雷同，王博士有談及沒有鍛鍊肌肉鬆散的人，心跳頻率會偏高，像我就偏高，如果以心跳 90 ／分鐘，則經絡最高頻 18Hz，激昂談話的時候會達 20Hz，跟腦波一致性非常高。

「諧振運動」是一種「被動式運動」，使用者躺著休息的時候「物理身體」是在運動，加速循環協助身體的修護，但「心理／精神／大腦」仍然處在放鬆狀態，不管頻率的快慢，大概有一個共通點就是保持一「固定諧振頻率」，人在這種單一／單調的頻率下，腦波可能會被外界的頻率同步了，腦中的混亂的思慮就被此種單調的重複頻率影響慢慢降低，許多人就在振動中或停下來之後就入睡了。

使用何種頻率及振幅，最容易促進睡眠呢？

　　三焦經（10.8Hz）就落在 Alpha 屬性：健康波／右腦／放鬆／高免疫力／腦內嗎啡／自癒能力，我強調提升三焦經能量，活化自律神經及內分泌，自律神經剛好對應了免疫力及自癒力，內分泌對應了腦內嗎啡，10.8Hz（三焦經頻率）剛好又在 9-12Hz 頻率之間屬於：靈感／直覺或點子發揮狀態，身心輕鬆而注意力集中。諧振運動振動頻率竟然與腦波不謀而合！

　　動態磁能 12-14Hz：（Sigma 波）則是最容易進行「睡眠學習」的頻率。

　　動態磁能「心律諧振」的起始頻率是從膽經（7.2Hz）開始至 14.4 心包經，其中膽經（7.2Hz）跟禪定（7.8hz）很接近，而膽經是往頭上血管振動頻率，此時會加強往頭上的血液流量，滋潤松果體及頂輪，藉著充足的「血液」打開宇宙意識是比較快速且容易的。

　　立體諧振 1.2Hz-6Hz 頻率涵蓋 Theta 修護波及 Delta 休息波，根據實驗結果當立體諧振呈現 30 度傾斜，頻率 6Hz 時，大腦前額葉血流量大為增加，晚上睡覺以 3.0Hz-3.6Hz 進入 Theta 休息波，立體諧振「心率諧振」的起始頻率是腎經（2.4Hz），採用此頻率「搖動模式」讓身體進入深度睡眠狀態。

　　　「腦波」是以人的臨床反應研究來歸納區分「腦波」的種類及頻率。
　　　「諧振運動」是以經絡共振理論所研發的器材，再從人的臨床反應看效果。
　　　兩相比對效果竟然「殊途同歸」，可以更加確認「諧振運動」理論的正確性！！

後續我打算以「諧振運動設備」研究以下幾個主題：

1、睡眠引導：研究如何改變諧振頻率的動態變化，以快速引導人們進入夢鄉，將腦波從高頻 Beta 波慢慢往下帶領到 4Hz 以下 Delta 波…。

2、「潛意識」學習：睡覺中給予舒曼波（7.8Hz）頻率或以「心律諧振」尋找更精確 頻率，如 12-14Hz（Sigma 波）以增進學習效率／記憶力。

3、「松果體開發」：結合「間腦開發脈輪音樂」與「諧振運動」同步技術以快速增進「身心靈」的修行道路。我將測試「動態磁能床」及「立體諧振床」

在各種不同經絡頻率，及同時在「間腦開發脈輪音樂」雙重作用之下對於「松果體開發」的效能差異。

4、諧振運動促進「腦脊髓液」膠細胞淋巴系統循環，活化「脈輪生 Gamma 波」

腦脊髓液流通於脊椎薦骨經脊柱到大腦，大腦與脊髓都浸泡在這種液體之中，保護著大腦及脊髓／中樞神經系統免受傷害，腦脊髓液正常情況從大腦往下循環至脊椎薦骨，再回頭至大腦平均費時 12 小時，傳統的認知目的是「排除腦廢棄物」，維持大腦正常運作。

除了傳統所認知的排除腦廢棄物功能之外，腦脊髓液的流動還有更重要的目的，以下是參考「喬─迪斯本札（Joe Dispenza）開啟你的驚人天賦」這本書內容所做的摘錄：

腦脊髓液它是「脈輪能量」流動的介質，腦脊髓液是從大腦血液過濾而來，為「蛋白質與鹽」組成的「帶電分子」溶液，大多數的人只注重物質世界，能量都集中在心輪以下三個脈輪，也因為面對壓力，腦波都處於生病的 Beta 波，身體大量消耗能量，自律神經失調，要恢復身心健康平衡，必須活化脈輪，尤其是引導能量往心輪以上到頂輪，「松果體」的活化也需要借助腦脊髓液所產生的「速度及壓力」波動。

腦脊髓液加快往上流到脊椎／腦部，將會建立一個圍繞著脊柱旋轉的「電感應場」，電感應場會將下半身三個能量中心（脈輪）的能量吸回到大腦，一旦有電流從脊椎底部往上流至大腦，身體就會像一塊大磁鐵，全身上下及中樞神經系統都有電流在運行，將產生一個像蘋果樣子的「立體三維電磁撓場（torsion field）」圍繞在身體周圍，電流流經脊椎過程中，部分能量會移轉至影響身體組織及器官的末梢神經，這股沿著神經管道流動的能量，會進而啟動身體的「經絡系統」，請參閱圖二十四。

一旦能量被活化，將提升「自律神經總活性」，且交感神經與副交感神經趨於「平衡」，來自下半身三個能量中心的能量抵達腦幹，經由一個網狀活化系統（reticularactivating system）將能量送達「丘腦」（thalamus）及松果體，然後傳到「新皮質」，產生「Gamma 波」，Gamma 波被稱為「超意識」腦波，引發高度覺知專注力，創造力，超自然神秘經驗如狂喜等感受，它屬於內觀腦波，會

讓你感覺內在世界所發生的一切，比外在世界的諸多經驗更真實。「松果體」位於腦室系統（ventricular system）上視丘左右丘腦中間，向後凸出而浸泡於「腦脊椎液體」中，松果體血液除了由椎動脈供給之外，根據解剖得知，還有一組大腦頸內動脈血管由上方穿過腦脊椎液而連結到松果體，其表面具有「纖毛」可以感受腦脊椎液體流動速度，且內部具有「壓電晶體」效應，當腦脊椎液以比平常更快的速度流經腦室系統的腔室時，會撥動這些「纖毛」，以及在封閉系統中增加脊椎腔「壓力」所產生的「壓電反應」，刺激了松果體釋放出更深層的「退黑激素代謝物質」進入大腦之中：

- 苯二氮平（benzodiazepine）抑制了「杏仁核」產生恐懼／憤怒／激動／敵意／悲傷或痛苦等負面情緒的化合物，使「心情平靜」。

- 松香烴（pinolines）是非常強大的抗氧化劑，會攻擊傷害細胞以及導致老化的「自由基」，具有抗癌／抗老化／抗心臟疾病／抗中風／抗神經退化／抗發炎／抗菌多種作用。

- 磷光分子放大神經系統能量，還能強化心智所感知的影像，可以看到包括人在內的一切物質所散發出的「光場」。

- 二甲基色胺（dimethyltryptamine DMT），最強大的致幻劑，可以產生靈性幻相及深奧的洞見（與亞馬遜土著使用的死藤水如出一轍）。

松果體被活化之後，圍繞在身體的撓場會新增一個「反向撓場」開始從外界統一能量場「吸取能量」，能量將從頭頂進入身體，由於所有頻率都攜帶著信息，經由松果體將收到「超越可見光及超越感官」的信息，這也是修行者可以不吃東西藉著從統一能量場吸取能量維持生命及高維意識的道理，請參閱圖二十五。

此二個因電子上下移動所產生的不同旋轉方向的電感場就是不同「宗教」所稱的「靈蛇」，宗教所稱呼的「中脈」或「普拉納管」，就是能量在脊柱內部藉著「帶電分子的腦脊髓液上下運行，所形成的一條輸送「光」的管道。

傳統啟動脈輪的方式是以打坐／冥想來達到放鬆，再配合不同的呼吸及肌肉縮收將腦脊椎液加壓由下往上打入腦部刺激／活化松果體。

「喬—迪斯本札（Joe Dispenza）」開啟你的驚人天賦這本書內容也有提到以「正面情緒」如愛／感恩／喜悅等情緒的冥想，會令心臟產生「諧振」狀態，心

臟的跳動（心率）會很有規律的以大約 0.1Hz（十秒一個週期）變化，變化幅度從每分鐘 60 下至 90 下，心臟在「諧振」狀態所產生的電磁場比大腦所產生的磁場還要強上五千倍，心臟在此「諧振」狀態之下會帶動大腦進入「Alpha 波（8-14Hz）」，產生所謂「心腦諧振」狀態。

為了要恢復身體健康，背部太陽輪必須設法打開，背部太陽輪是療育中心，以「正面情緒」加上「清晰的意圖（影像化）」，在經驗確實發生之前想像已經體驗到欲達成的狀況，愈逼真愈好，同時先去感受那樣的情緒，如高興／感恩／歡喜（心智預演），可以創造「全新未來」，實現所謂「心想事成」的創造力，包括治療受創傷的身體重大疾病，恢復身體的健康，心臟在「諧振」狀態下，藉由改變自己的內在狀態，明顯的改變「八種基因」的表達：

- 神經新生：為了回應新的經驗與學習而新生的神經元。
- 防止細胞老化。
- 調節細胞修護，包括移動幹細胞至身體各部位來修護受損老化組織。
- 建立細胞結構，尤其是賦予細胞形狀分子構造的細胞骨架。
- 消除自由基，減少氧化壓力。
- 幫助身體辨識並消滅癌細胞。

我相信一定要先恢復「自信心」，而自信心就是「正面情緒」，再加上「冥想／呼吸法」，是活化脈輪及松果體必備條件，提升及接收更多的「能量」之後，身體才有機會啟動「自我療癒」，尤其是背部眉心輪必須設法打開，背部眉心輪是落實想法能力的脈輪。

但從這本書所提到的幾個案例知道從「先了解道理後開始練習冥想／呼吸法，再到『心想事成』描繪未來清晰影像」，最後達到恢復健康，所花費時間超過「一年」以上且每天需花費許多時間有恆心的練習。

分析其原因就是因為生病的身體極度缺少「能量」，就算有正面情緒也啟動不了身體自我修護及創建未來的機制，不管是「靈性意念」或是「身體修護」，都必須透過能量啟動「自律神經」才能進行修護及創造，「提升身體能量才是首要之務」，然而要提升能量談何容易！尤其是針對已經病懨懨的人很難要他自行鍛鍊提升能量的，吃營養品也因循環太差吸收不容易。

沒有人想要生病，人之所以會生病大多是因為「負面情緒」消耗太多能量，

造成自律神經失調無法「自我修護」身體所致，如果能夠適時補充能量，就算身處「負面情緒」之中，也因為「自我修護」還能維持，而不至於生病，只要逐漸走出負面情緒恢復「正面情緒」，身體就會持續維持健康狀態。

而本書「諧振運動」會員實際使用，幾乎不用到「三個月」時間，許多症狀都改善了，有些根本不用花一個月的時間就看得到身體狀況快速的改變，也因發覺有改善，讓會員更具「信心」來使用，我們找到另外一條可以藉著「科技自動化設備」，再加上運用「經絡共振」理論，很「精準」的快速提升掌管「自律神經」的「三焦／能量場能量」，同時又協助「五臟運動＋六腑振動」活化／恢復身體各系\統的運作，自我「上醫」獲得再度掌控「自律神經」控制身體的能力，恢復身體「自我療癒」功能，對於已經生病的人只要放鬆躺在「諧振運動」設備上，完全不需自己「費時的鍛鍊／冥想」，真的是太輕鬆／方便實施了。

「諧振運動」是根據「經絡共振」理論而來

「心臟、血管、器官、經脈在氣的統合下組成循環共振腔系統」

王唯工博士所量測的資料，都不在「喬－迪斯本札（Joe Dispenza）「開啟你的驚人天賦」這本書內容所說「心臟諧振」狀態下所量測的，「心臟諧振」是當人處在專注「冥想」之下所誘發的「覺醒揚升」狀態。

約有 5-10%的使用者在正常使用我們所開發的「諧振運動」設備，在「提高大腦前額葉血流量」操作條件下，仍然可以感受到「第三眼」處產生各種彩色的「內光」，如果同時聽我開發的「間腦開發音樂」內光強度更強，供應松果體血液之一的頸內動脈供血也同樣獲得足夠的「血液」供給，松果體因而獲得更多的血液而開始活化了，內光就開始出現，請參閱圖十四。

根據實際臨床觀察，使用立體諧振床於六腑振動模式時，因床身傾斜產生垂直於床身的分力，此分力產生拍背拍痰效果，連帶使得頭部產生輕微前後抖動效果，此效果有刺激「頸動脈竇」反射性的調解血壓增加往大腦血液流量，除了前額葉血流增加之外，亦連帶增加松果體血液。

另一個活化松果體的條件應該是諧振運動在傾斜所產生的另一個平行床身的分向力量就是脊椎上下振動，也促使「腦脊椎液體上下的流動速度增加」，加上

頭部產生輕微前後抖動對於腦脊椎液誘發類似水波「振動／擾流」效果，此雙重作用讓表面具有纖毛有壓電效應的「松果體」感受腦脊椎液體壓力及流動／擾動而活化了，未來將強化在使用「諧振運動」設備同時給予「冥想／呼吸」的鍛鍊，相信會提高腦脊椎液「增速／增壓效果」，活化松果體的比率應該會提升。

「間腦開發音樂」以「雙耳波差理論」之所以可以激發松果體，其道理應該就是腦脊椎液受到音波的震動產生一種「擾動」效果刺激了松果體表面的「纖毛」，而「7Hz」雙耳波差的音波可能在「松果體」位置產生「駐波增壓」效果，加壓具有壓電效應的松果體所致，請參閱圖二十六。

本書所提到「心率諧振」一詞是在描述諧振運動設備的振動頻率是隨時追隨當下的「心率」做及時變化，與「喬－迪斯本札（Joe Dispenza）「開啟你的驚人天賦「這本書內容所說「心臟諧振」不同，希望讀者注意其間的差異。

本書「諧振運動」設備最重要的目的在於：

- 以科技自動化設備快速提升人類身體「健康」，取代費時／費力／低效率的傳統自我訓練，只要輕輕鬆鬆地躺在「諧振運動」器材床上面，連在睡覺之中都可以改善「睡眠障礙及呼吸中止症」問題，尤其是針對已經「無法運動」的人們提供一條「舒適／快捷／便利」的健康捷徑。
- 諧振運動器材首要目的係「快速恢復身體的健康」，尚不涉及「脈輪及松果體」的開啟。
- 未來我將繼續研究如何在使用「諧振運動」設備的時候，加入「間腦開發音樂」及研究一些「冥想心法／呼吸工法」以強化「腦脊椎液體的流動」，同時提升「身心靈」的全面健康。

腦波是人類腦神經細胞在「思維／心靈」不同狀態所呈現的結果，如「煩惱／憂慮」的時候腦波產生 20Hz 以上，腦波長期處於高頻狀態會加速消耗身體能量，此時就影響了「自律神經」，造成交感神經活躍，免疫力降低／容易生病。

而以經絡共振理論所開發的「諧振運動」，以體外共振方式重新補充能量，活化三焦經平衡自律神經，另一種說法就是「諧振運動」14.4Hz 以下振動，會強制將 20Hz 以上的腦波拉了下來，心情恢復平靜，身體得以進入「健康波」領域。

諧振運動除了幫助了「身體」恢復健康／心情愉快之外，因能量的增加而協助人們往形而上的「心靈」修行道路提供了一條便捷的「能量高速公路」，能量充足任督循環及脈輪才打得開。

　　低頻的諧振運動除了幫助睡眠之外，還可以在人休息／睡覺之中強化了「修　護」身體的能力，平常人們睡覺的時候循環力道也降低了，可能需要更多的時間才能修護身體，有了諧振運動的幫助，可以加快修護能力／縮短修護時間。

　　諧振運動結合「經絡共振」及「被動式運動」協助人們恢復健康，顛覆許多健康及運動觀念，相信會是 21 世紀重要的發現，會逐漸成為全民健康的「顯學」。

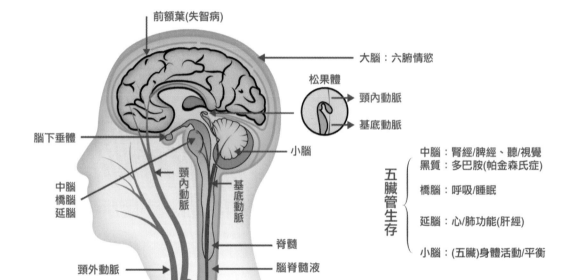

圖十四.腦部供血，血管分配與五臟/六腑關聯

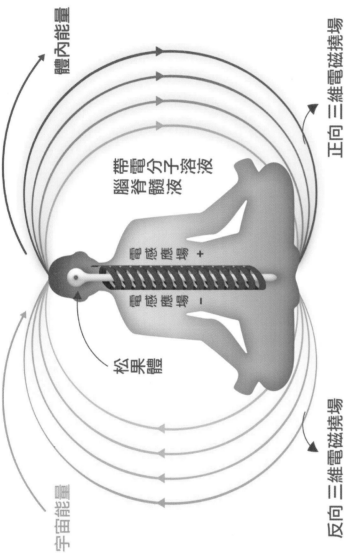

體內能量

正向 三維電磁撓場

宇宙能量

反向 三維電磁撓場

腦脊髓液 帶電分子溶液

電感應場 +

電感應場 −

松果體

圖二十四. 腦脊髓液活化所產生的撓場

1. 腦脊髓液是脈輪能量流動介質，是蛋白質與鹽組成的帶電分子溶液。

2. 腦脊髓液往上流動會建立一個圍繞著脊柱旋轉的電感應場，一旦有電流從脊柱府往上流至大腦會產生
   -立體三維電磁撓場。

3. 松果體流動且加壓腦脊髓液激活，將新增反向撓場開始從外界吸取能量，且分泌退黑激素代謝物質，
   啟動靈性反應。

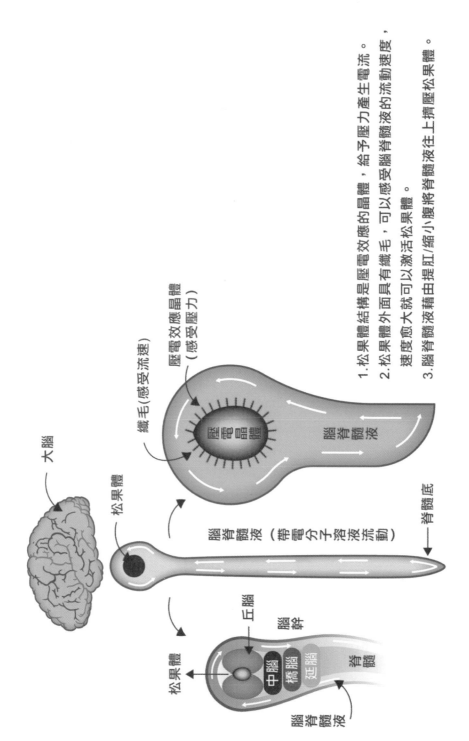

圖二十五.松果體/腦脊髓液加速/加壓活化松果體

1.松果體結構是壓電效應的晶體，給予壓力產生電流。

2.松果體外面具有纖毛，可以感受腦脊髓液的流動速度，速度愈大就可以激活松果體。

3.腦脊髓液藉由提肛/縮小腹將脊髓液往上擠壓松果體。

大腦

松果體

壓電效應晶體（感受壓力）

纖毛（感受流速）

壓電晶體

腦脊髓液

脊髓底

腦脊髓液（帶電分子溶液流動）

丘腦

腦幹

中腦 橋腦 延腦

脊髓

松果體

腦脊髓液

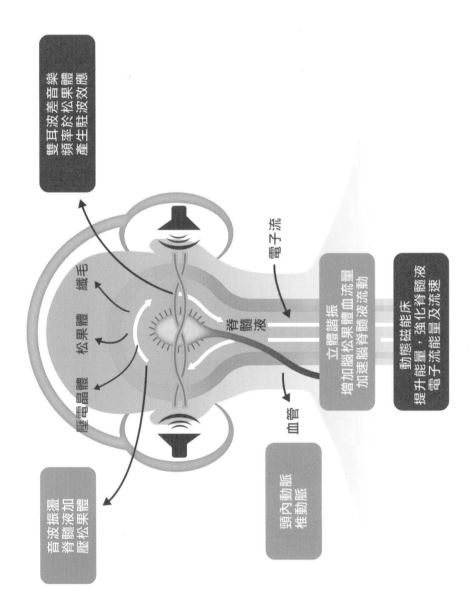

圖二十六.松果體活化機制

雙耳波差音樂
頻率至於松果體
產生駐波效應

纖毛

松果體

壓電晶體

音波振盪
脊髓液增加
壓松果體

頸內動脈
椎動脈

血管

脊髓液

電子流

立體諧振
增加腦松果體血流量
加速腦脊髓液流動

動態磁能床
提升能量，強化脊髓液
電子流能量及流速

神造人的遐想～身／心／靈 架構組成

上一章談腦波現象，看到了「經絡共振頻率」與「腦波」幾乎吻合，但腦波範圍更廣，且牽涉的層次更廣，已經超越了「身體」層次，我心裡面就在想「經絡共振頻率」與「腦波」到底差別在哪裡？二者的相關性又在哪裡？有上與下的關聯性嗎？以下有幾種關於死亡的案例可能與腦波存在著關聯性

幾則關於死亡與腦波存在的關聯性

1、非洲有一種土著，每個人被告知當這個人遇見了一特定「事物」的時候「必死無疑」，結果是當此人真的碰到此「事物」的時候，當場死亡⋯。

2、身體硬朗健健康康，活在快樂之中的人，心血來潮跑去醫院進行「身體檢查」當碰到「醫生」宣告病人只剩下幾個月可以存活，這個人「驚嚇」之下，真的就在醫生宣告的時間就死亡了，證實「情緒」影響身體的健康。

3、醫院還有一種「安慰劑」效果，告訴病人所吃的藥可以治療病情，病人相信了，吃了沒有治療效果俗稱「安慰劑」的東西之後，身體竟然好轉了。但接下來如果告知只是「安慰劑」，病人的病又再復發了。

4、還有人當醫生告知「癌症末期」只剩下幾個月可以活，病人也接受這個事實，但想想既然能活在世上的時間那麼短了，何不趁這段時間「高高興興」的環遊世界，盡情玩樂，結果過了醫生所宣布的時間竟然還活著，回到醫院重新檢查「癌症」竟然「不藥而癒」了。

5、老夫妻年老時候總有一個人先行往生，經常聽到有此案例就是另一半在悲傷之餘，隔天或隨後幾天也相繼離世。

這不禁讓我很好奇身體一定有一種機制可以在瞬間「關閉」身體運作，身體一定存在我們到現在仍無法了解的「操控系統」在影響著我們「物質身體」，而且還超越「經絡系統」的功能，直接「關閉」身體的運作！

我還是一直圍繞在「經絡共振頻率」與「腦波」的關聯性上，內心裏面我相信「靈魂」的存在，為何人過逝叫做「往生」呢？是在稱「靈魂」離開了這個身體重新「轉世投胎」一個新的生命了是嗎？「靈魂」住在身體的是為了什麼目的？

為何要設計左右腦？為何左腦稱為「理性腦」右腦為「感性腦」呢？左右腦

中間為何還設計有二個「丘腦」？二個丘腦中間還設計一個只有「米粒」大小，浸泡於腦脊椎液體中，表面具有纖毛可以感受腦脊椎液體壓力及流動，具有壓電晶體效應的「松果體」呢？到底人具備這樣的結構設計目的為何？

再回到腦波的層次，腦波是腦神經細胞集體運作所產生的波動，腦神經與脊椎神經就是「中樞神經」，周邊神經分成「傳入」的感覺神經元，及「傳出」的運動神經元，運動神經再分成受「意志」控制的體神經如身體運動及呼吸，及不受「意志」控制的「自主／自律神經」。自律神經又分成「交感及副交感」神經及腸繫膜神經，「中樞神經」訊號經過脊椎及膀胱經「俞穴」傳給五臟／六腑／，管控血管的平滑肌／腺體／心肌，調控著血液分配與心臟跳動及器官運作。

從神經系統找到了可以解釋如何瞬間「關閉」身體的機制，我猜測應該就是經由「自律神經」系統強行關閉了「心臟跳動」及身體所有「小動脈到微循環」的入口所致，也是我前面說明經絡系統是在「常態分配」各經絡的血流量，而身體最後把關是否要同意放行的是自律神經的「動態控制」，「自律神經是」不受「意志」控制的，「自律神經」是受「中樞神經」控制，那到底「中樞神經」又是受「誰」的控制？是隱身在身體裡面的「靈魂」所控制的嗎？前面章節所言「精（血）／氣（能量）／神（神識）」，神識就是「靈魂」嗎？何謂「身心靈」呢？

再從王唯工博士確認經絡排列及胚胎發育過程重演全部演化過程，從魚類／二棲類／爬蟲期／哺乳動物期／最後才是「人類」，為何是這樣呢？

人類的演化真的遵行達爾文的「進化論」嗎？物種演化都有化石的佐證，但獨缺人類演化過程的蛛絲馬跡呢？都只有一些片段人種的出現，然後又突然消失，總是找不到具有說服力的證據呢？

還有大猩猩有了肩膀才開始形成大腸經，而三焦經／小腸／心經／心包經應該是到了人類才有的，新增的經絡是為了什麼目的呢？請參閱圖二十七。

神造人的遐想與猜測

以下是我對胚胎發育為何有此演化過程，及為何人才新增了後續經絡的猜測，如果讀者有不同見解可以省列以下這段「神造人」的遐想與猜測：

我們「Human」稱為「新人類」，是因為創造我們的「神」其實是比我們更高等的已經進化較完美的「多種族人種」，我們就將這些進化較完美，在聖經裡稱為「神」的「人種」以「神人」來稱呼。

　　「神人」當初來到了「地球」，看到地球是一顆充滿生命力的美麗星球，環境／氣候適合動植物生活，且生命物種演化到了具備肩膀的「大猩猩」，為了讓高維度純粹是「一元性合一的愛」能量形式的靈性存有，能夠體驗地球生活及嚐試「二元性」經驗，最終還得以進化覺醒揚升回歸「神人」家庭，於是「神人」們各取一個「DNA」植入「大猩猩」這個地球在地演化已經完全適應地球生活的物種，以「大猩猩」為基礎進行基因改造，此景類似「阿凡達」電影的場景，人類就是在地球上體驗生活的阿凡達，如同在潘朵拉星球上生活的納美人，請參閱圖二十八。

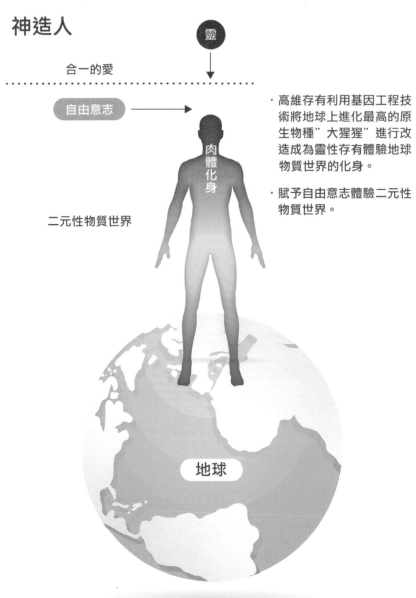

神造人

靈

合一的愛

自由意志 →

肉體化身

二元性物質世界

· 高維存有利用基因工程技術將地球上進化最高的原生物種"大猩猩"進行改造成為靈性存有體驗地球物質世界的化身。

· 賦予自由意志體驗二元性物質世界。

地球

圖二十八.人類是地球上的阿凡達
（潘朵拉星球上的納美人）

胚胎發育過程 → 魚類 → 兩棲 → 爬蟲 → 哺乳 → 人類

經脈成長 → 肝→腎→脾→肺→胃→膽→膀胱 → 大腸 三焦→小腸 心 心包

1.胚胎發育重演進化過程，由魚類、兩棲、爬蟲、哺乳最後才是人類。

2.胚胎先有心臟，後才有大腦，心臟可以自行跳動。

3.大猩猩經只到大腸經，沒有心經的動物，心臟照樣跳動。

4.人類才有三焦、小腸、心、心包經。

圖二十七.胚胎發育及物種經脈之成長

203

要體驗地球生活首先必須先考慮以下問題：

- 何謂體驗「二元性」？什麼是二元性？
- 冷熱風寒刺病痛／酸甜苦辣「地球環境／食物的體驗」
- 悲歡／離合／喜怒／哀樂／愛恨／善惡／恐懼／沮喪／信心…等二相極端對應的內心「情緒感受」體驗，來彰顯「合一的愛」的美好。
- 靈性存有如何與物質身體結合？
- 靈性存有是無形能量體，連結有形身體中間架構如何設計？
- 靈性存有如何操控此物質身體？
- 能量體是透過何種機制／管道來連接／操控身體？
- 靈性存有如何感受「二元性」的物質世界？
- 五官／五感／五味設計及運動功能／為何賦予人類「自由意志」？
- 靈性存有如何創造物質的世界？
- 心想事成／相由心生／憂心重重／心念／信心／愛心…。都有一個「心」，而不是「腦」？一定有其道理的！
- 靈性存有如何覺醒回歸宇宙靈性的大家庭，再次與「神人」相聚？
- 松果體的結構及如何開啟？是神人預留的覺醒回歸伏筆！！

　　為了讓新人類體驗「二元性」，及最終產生進化與覺醒的需要，神人精細設計了由高維度往下到低維度的光場能量體／脈輪及肉體架構：

　　光場能量體：因果體／天人體／以太模板／星光體／心智體／情緒體／以太體／物理身體…層層能量體連結／控制身體各自功能，愈接近身體頻率逐漸降低，能量體承載著高維信息／能量，各有著不同作用。

　　（能量體詳細功能請參考「三焦新解」說明。）

脈輪是能量體輸入身體窗口

　　脈輪～與身體重疊有七個「脈輪」，頭頂上 40 公分處還有一個，脈輪是能量體能量輸入身體的窗口，分別由前後／上下輸入身體。

脈輪從身體底下往上算起說明如下：

1. 海底輪：掌管生殖／排泄　　　表徵：性能力

　　神經叢：腸繫膜下神經叢，腺體：攝護腺（男）／雌激／黃體素

2. 臍輪：掌管消化／吸收　　　　表徵：創造力

　　神經叢：腸繫膜上神經叢，腺體：胰腺／消化酶／酵素

3. 太陽輪：掌管腸胃肝膽腎運作　　表徵：意志力

　　神經叢：太陽神經叢，腺體：腎上腺／肝膽酵素酶

4. 心輪：掌管心／肺　大愛神性源頭　表徵：靈魂所在

　　神經叢：心臟神經叢，腺體：胸腺／免疫力／生長激素

5. 喉輪：掌管咽喉／溝通／表達能力　　表徵：實行力

　　神經叢：甲狀腺神經叢，腺體：甲／副甲狀腺／唾腺

6. 眉心輪：掌管鼻／眼／耳／臉／腦／功能　表徵：高維眼睛

　　神經叢：松果體神經叢，腺體：松果體：血清素／退黑激素

7. 頂輪：掌管所有腺體和諧運作，表徵：天地萬物和諧一致

　　神經叢：腦下垂體神經叢，腺體：腦下垂體

8. 卡輪（Ka）：連結宇宙統一場，表徵：洞察力／覺醒／頓悟

註：本章節脈輪／腺體功能係參考「喬－迪斯本札（Joe Dispenza）」開啟
　　你的驚人天賦「這本書內容，與芭芭拉‧安‧布蘭能（Barbara Ann
　　Brenman）所著」光之手－人體能量場療癒全書脈輪對應腺體有所差異，請
　　讀者自行判斷。

　　脈輪具有「各自功能並透過神經叢掌控腺體的分泌」，脈輪大部分是透過「迷
走神經」相互連結，供駐紮於心輪的靈魂在「心智意圖起心動念」之操控下分泌
腺體／賀爾蒙／化學物質，進而改變身體的「情緒狀態與生理機能」實現各種能
力，如性能力／創造力／意志力／免疫力／實行力／洞察／覺醒力，以體驗人生。
心智控制身體就是藉由這個路徑機制。

能量的傳遞路徑：宇宙 -- 脈輪 -- 任督二脈 --12 經絡 -- 器官 -- 細胞

‧任督二脈：接收脈輪能量的管道，任脈：前面中線 督脈：背部中線

　　　　　　奇經八脈皆屬於三焦經範疇，而以太體最接近身體，管控「自律神
　　　　　　經」應該就是身體「無形的器官」屬於三焦經範疇。

‧12 經絡：能量經由任督二脈傳到 12 經絡，最終到達各「器官」，及利用「二
　　　　　　根膠原纖維」與經絡相連的各個「細胞」裡的「粒線體」。

靈魂駐紮於與心臟重疊的 「心輪」 位置。剛好位於最接近底下三個物質輪處以體驗物質生活，又可以連結上三個神性脈輪，神人們此種設計非常合理。

為了預留靈魂進入覺醒揚升的道路，於眉心輪處設計以下結構：

丘腦中間與「眉心輪」重疊處還設計一只只有米粒大小具有「壓電晶體效應」的「松果體」，它完全浸泡於「腦脊椎液體」中，腦室的結構讓腦脊椎液體扮演一「凸透鏡」功能，可以以較大面積接收信號，並將所接收信號集中到米粒大小的松果體上，松果體表面還有「纖毛」可以感受腦脊椎液體「壓力及流動狀態」，腦脊椎液體流經薦骨／脊柱到大腦， 當帶電子的腦脊椎液體快速往上流動將產生一左旋電感場，產生一個三維立體電磁撓場，活化「松果體」之後，松果體開始接收統一場「能量」，產生另外一組往下右旋電感場及創造另一三維立體電磁撓場，人類將步入覺醒道路，人類將再度與「神人」們相會，完成「新人類」進化／成長／覺醒的旅程，「神人」的用心及技術能力的高超真的令「我們新人類」佩服。

為了體驗「冷熱風寒刺痛」首先「去除大猩猩身上的毛」

毛原來作用是保護皮膚避免遭受環境「冷熱風寒」的影響，但「神人」是以「他們的形象」造人，我判斷神人們身體已經進化是沒有毛的，將毛去除之後必須在皮膚表層增設敏捷控制系統以應付「冷熱風寒」的環境變化，於是「三焦經」版本就這樣因應而生了，可以快速感測「冷熱風寒」及控制「毛細孔」的開或閉及「汗腺」功能以調整身體溫度，還形成了一包覆全身的「無形的器官→能量場」來保護已經沒有毛的身體，但留下了「頭髮」預防腦部過熱，腋下及陰部毛作為通風減少運動相鄰皮膚接觸的摩擦問題。

三焦「能量場」包覆全身，能量愈強包覆身體的氣場愈厚實，除了防禦外來冷熱風寒之外，微細的病毒細菌可能亦難突破此道無形防禦關卡，所謂「趁虛而入」應該就是在形容當此氣場太弱的時候，病毒將趁虛而入。

三焦「能量光場」也是身體經絡運作的能量來源，能量強自律神經恢復活力／平衡，身體五臟六腑運作才會正常，1800 多年前的神醫華佗所說「三焦者統領五臟六腑，榮衛，經絡，內外左右上下之氣也」，就是在訴說此包覆全身的「無形能量場」，此能量場就是身體的「無形器官」，也解開為何 12 經絡唯獨三焦經沒有相對應器官這道千年的謎題，請參閱圖二十九。

人須改造成雜食物種

　　基於營養及物質體驗需求，人須改造成「雜食」物種，原來大猩猩管理小腸營養吸收的「脾經」已經無法滿足「五味」多種營養的消化／吸收與分配，酸入肝／苦入心／甘入脾／辛入肺／咸走腎，於是乎增加小腸長度，且在此段新增了「小腸經」的新版本。

　　為何稱「腸道」為「第二個大腦」？腸道為何有數億個神經元及神經連結，數量比脊椎神經或周邊神經還要多？

　　食物的消化其實是靠著「生活在腸道中幾萬億微生物細菌」，此牽涉非常細緻的連結，小腸經的設置就是專司來掌控數量龐大的神經系統，專門負責「腸胃活動」且可以獨立於大腦而運作。

　　除了前述消化吸收功能之外，70%的免疫細胞生活在腸道中，這是身體很重要的防護關卡，免疫細胞就是用來防衛由食物侵入身體，損傷身體的病毒。

　　血清素（serotonin）是一種會令人「感覺良好」的神經傳導物質，人體約80-90%的血清素產生於消化道，此意味著腸道會影響「情緒好壞」，當人感受精神壓力過大就會使血清素分泌量減少因而影響人的情緒／焦慮程度及幸福感，包括排便功能。

　　從上面分析知道小腸經對身體的重要性，不只掌控食物消化／吸收／營養歸經／器官之外，還需進行防護，同時生成血清素的化學信使，供大腦／靈魂感受。

配合靈魂體驗「二元性」目的而設「心經」

　　大猩猩以下動物沒有「心經」，心臟仍然得以正常運作，各種動物心臟從身體被移除放進「林格氏液」還能繼續跳動好長一段時間，胎兒在大腦形成之前三週心臟就開始跳動了，證實心臟具備「自律性」，心跳是從其內部自行啟動，而不受大腦的操控，可以獨自控制心臟基本「生存需求」的跳動功能，此意味心經版本目的不是在控制「心臟」的跳動基本功能！！！

　　「心經」應該是為了配合靈魂體驗「二元性」目的而設計，讓駐紮於「心輪」的靈魂得以敏捷的操控身體這個載具，靈魂首先透過「心經」將「命令」傳到與心輪位置幾乎是重疊的心臟處，特別設計的一組獨立於大腦而自行運作的「神經系統」操控心臟跳動，及透過「迷走神經」上傳控制命令連結大腦，再經由大腦

管控的「中樞神經系統」，透過與全身各器官／腺體相連結的「自律神經系統」交織靈敏參與心臟運作，以及身體各個精密複雜系統的正常工作，迷走神經是靈魂操控身體重要介質，請參閱圖三十、三十一。

迷走神經是身體最長和最廣的神經，含有「感覺／運動／副交感神經」纖維，75%的副交感神經是迷走神經，支配從支氣管開始到大腸等「呼吸／消化系統的絕大部分和心臟及各器官的感覺／運動和腺體的分泌」，迷走神經連接所有器官，將近90%傳遞的信息都是從各器官上傳到腦部或是心輪，供靈魂用來感覺身體及操控身體的工具。

身體自律神經系統具有三條神經網路：

· 脊椎交感神經鍊：恐懼／憤怒的動員，以奮勇應付戰或逃的反應
· 迷走神經腹側分支：放鬆和社會性參與的喜悅／滿足／愛的狀態，
· 迷走神經背側分支：恐懼的「癱瘓 身體停止運作」，和「抑鬱」行為

身體這三條神經系統會同時運作／交互影響，控制身體運作。

靈魂經由物質體驗／心情感受參與運作，如根據情緒狀況／身心慾望控制腺體及決定癱瘓身體停止運作的重大決定等等。

中醫視小腸經與心經互為「表裡」，如果「心經」是為靈魂連結物質身體而設計，那小腸經可能就是靈魂體驗身體感受的媒介，腸子外面所覆蓋的一層薄膜就稱為「腸繫膜」，而腸繫膜上／下神經叢分別控制海底輪的「性能力」及臍輪的「創造力」，小腸經的設計應該就是服務於駐紮在心輪的靈魂體驗「物慾」而新增的經絡，如前面所言是為了滿足「五味」雜食營養的消化／吸收／分配／防衛／情緒所必須增加的經絡。

透過「五官」以體驗「五感」

靈魂透過身體「五官」（眼耳鼻舌皮膚）以體驗「五感」（視／聽／嗅／味／觸覺，接收物質生活所帶來的「感受」如悲歡／離合／喜怒／哀樂／愛恨／好惡／恐懼／沮喪／信心…等「二元性」相對應的「情緒感受」。

靈魂以「情緒」通過大腦產生相對反應

· 靈魂以不同的「情緒」通過大腦產生相對應的身體反應，如能脫離左腦長期「恐懼」的負面情緒慣性思維的束縛，運用以「清晰的意圖及正面情緒」在經驗確實發生之前想像已經體驗到欲達成的狀況，愈逼真愈好，同時先去感受那樣

的情緒，如高興／感恩／歡喜（心智預演），將誘發「右腦神經創新連結」而創造出「全新未來」產生改變未來「命運」的能力，實現所謂「心想事成」的創造力，包括治療受創傷的身體重大疾病，恢復身體的健康，而靈魂創造「實相」的前提是脈輪必須具備足夠的「能量」。

‧ 正面情緒如愛／感恩／喜悅等可令心臟產生「諧振」狀態，心臟的跳動（心率）會很有規律的以大約 0.1Hz（十秒一個週期）變化，變化幅度從每分鐘 60 下至 90 下，心臟在「諧振」狀態所產生的電磁場比大腦所產生的磁場還要強上五千倍，心臟在此「諧振」狀態之下會帶動大腦進入「Alpha（8-14Hz）」波，可以活化「松果體」，而「負面情緒」如「憂傷／恐懼／驚嚇等」將消耗大量「能量」，導致大腦「自律神經」失調，身體因而生病，甚至直接關閉「心臟」的跳動造成「死亡」。

‧ 當人類知曉身體的奧秘，並重新啟動「松果體」及打開往上的「脈輪」之後，將開啟人類覺醒／揚升的道路。

‧ 心包經用處可能是：「心臟」在「諧振」狀態「心率」變動太大，心臟的避震系統不足，心臟容易在快速運動的情況下受到外界的干擾，及晚上睡覺的時候「心音」太強干擾了睡眠，於是乎在心臟外圍設計一層心包膜，中間注入「液體」，經由新增的「心包經」進行「動態阻尼液體調節控制」，至此總算完成新人種的設計。

‧ 胚胎發育就是重現此新人種全部的演化史，從魚類／二棲類／爬蟲期／哺乳動物期／最後才是「人類」的新增版本。

‧ 再來「神人」吹了一口「氣」將「宇宙能量」透過「脈輪」活化「能量場」，並透過「奇經八脈」灌入「12 經絡」系統，啟動了身體讓人可以順利運作。

‧ 最後「神人」的靈進駐了「新人類」「心輪」裡面，在物質地球行動，且賦予人類「自由意志」以體驗「二元性」的生活，神造人的目的可能就是這個吧！

神人賦予人類「自由意志」

‧ 「自由意志」是「神人」給人類非常重要的一項賦予，聖經所言人類吃了「善惡果」就是為了實現「自由意志」的賦予，而路西法／上帝最鍾愛的天使長

／天上最明亮的星星率領部分天使，自願參與這個實驗，扮演負面「惡人」，引誘人們犯罪以體驗「二元性」，有了自由意志，人類個體才得以自己的喜好選擇自己的道路，也就是說神允許每個人的選擇，也只有如此才能體驗「二元性」，你可以選擇往東走，也可以選擇往西走，可以選擇打人或被打，這些行為是沒有「對與錯」，聖經才會說「不得論斷他人」這句話，但最後「能量」必須達於平衡，也就是「打人的要被打回來」，「殺人的要被殺回來」，這就是佛家所談的因果業力，而「輪迴」是必要的「設計」，人的死只是靈魂暫時離開肉體，靈魂會根據累世的因果業力擬定投胎的「計畫」，不同的光體就是為了紀錄及執行靈性存有累世的業力／命運及造人身體的藍圖而設。

新人類的歷史不就是持續不斷血淋淋的「戰爭史」嗎？古代東西方都是在「打打殺殺」中渡過的，我們現代已經經歷了第一次及第二次世界大戰，此刻世界局勢更加詭譎多變，加上「地球氣候變遷」反撲，天災地變「新冠疫情」鋪天蓋地而來，第三次世界大戰可能在我們有生之年可以看得到，人類「本性」真的那麼糟糕嗎？還是這就是靈性體驗二元性的結果？

靈性為了體驗二元性，被賦予「自由意志」，也因此而產生所謂「輪迴」以平衡／償還「因果業力」，也因為累世的習性及因應為了償還「因果業力」所擬定的命運計畫，同時根據所投胎「化身」DNA遺傳因子的影響，每個靈性存有原本大愛的特質，已經沾染了不同「個性」，命運計畫猶如演員獨特的「劇本」，為了演活該腳色，每個「靈性大我」都戴著「小我個性」的面紗生活在地球上，而現在人類健康的惡化有一大部分是來自於歷次轉生中累積了許多「負面情緒負荷」所造成。

所謂的人性本善或人性本惡，基本上是在形容「小我個人物質身體」的個性，善與惡仍然是「二元性」的批判，真正的「靈性大我」本質只有純粹一元性的大愛，所謂的「覺醒」是當已經沾染了不同「個性」的靈性存有，能看清「二元性」對立的幻象，徹底撕掉「小我的面紗」，當下生活中活出「大愛」精神，不再批判／對立，往內精進修持，提升能量活化松果體打開脈輪，平衡業力，以正面能量創造新的實相，此時「命運」將完全改觀，完成靈性存有的「地球體驗／創造之旅」。

‧人大腦也是後期演化的，六腑經絡全部上頭，「六腑司情慾」就是為了體驗「二

元性」所設計，且因為每個人「靈魂」的差異，導致個性的不同，同卵雙胞胎個性不同也就是這個道理。

· 身體物理結構有如電腦的硬體，如 CPU ／記憶體／電路／電源。人類神經系統就是掌管身體運作的信息通道（電腦的資料匯流排），人才可以感知外界環境資訊，及下達運動命令的體神經，還有維持身體這個複雜系統「自主運作」的「自律神經」系統。

身體能量如同電腦的「電源供應」系統，不同的是電腦靠著外界的交流電經轉換器成為直流電，身體是經由食物及身體一套精密的消化系統，將食物轉化成身體營養素及「氫氣」，再和呼吸器官吸入的「氧氣」讓細胞內的「粒線體」產生能量，供應身體運作，有多餘的能上就上傳到「經絡」系統儲存及分配。

身體能量除了「飲食」這條路之外，還設計了更精細的通道，可以從宇宙吸收更「高品質」的能源，但必須等「神人預藏」的更多股「DNA」活化之後，開啟大腦裡頭往高維度連結的「松果體」，接收高維信息場資訊，打開了「脈輪」系統來接收宇宙能量，經絡系統可能也會跟著「升級」增加新的經絡，以接收宇宙「高品質」的能源，人類就可以接受「宇宙多維度」資訊。完成「新版人類」的進化揚升，再次與「神人」見面。

諧振運動提供人類「能量」來源

「諧振運動」提供了人類第三條「能量」來源，目的就是快速提升人類「能量」，修護已經呈現「病態」的身體，加速幫助人類進入「身心靈」的揚升進化的道路。有了能量才能改變「命運」，清償「業力」。

經絡系統

· 「經絡系統」猶如電腦的「作業系統」，大腦就是「CPU」，經由「神經系統」掌控「血液循環」，身體五臟六腑才能正常運作，「作業系統的」版本隨著人類性能提升而一直被更新，以服務使用此作業系統的「應用程式」。

· 靈魂就是暗中掌控身體的「應用程式」。經由掌控經絡系統「常態」及神經系統「動態」調整血液循環最終的分配，造就了每個個體不同的特質。

· 「應用程式」的執行也很複雜，故設計左右腦各司其職，分別執行這些「應用程式」，高階的程式屬於感性／思維／創造／情慾的交給「右腦」及六腑」，

低階基本生存就交給「左腦及五臟」，當身體能量充足打開了脈輪的時候，更高階的「應用程式」及相對更新的「作業系統」軟體就會出現了，經絡系統就會再增加了。

· 現在「中醫」經由「脈診」能看到的應該是看「作業系統」的毛病及治療。

· 「上醫」所處裡的應該就是從三焦經開始「脈外」及到無形的「能量場」，並調整／修護「應用程式」，使其能順利與「作業系統」相容，讓「作業系統」能夠順利運作。

· 「諧振運動」同時供應了「應用程式」及「作業系統」所必需的「能源」，突破「中醫」治療的極限，將中醫提升到「上醫」的位階。

· 「身 -- 心 -- 靈」三位一體：「靈魂」駐紮於「心輪」，以「心經」傳送命令，並透過「心臟」做為橋樑與「身體」大腦連結，這就是「新人類」得以運作的原理。

· 根據前面說明，脊椎交感神經鍊來自於大腦中樞神經，而迷走神經腹／背側分支可能直接來自於「靈魂」的操控，三焦經的活化確實幫助了交感及副交感神經所統稱的「自律神經」，因為「靈魂」也需要能量的供應，唯一需要修正的是內分泌各「線體」的控制應該直接歸屬於靈魂根據「心情／情緒」的掌控，可能不是「三焦經」因能量的提升，活化了「自律神經」才恢復各「腺體」分泌不同荷爾蒙。

這也說明「心理影響身體」是透過「腺體內分泌」操控。而脊椎交感神經鍊是「應付戰或逃的反應」屬於動物本能，就交給大腦下達命令，而「靈魂」反而是透過副交感迷走神經來抑制此動物性本能的衝動，且當面對無法逃避的時候直接啟動迷走神經背側分支癱瘓身體停止運作，和「抑鬱」行為，甚至關閉身體運作，造成死亡，許多遭受重大刺激造成不再開口說話，應該就是靈魂經由啟動迷走神經背側分支所造成。

　　達爾文的進化論只講對了一半，地球的「原生」物種確實是遵行進化論而來，經過非常漫長的時間演化才產生「大猩猩」的物種，這可以從動物胚胎發育重演全部演化過程，從魚類／二棲類／爬蟲期／哺乳動物期／最後才是「人類」獲得佐證，再從「經絡排序」大膽的遐想，人類不是經過長期漫長的演化，而是因「神人有目的」的介入，不只一次的「基因改良」才造出今天的「新人類」，期間一些不合理／不合使用的人種，應該就是考古所發現斷斷續續的「原始人猿」，西藏流傳的「雪人」，北美「大腳」可能就是中間產物吧，另一種說法人類是將地球已經進化，但全身仍然有毛包覆的「人猿」，經由基因改良而來，此種可能性也許比從「大猩猩」進行基因改良速度來得更快，但不影響本章「神造人」的觀念。

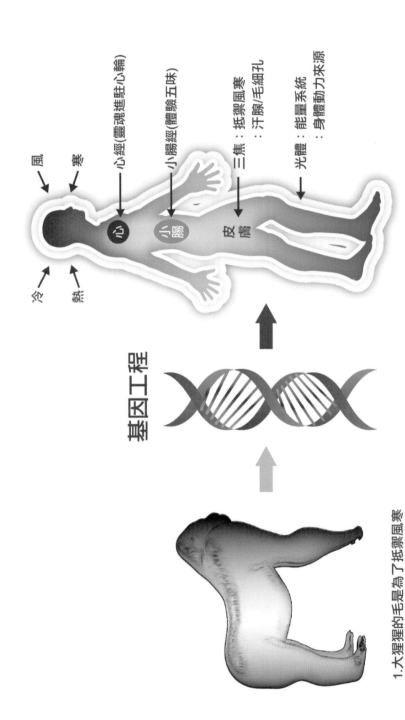

風
寒
心經(靈魂進駐心輪)
小腸經(體驗五味)
三焦：抵禦風寒
：汗腺/毛細孔
光體：能量系統
：身體動力來源

心
小腸
皮膚

冷
熱

基因工程

圖二十九.三焦經與小腸與心經/心包經心經的由來

1.大猩猩的毛是為了抵禦風寒

2.人類除去身上的毛必須加入可以快速反應冷熱風寒變化的系統~三焦調控毛細孔/汗腺，才能生存。

3.大猩猩/動物是素食只須食脾/大腸即可應付，人類為了體驗五味雜食故再加入小腸經。

4.為了讓靈魂進駐體驗地球二元世性活再設計光體脈輪，靈魂經由心經掌控身體。

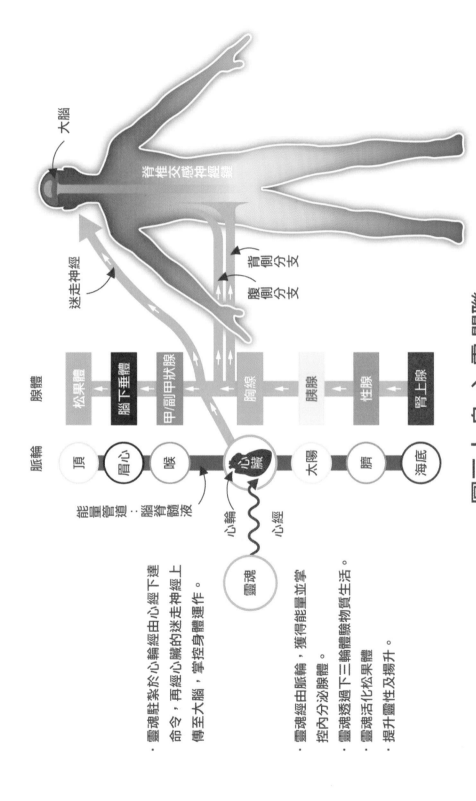

圖三十 身‧心‧靈 關聯

- 靈魂駐紮於心輪經由心經下達命令，再經心臟的迷走神經上傳至大腦，掌控身體運作。

- 靈魂經由脈輪，獲得能量並掌控內分泌腺體。

- 靈魂透過下三輪體驗物質生活。

- 靈魂活化松果體。

- 提升靈性及揚升。

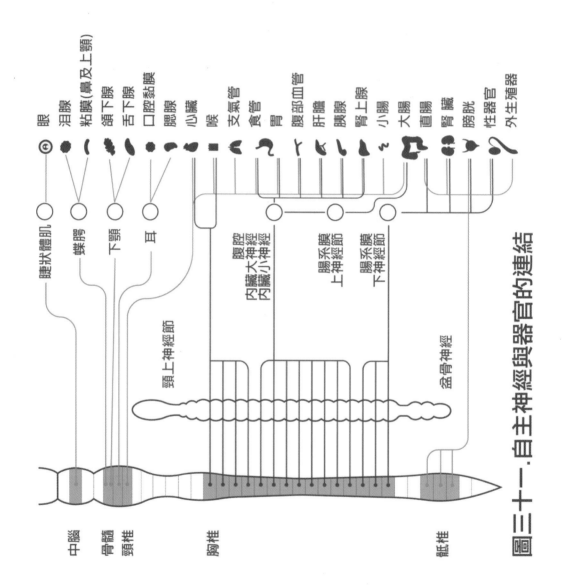

眼
泪腺
粘膜(鼻及上顎)
頜下腺
舌下腺
口腔黏膜
腮腺
心臟
喉
支氣管
食管
胃
腹部血管
肝膽
胰腺
腎上腺
小腸
大腸
直腸
腎臟
膀胱
性器官
外生殖器

睫狀體肌
蝶腭
下頜
耳

腹腔
內臟大神經
內臟小神經

腸系膜
上神經節
腸系膜
下神經節

頸上神經節

盆腔神經

中腦
骨髓
頸椎

胸椎

骶椎

圖三十一.自主神經與器官的連結

諧振運動的宇宙觀與陰陽相對二元論

本書「神造人」這章節所闡述的觀念，是根據國外光場研究心得，及王唯工博士經絡共振 17 年研究「大猩猩經絡只到大腸經，直到人類才有了三焦／小腸／心／心包經的啟發」，及參考一些宇宙觀書籍，對於地球仍然存在但無法解釋的的古蹟～金字塔如何建造？百慕達三角時空問題！南美古文明／雷姆利亞大陸／亞特蘭提斯上一代文明的興衰流傳，1889 年中東所挖出的蘇美爾文明泥板，紀錄著阿努納奇外 星人造人的故事！聖經創世紀也是在敘述神造人，1947 年美國羅斯威爾飛碟墜毀與外星人的接觸傳聞，世界各地愈來愈多的 UFO 飛碟目擊事件等等…。我相信浩瀚宇宙無邊無涯，人類不可能是唯一的存在！人在世上短短的百年生命，與宇宙億萬年的時空根本無法匹配，人來世上的目的為何？人死後就什麼都沒有了嗎？

加上自己 60 年來的體驗，親身遭遇因果問題，我在天主教教堂結婚，因為親人身心問題我接受基督教的洗禮，也問過因果且見證業力痛苦束縛，也親身看到神／佛臨壇事蹟，自己親自與神明構通中，曾多次連續擲杯聖杯 10 次以上的經驗，讓人不得不相信世上有神佛的存在，擲杯無法以「數學概率」來解釋此現象的，對於高維還有程度的分別，有理天神佛／道祖，有氣天的神爺／將軍／士兵／動物靈…一切都存在，此現象跟中國民俗「陽間／陰間」說法有點雷同，更像中國「易經」論點。

我相信人類並不是唯一的存在，人類當今的科技文明也僅只能以「發現（Discovery）真相」來看待宇宙觀，人類眼睛可接收的可見光光譜非常狹窄，超乎紅外線及紫外線以外的世界可能非常精彩，只可惜我們看不到…，真相本來都是存在的，只是太多真相仍無法以當今科學儀器去觀察，想要以短短幾百年發展出來所謂的科技技術，就要來驗證億萬年演化的宇宙真理，這猶如「井底之蛙以管窺天」，多麼無知／荒謬與自不量力！許多偉大科學家晚年幾乎都朝著「神學／超科學」去探詢，因為它們一定遇見一些無法以科學解釋的現象，轉而尋求另類解答。

現代物理／科學發展與佛教觀點

　　出生於 1688 年，伊曼紐。史威登堡是瑞典著名科學家／哲學家／神學家，他所生活的時代正式歐洲處於強調科學和理性的「啟蒙時代」，前半生致力於科學領域，後半生則全心投入神學，通過他自己的心靈體驗向世人闡述了關於「基督教天堂與地獄」觀念，他的著作對後代產生深遠影響。

　　現代物理學是朝著微觀量子力學探詢，在量子世界裡，「萬物只是機率和波動／振動和能量的結合」光和物質同時具備兩種面貌～粒子和波動的特性。

　　愛因斯坦曾說：「我們看到宇宙不可思議井然有序，依循某種定律運轉，但我們只是朦朧的了解這些定律。」連愛因斯坦只能以「不可思議」來形容宇宙。

　　現代量子力學「粒子波動理論」已經開始朝「能量」領域探討，稱能量為「暗物質」，因為能量我們還摸不著邊，宇宙無法以簡單的物理定律來描述。

　　我個人不是物理學家，但我認為除了暗能量之外，最大的癥結是在於我們僅只是生活在「三維」的時空中，而宇宙是「多維度」的時空，我們無法以三維侷限觀點去揣摩多維的宇宙模樣，而高維度會影響低維度所謂的「物理特性／現象」。

就以存在三維世界的我們，如何影響生活在二維世界的螞蟻作為一個例子：

· 螞蟻在一張紙上，螞蟻如果要從紙張一個端點（A）走到另一個端點（B），最短路徑就是 A － B 直線距離，但身處於三維的我們，如果將紙張彎曲，讓 A-B 二點重疊在一起，螞蟻根本不用走，瞬間就完成 A － B 行程，螞蟻無法想像這是如何辦到的？！！螞蟻只能想像有一股無形不可思議的力量，左右了它所存在的世界，它無法理解這種現象，但確實是存在的。

· 我們在紙上右上方打一盞燈，螞蟻就可以在紙上看到亮，如果在紙中間立一枝筆，在紙左邊產生了一道陰影，螞蟻從光亮走到陰影，可以分辨出亮與暗是二種狀態，是不同的東西，是實實在在的存在，但對於三維的我們很清楚，在二維紙上的陰影，只是三維一枝筆的投影罷了，只是虛幻的影子，如果我們把筆拿開，當下處於暗處的螞蟻會很驚訝「暗」怎麼瞬間就不見了？不存在了？低維度的實體／現象，可能就是高維度所創造的！

　　而我們也像螞蟻那樣無法想像，高於我們所處的維度是如何影響著我們三維世界所產生的現象？現今科學對於宇宙／地球現象之所以無法全盤了解，主要的原因就是因「維度面紗」的阻隔，造成我們對自己本身暨宇宙皆是一知半解。

　　佛教「心經」所說「色不異空，空不異色」的概念，是在談「物質與精神是一體的二面，無法分離」，如同現代物理所說「物質同時具備兩種面貌～粒子（物質）和波動（能量）的特性」一樣。如果以「維度」來解釋，可能比較容易了解，當我們站在更高的維度來看待我們所處的世界，就會發現我們世界所有的物質都是高維度所創造的投影罷了，是「虛幻」的，不用太在意！只要我們的「思維／念頭／慾望（起心動念）」改變，經由「能量」的作用，就可以創造物質，前面章節「心想事成」不就是這樣說的嗎！？

　　佛教「因果」論，就是希望人們不要只是在乎現在的「果（現況）」，而是更要在乎「因（念頭）」，沒有了念頭就不會製造更多的「果報」，因果少了，業力影響小了，人們就可以脫離「輪迴」，從「二元性」的體驗回歸西方極樂世界。

東方陰陽哲學觀點

　　現今科學認為宇宙存在著所謂「暗能量」，是我們看不見的無形的東西，物理學至今無法全盤了解，可能就是受暗能量的影響，如以東方陰陽哲學理論來看，凡物有陰就有陽，陰陽相隨，不可獨存，且陰中有陽／陽中有陰…如同「人類無形光場能量屬陰／有形肉體為陽」。陽中身體又分五臟為陰／五腑屬陽…量子學說：光和物質同時具備兩種面貌—粒子和波動的特性，「粒子為物質實體屬陽，波動為無形能量屬陰」，從宏觀到微觀處處都存在「陰（虛）／陽（實）二面並存的關係」，修行高人可以騰空而起，穿牆／土遁能力／西藏喇嘛虹化／道家修練羽化應該都是運用粒子／波動一體二面特性進行刻意轉換，打坐冥想之中以意識提升身體頻率，將物質逐漸虛化成能量型態，身體也逐漸變輕最終虛空而起／穿牆而過！而虹化或羽化就是物質全部轉換成能量，靈魂直接揚升到高維意識空間的極致現象吧。

　　同維度也具備陰／陽觀念，我們所處的「物質星球屬陽，而暗能量就是創造／維持星球穩定運轉的陰性能量系統」，中國十天干／十二地支理論，天干就是掌控太陽系星球運行的能量流，如同身體的光體，而地支就是地球的能量流，如同身體的經脈系統，就如同我們每個人所具備的光場能量，是塑造及維持身體運作的「暗能量／陰性」一樣，科學如僅只研究物質（陽）的單方面，欠缺能量（陰）的總體系統整合，當然無法看清物質的本質，同理現今醫學也僅僅只是從事研究物質身體的架構，但忽視了無形的能量系統對身體的影響，要真正知悉身體運作，

也必須從陰／陽二面同時著手，才能看清一切的本質，全盤了解了就可以很正確的進行身體的治療，諧振運動所探討的就是從「能量／陰，到肉體／陽的整體系統」。

1921 年特斯拉曾說：

「如果你想發現宇宙的奧妙，那就請從能量、頻率和振動的角度去思考它」。

能量就是無形陰性能量，而頻率／振動就是有形陽性實體！包含陰／陽。

2021 年，剛好於特斯拉整整 100 年後的今天，我也這樣說：

「如果你想發現身體的奧秘，那就請從能量、頻率和振動的角度去思考它」。

諧振運動／科學實驗論證／預言通靈家觀點所描繪人類架構

本書不以世上宗教觀來看待，本書僅以目前東西方已經初步發現的真相，加上我的宇宙觀試著以「靈魂／二元性體驗／自由意志／因果／輪迴」，描繪人類架構。

現在發生許多「瀕死經驗」的人敘述「靈魂」離體，可以清楚的看著醫生正在搶救自己生命的過程，眾多敘述的際遇雷同，如遇見死去親人／天堂景象…。最近也有科學家以瀕死經驗者為對象，嚴謹設計的實驗方法，客觀證實確認靈魂的存在。

台灣前台大校長李嗣涔博士，歷經幾十年以科學角度證實「特異功能」的存在，又在「手指識字」的實驗中竟然又發現一些特定符號／字語可以打開了「靈界大門」，事件重複性之高讓以嚴謹實驗的科學家不得不信服，證實不同的宗教皆存在著相對的靈界世界，基督／天主教的天堂，「哈利路亞」是打開天堂大門的的頌讚語，而「阿門」則是結束語！佛教西方極樂世界／藥師佛充滿藥草味道的仙境……。

最近李校長新書「撓場」，與本書摘錄的國外研究結果是一樣的，佛教「大千世界」應該是存在的，我相信每個人都有這份能力去創造你想創建的實相，只是「高維靈性存有」以思維來創造實相／樂園的速度，可能超乎我們所能想像的快。

我所自行創作的「間腦開發」音樂，也證實人類「特異功能」的存在，孩童松果體尚未鈣化，經由「間腦開發」音樂很容易就激發「手指識字」的能力，有些較厲害的孩子，矇著眼睛可以直接看見景象，國外「TED」有一部影片可以蒙眼開車，一些較敏感體質的大人，聽此音樂，眉心處就閃爍五彩繽紛的光芒。

　　近代有許多東西方出現的案例，一些出生不久的孩童仍然存在「前世記憶」的現象，去詳細考證所言不假，美國一位從事催眠治療的精神科醫生所出版的「前世今生」這本書也證實「輪迴」是千真萬確的事情，且從眾多以前的催眠回憶，也證實許多靈魂累世以不同的關係一起生活，確實存在「因果業力」的規則。

　　出生於 1877 年美國沉睡預言家「艾德加－凱西」，一生上萬條精準未來預言，如二次世界大戰，1929 年經濟危機／印度獨立／以色列建國／蘇聯解體／美國二任總統將死於任內（後來證實羅斯福病逝／甘迺迪遇刺）…，也可以遙視方式解讀病因／開方治病，在沉睡禪定中他進入所謂「阿卡西紀錄」的地方，觀看以前經歷所有的前世紀錄，今生的病幾乎都是肇因於以前所造的業而來的果，必須以「輪迴／轉世」方式來償還，基督教聖經據悉「輪迴」被早期羅馬帝國政教合一制度刻意刪除，但在其他經文中仍然有提「擄掠人的必被擄掠，用刀殺人的必被刀殺」，仍然隱含因果輪迴。他確信人不是人猿進化而來，他自己曾經生活在亞特蘭提斯時代，也預言未來亞特蘭提斯將會被重新發現。

　　以下是尚未實現中較為重要的預言整理，而其中大自然的氣候極端的變化其實已經開始了，早在七八十年前他就看到了。

新的醫療方法出現是基於靈性和身體能量系統的流動與轉換！！

- 元神不死／生命輪迴被大眾普遍接受，靈性／科學並存／直覺／超能力普遍出現。
- 地貌將發生極大變化，地軸／地震／氣候／溫度上升，2021 我們已經開始見證了。
- 古文明的考古發現，會逐漸改變人們對人類歷史的認識。
- 新信仰出現是宇宙之光／宇宙太一原則，中國將成為新信仰的發源地！！！
- 救世主將再降臨，世界的希望來自東方（與古代預言「紫薇聖人在東方一致」）。

　　艾德加－凱西預言「新的醫療方法出現是基於靈性和身體能量系統的流動與轉換」，與本書所揭露「身 - 心 - 靈」與光體／肉體間的關係不謀而合：

　　· 靈魂駐紮於心輪，透過心經傳遞到心臟，在經由迷走神經獲取身體資訊，並下達命令，影響內分泌，協調身體運作，而光場以太體能量流動，經由三焦「奇經八脈」能量的傳遞轉換，操控身體「自律神經」系統，維持身體正常的運作！！！

本書論點所涵蓋面更詳實：為了讓靈魂體驗地球生活，特地以基因工程技術將地球進化最高的原生物種「大猩猩／人猿」進行改造，特別設計的脈輪能量管道，光場縝密詳實的架構，從受精卵細胞分裂／一步一步協助胎兒生長，再到孩子成長發育暨成年人種種能力的實現，如「因果業力」的償還，再到「世界任務～願力」的實踐等等，脈輪能量經由身體三焦／奇經八脈／12 經脈提供身體運作／循環的動力，以太體掌控自律神經，供靈魂體驗／操控可以在地球生活的化身。

最近在「臉書」上看到一則高我的通靈教誨「第五維的世界會是怎樣的」，裡面提到「人類會離開疾病，當前以藥物與手術為醫療導向的醫療系統將被刪除，食物／維生素／礦物質將成為未來的藥物，醫療床會讓人恢復健康，並通過掃描身體的頻率讓各器官通過振動療法恢復身體的健康和活力…」，與我採用 AI 智能手環掃描心率，並根據「經絡共振」理論所開發的「心率諧振」設備不謀而合！！真是太巧了，雖然這些預言尚未證實，但從事將近 20 年苦心的研究，我的論點看到一些預言間接的證實，委實讓我內心稍微寬慰，這條創新的道路崎嶇難行，但我愈來愈確信「諧振運動」這個理論是正確的。

「二元性體驗／自由意志」觀念

至於「二元性體驗／自由意志」的觀念是來自許多通靈者的信息，也是一個非常突破性假設，顛覆了許多宗教上的觀念：

· 夏娃吃了「善惡果」可以分辨善／惡，意涵人類（靈魂）原本生活在合一的愛的伊甸園，為了體驗「二元性」生活，於是賦予「自由意志」，並離開伊甸園。

· 起初人類雖然擁有了「自由意志」，但缺乏可以產生衝突更強烈的誘因，二元性體驗效果不理想，為了成就二元性的體驗，於是上帝最鍾愛的天使長—路西法率領 1/3 天使，自願充當「惡人」去引誘人們犯罪，此在聖經裡面是以「背叛上帝」來形容，如果從高維度只有「合一的愛」的情況來說，「合一的愛裡不可能有背叛的企圖與行為發生」！
再從另一個角度來分析，就是因為高維的體驗只有合一的愛，無法體驗二元性，靈性存有專程投胎地球體驗，路西法及 1/3 天使是「基於愛而犧牲且樂意參與了這場遊戲」，犧牲是因為一定會產生「因果業力」的代價，且必須完成償還才能回去，而樂意是「惡」在一元性愛的世界裡是不可能體驗到的，非常難能可貴的機會當然樂意參與，因果業力的償還對於靈魂而言沒有任何損失，就只是一場體驗遊戲罷了！聖經裡說「不得論斷他

人」就是基於這個道理。

　　為了靈魂二元性體驗，宇宙特別設計八級不同維度物質化身／無形天使王國支援架構，不同進化等級靈魂相繼投入不同級別體驗，上一代亞特蘭提斯文明屬於第四維度，人類仍具有心靈感應能力，但由於光明與黑暗（神／魔）無休止的爭戰造成靈魂意識的殞落，現今地球人類屬於最低級別物種，加上受高維黑暗種族刻意封印，靈性覺醒速度幾乎停滯：

· 割斷了人類機體和靈性的聯繫，但留下了缺口，就是第三只眼。

· 限制了人類機體的壽命，但也留下的缺口，就是 DNA 的能量場。

· 限制了人類機體從脈輪獲取能量來源，使我們單靠物質生存，也留下了缺口，就是意識的能力。

　　因為這樣，我們人類才會被同樣是參與此「二元性」體驗的高維度黑暗力量所控制，高維度黑暗力量加強了封印，首先是壓制「第三只眼」的能力，封鎖 DNA 的能量，用物質來降低意識的能力，這樣人類就在其控制中而不知靈性的指導和能力。

　　諧振運動剛好修補了人類被封印的缺口，松果體位於五臟管轄的腦幹位置，由椎動脈供應血液，從「五臟管生存」的意義來看，松果體理應是活化的，「心靈感應」應該是正常配備的功能，這也解釋了動物反而比人類具備更敏銳的感應能力，而人類可能是因為被惡意封印的結果，割斷了人類機體和靈性的聯繫，但留下了缺口，特別從頸內動脈再新增一條血管通往松果體，諧振運動床振動模式增加頸內動脈血液，同時促進腦脊髓液流動，此雙重作用之下而激活了松果體，再次打開機體和靈性的聯繫，而動態磁能床提升人類光體能量，活化意識能力，擺脫對物質的依賴，且因能量的供應充足，細胞不再需要疲憊工作，細胞端粒縮短速度減緩，既延緩了細胞的老化，細胞因而又獲得能量進行修護恢復年輕，人類機體壽命可望提升，至於 DNA 活化則有賴於個人靈性的修持與努力及等待宇宙能量的啟動。

　　現今書籍幾乎不曾交代人生活在地球的目的，也只能以二元性的對立才能解釋為何從古到今，人類的歷史就是一部持續不斷的「戰爭史」？ 亞特蘭提斯也是毀於戰爭，高維靈性存有所稱高維靈性世界是「合一的愛」，而反觀生活在三維世界的我們，從「國與國」到「人與人」之間，為何到處充斥著「暴力／欺騙行為」？為何沒有「合一之愛」那麼美好？生活在只有愛的靈性存有，為何想要來地球體驗戰爭呢？

人類生活壓力愈來愈大，文明病愈來愈多，地球愈來愈不平靜！如果靈界那麼完美，那我們幹嘛降落凡間「受苦受難」呢？我們為何目的而來？為何要「自討苦吃」呢？

- 「愛恨喜怒哀樂」這些「二元性」的體驗，是為了讓人覺醒而體悟「愛」的完美！

- 為了「二元性」的體驗，才賦予「自由意志」，也因自由意志的各自選擇權利，才能解釋為何人類的歷史是「血淋淋又很殘忍的戰爭史」！

- 此「二元性」的體驗，吸引無數眾多靈性存有的參與，甚至連上帝最鍾愛的天使長／天上最明亮的星星 --- 路西法／率領三分之一的天使，自願參與這個實驗，扮演負面「惡人」角色，引誘人們犯罪以共同體驗「二元性」。

- 因為「二元性」的體驗，才產生了「因果與業力」，這種能量的失衡的狀態！

- 為了平衡「因果與業力」，才有「輪迴」架構的設立……

- 也因為松果體被負面高維存有刻意封印，人類失去心靈感應能力，無法看清別人內心隱藏的想法，造成人與人／國與國相互欺騙，產生更多的暴力／鬥爭，業力愈造愈多，靈魂已經迷失在極限遊戲之中，無法自拔……。

艾德加－凱西預言：新信仰出現是宇宙之光／宇宙太一原則，太一原則不就是「一元性合一的愛」嗎？！宇宙是至高無上的「太一神性／神」所創造，存在許多「維度」的層級／架構，所有的「靈體」皆來自太一神性／神的分靈，為了體驗「二元性」，各個維度再細分成「有形化身世界戰場（陽）」及「無形天使王國後台（陰）」，二元性體驗表現極限就是「戰爭」，宇宙從高維到現今地球所處的三維，都存在光明與黑暗（善／惡）之爭，每個文明的毀滅都與「核戰／地球變動」有關，現今我們所處的時間點已經看得到這個關鍵點了，人類如果無法明白「二元性」本質，仍然沉迷於對立之爭，只追求物質科技而缺乏精神／靈性的提升，最終將再次步入毀滅的結果。

本書「諧振運動」的本意，原來僅期望人們可以正確認識人類的自我架構，知悉「光場／肉體」之陰陽關係，而能量才是維持身體健康的關鍵，進而借助「諧振運動」科技設備，協助人類恢復健康，但經由諧振運動的探索發現更多「身心靈」的奧秘。

也藉由本書所揭櫫「身心靈」與宇宙合一的架構，讓人類得以明白「二元性」體驗的目的，了悟「太一神性」的安排，及「合一」不分彼此的觀念，放下所有

的對立與爭執，償還因果，擺脫業力與輪迴的束縛，沉心修持，藉由諧振運動設備協助人們打開被封印的松果體，恢復心靈感應能力，人與人不再有欺騙行為，增加能量輸入第三條管道，並再次激活脈輪恢復吸收宇宙能量的能力，加快靈性覺醒的速度。

神就是「愛」，因為愛所以神不會「疾惡如仇」！反之會忌邪／疾惡如仇的絕對不是神！頂多是較高維度，同樣是參與二元性體驗的靈性存有罷了，二元性體驗本來就沒有對與錯，何來「審判」！！？許多宗教藉由不正確的「神諭」，讓人「心生恐懼」，而負面／黑暗的存有就是藉由「恐懼」作為能量來源，並阻礙了人類靈性成長與覺醒，人類不應該再這麼盲從了，要理解合一愛的真相，除去恐懼打破封印才對。

宇宙的真理應該是讓人得以：

生活在自由快樂沒有恐懼的社會裡，珍惜／維護地球資源，且以愛／真實／美麗／信任／和諧／和平／敬神的品質，將地球重新創造成安和樂利的新天堂，讓參加二元性體驗的靈魂逐漸覺醒，最終得以回歸宇宙太一神性的懷抱。

真正要清楚了解宇宙真理，必須從二元性體驗的遊戲中跳脫出來，才不會受到善／惡／喜／怒／愛／恨／自我意志判斷／因果業力／輪迴等表面上／侷限性知識的誤導，如同「瞎子摸象」那樣失去正確性，唯有從最高維度去思考神的作為與企圖時，真理才會正確顯現，這才是「太一神性」的真諦，因為我們跟神本是合一的不可分離的。

佛教金剛經：所有相皆是虛妄，見諸相非相即見如來…若以色見我，以音聲求我，是人行邪道不能見如來…其真正的內涵不就是要人跳脫二元幻象，靈魂在歷經五濁世界的魔考中終於看清二元幻相本質，只需觀照喜怒哀樂悲歡離合，但心不入境，念不隨意轉，縱然松果體依舊被封印，內心仍然維持平靜，且時時刻刻保持太一神性之愛，將更加難能可貴，這就是靈性覺醒的真諦。

地球是一顆宇宙中最美麗的星球，我們何其榮幸可以生活在其中，以神所賦予的「自由意志」體驗這個二元的世界，小至個人的思想／言語／行為及行動，逐漸結合衍生而成的特定文化團體／種族／國家／宗教／制度，種種多樣化的差異，造就了現今人類各種面相，且因制度／觀念差異造成人類歷史長期紛爭與戰亂，現代人們朝著崇尚物質文明追求，缺乏心靈啟發，人們已經喪失了當初來地球體驗的初衷 --- 從二元性體驗之中覺悟到太一神性之愛才是最寶貴的 ---

・ 只有愛才能包容所有二元差異。弭平因二元體驗所導致人類的各種紛爭。

- 只有愛才能消彌不同種族間的隔閡，民主與共產極端制度差異所導致的世界大戰。
- 只有愛才能平衡靈性與科學，維持世界的和平與繁榮，讓地球趨於穩定。
- 只有愛才能化解正負能量的糾葛，擺脫累世因果業力的束縛，靈性走入揚升之路。

民主與共產制度，資本與社會主義二元體驗的結果

地球既然是靈魂二元性體驗的場所，個人以自由意志判斷，就沒有百分之百的對與錯，自由民主國家尊重個人自由，但卻因一味崇尚資本主義，而導致貧富不均，地球上不到 10％ 既得利益團體卻霸佔地球 90％ 以上資源，其本質上仍然是來自於個人「不足的恐懼」，竭盡所能搜刮超乎自己能夠使用的資源，雖然號稱自由民主但仍存在種族歧視色彩，大多數生活在底層的人們可獲取社會資源太貧乏，生活困頓壓力與日俱增，加上槍枝氾濫助長之下造成許多無辜生命的殞落，世界各地因缺乏糧食而餓死的人愈來愈多，這種「資源分配不均」的問題值得深思。

自由民主國家雖然相信神的創造，但已經不再敬畏神，反而假借神諭，總是以維護「自由民主與宗教」為藉口，行武力侵犯其他國家之實，如 1096 年起紛爭 200 年的「十字軍東征」宗教之戰，二十世紀因「恐怖主義」禍亂，皆造成全世界遍地烽火，原本雖然是所謂的極權國家，人民仍然得以安居樂業，唯強權在標榜「自由」大旗揮動之下發動戰爭，被侵略的國家瞬時成為廢墟，人民死傷無數流離失所淪為國際難民，中東伊拉克與敘利亞及阿富汗的戰亂，目前俄羅斯與烏克蘭的衝突，如果仍然秉持此二元性體驗思維，相信大家看得到其結果必然是戰爭。

共產社會制度以「犧牲少許個人自由的代價來創造整體國家的繁榮」為宗旨，確實造就了「國家政策」的執行效率遠超自由民主國家，基礎建設進步神速，舉凡交通／民生國防與科技，傾全國之力彎道超車西方國家，以私人企業為主的西方資本世界無法與之抗衡，然因「無神論」錯誤的思想，不知道所作所為皆產生因果業力，人性的自私與貪狼顯露無遺，既犧牲了個人言論的自由，又箝制了宗教信仰，且因無神論社會缺少愛與包容的力量，上位者如果沒有相當的智慧與魄力進行大刀闊斧的改革，既得利益者仍然結黨營私，國庫成為黨庫，個人資產最終以共產為名而遭充公時有所聞，共產社會制度最終的結果仍然與民主資本制度一樣，將產生「資源分配不均」同樣的問題，且因無神論遠離真理，人民遭受更

多的「不公不義，是非顛倒」的打擊。

物質科學與精神靈性二元體驗

　　前述民主與共產制度所產生的偏差，大部分肇因於現今人類只注重物質科學的追求，而缺少對精神靈性的了解所致，其根本原因就是不知道人類大架構，不了解光場才是建構此生肉體的所有資訊／生命藍圖／因果命運計畫之意識訊息來源，與身體互為陰陽關聯，身心靈運作的道理，及宇宙智慧生命來地球體驗二元性的目的。

- ·為了體驗二元性，生命過程往往刻意安排一系列磨練，而刺激傷害自己最為嚴重的人，往往是讓自己成長最多的「貴人」，我們應該心存感念，感謝他們為了成就自己此生所選定的課題而心甘情願扮演「黑臉」，明知會產生額外因果與業力，這些貴人仍然無怨無悔。

- ·人類如果真正了解二元性體驗會產生「因果及業力及累世輪迴」的話，就不敢再膽大妄為，肆意興起戰爭殺戮及迫害草菅人命的行為，減少殺生並尊重自然及所有生命。

- ·如果二元性體驗結果讓人類可以起而反省，盡力降低所謂的「善惡之爭」，世界須從負面能量不斷發散紛亂的狀態之下，重新注入正向愛的能量，將此發散的趨勢導回收斂和諧歸一，將二元性的極性遊戲體驗，逐漸回歸到太一神性之愛，則世界將還有機會迎來和平，在地球上實現「大同世界」的理想。

　　當今因科學知識創造的核能，可以產生造福人類能量來源，也可以用以毀滅人類及地球的武器，端視使用者是以「愛或恨」的出發點，「恨與分離會將人類推向毀滅，唯有愛與合一才能讓文明持續成長」，當人類得以意識到每個生命不是分離而是合一的時候，就可以結束二元性體驗。

　　　　所謂的救世主的降臨，我認為不再是以「宗教之名」要人「服從／順服」，也不是藉此來審判人類所謂的罪過，而是在宣揚「宇宙太一」原則，講述宇宙真理，讓人類得以明白靈性的道理及人類來世上的目的，真正擺脫恐懼／分離／物慾／名利爭奪，打開松果體，重新連結光體與身體，讓人類得以提升能量與振動頻率，隨著地球的轉變進入整體揚升的道路。

　　　　我相信只要是真理，只會愈辯愈明，真相會愈來愈清楚的。

諧振運動
遠離病痛

疾病篇

以三焦新解重新詮釋人類架構暨現代疾病發生的原因及治療方法

首先從人類大架構／形而上談起人類生活在地球的目的，為了此目的所精心設計的多維度／多層次設計。

本書諧振運動經過將近 20 年理論探討到實驗驗證，參考「身心靈」物質二元性體驗必要的跨維度連結，個人「光場」七層光體設計目的及「脈輪能量」運作和掌控物質身體的奧秘，古今中外醫學論點，到「肉體經絡共振」及「細胞粒線體」能量產生機制，再深入靈魂藉由「內分泌」操控「生理機能」，以駕馭藉著「自律神經」維繫整體運作肉體的道理。

如同「阿凡達」電影所欲傳達的深層意義，人類大架構模型呼之欲出，完善了「高維靈性存有」經由「人類化身」降生於地球體驗「二元性」生活的計畫。

本書對於人類大架構模型有以下的描述

· 高維靈性存有為了體驗地球生活，以基因工程將大猩猩進行改良，適合靈魂進駐的物質化身，建構以下二種結構，滿足物質化身生存的需求。

· 個人「光場」七層光體架構，建構此生肉體的所有資訊／生命藍圖／因果命運計畫，光場的每一層都是一個能量身體，就像肉體一樣是有生命的，且每個身體都活在一個意識界裡。

· 七個脈輪連結宇宙能量，供給每一層能量光體生命力，實現各個面向自我意識發展，包括肉體生命能量，作為物質身體從胚胎開始的生長／發育，及在地球上生活運作的動力。

· 光場第七層因果層包含此生須償還的「因果業力～個人任務」，及藉由完成個人任務之後所欲執行的「願力～世界任務」，一切尊重個人「自由意志」的選擇產生多樣性的結果，「輪迴」是必要的設計讓靈魂得以償還／平衡業力。

· 身體一些遺傳疾病／肢體殘障可能也是因應因果業力而設定的此生課題，在胚胎發育過程特地製造出來的，身心科疾病可能也是因此刻意於「情緒體」所設定而產生的問題，會選擇在特定時間發作。

· 光場最接近身體的以太體負責自主神經的操控，第二層情緒體允許人類有各種情緒表現，心智體讓人有「線性思維」藉此創造「實相」能力。

本書三焦新解重新定義了三焦及其功能～光體是身體無形器官

· 光場情緒體：影響人類的情緒／心情，以腺體內分泌操控身體生理機能。
· 光場以太體：身體自動控制功能，包括胚胎發育／兒童生長藍圖，及自主神經的操控，人類「自律神經」由以太體系統管轄。
· 身體末稍循環：皮膚及占了身體將近九成微血管的「脈外末稍循環」，依靠「六腑」振動頻率，協助血液／淋巴液／組織間液體／靜脈回流，維繫將近 40 兆細胞的正常運作。

　　本書所談三焦新解涵蓋上述三個層面的能量問題，如果僅牽涉身體末稍循環層面，僅只是身體末稍循環／自律神經較差，但細胞仍能獲得供氧，此情況會歸類於「循環不良」，直到以太體能量也不足，自律神經無法維持正常工作的時候，身體病情更嚴重，可以以「高血壓」的產生來區分，當情緒體也出了問題，身心科症狀出來即可以判斷。

本書根據三焦新解將身體血液循環劃分如下

· 以自律神經管控的「小動脈」開口劃分成：
· 動脈循環（脈內）：五臟—低經絡共振頻率
· 末稍循環（脈外）：六腑—高經絡共振頻率：包括皮膚及 40 兆細胞。
· 自律神經根據身體不同狀態需要，適時控制小動脈開口分配血液流向，如運動時將血液分配到「肌肉」，思考的時候分配到「腦部」，休息的時候分配到各器官／修護的地方。

身體運作機制～藉著神經系統操控身體，以內分泌系統來應付環境的變化

神經系統控制著肌肉活動，協調各個組織和器官，建立和接受外來情報，如測知環境變化，決定如何應付，內分泌系統分泌各種激素（賀爾蒙）化學物質，以改變身體的「生理機能」。

神經系統是身體自動控制工程師

　　分成中樞神經／周圍神經，中樞神經的功用是在身體全部位之間傳送信號，

及接收反饋，而周圍神經可分成下列三種：

1、軀體神經：

　　· 傳出神經：連結肌肉隨意念控制肌肉運動。

　　· 傳入神經：收集外部信號回饋給中樞神經。

2、自律神經（分交感／副交感）：自動調節身體「自主」性功能如呼吸／消化／心跳／血壓，及應付身體不同情況需要，如運動／休息狀態，主動進行「動態」調節小動脈開口的大小，自動分配血液流向，靜止與運動的差別是心臟血流到內臟與肌肉血流變化相差可達 5 倍之多。

3、腸神經：消化道的控制，與自律神經一樣屬於「自主」性功能。

　　以太體就是掌控身體自動機制及自主神經運作，身體之所以可以正常運作完全取決於以太體能量是否充足／正常流動。

　　以太體出問題，身體的自動控制系統「自律神經」無法正常操作，「小動脈開口」失靈，造成末稍循環缺氧，衍生一系列身體疾病。

內分泌系統是身體生理機能調味師

　　負責調控體內各種生理功能，如生長／發育／代謝…身體有多種腺體，分泌激素（賀爾蒙）化學物質經由血液系統傳輸到標的器官而產生作用，進而改變身體的「生理機能」，如分泌腎上腺素調節血糖平衡／醣類代謝／應付緊急情況，性腺分泌男女動情激素等等…

人類有八大腺體：

1、腦垂體：生長荷爾蒙，是 8 大腺體總司令，命令個腺體分泌／血液循 環／生長和體溫，失常的時候產生巨人／侏儒症。

2、松果體：退黑激素，是身體生物時鐘，如睡眠／生活，女性生理週期等，具有延緩老化，增進免疫能力，使人具有宇宙連結的敏感度，睡覺的時候分泌，睡得愈深沉分泌愈多。

3、甲狀腺：控制新陳代謝率如化學反應速率／氧氣消耗量／熱能產生／，促進生長／發育，對長骨／腦／生殖器官健康至關重要。

　　· 分泌過多，就會緊張／易怒／失眠／消化不良／迅速消瘦。

　　· 分泌過少，則行動緩慢／脈搏心跳遲緩／體溫下降／感覺遲鈍／身體發胖，皮脂腺／汗腺分泌減少／皮膚粗／乾燥／衰老。

4、副甲狀腺：控制血液鈣含量／負責骨骼成長，如果鈣含量少變得緊 張／易怒，

如果鈣含量多會變得昏昏欲睡／無精打采。

5、胸腺：是重要淋巴器官，主管免疫系統，負責誘導淋巴 T 細胞／B 細胞成熟，胸腺功能差容易感冒。

6、腎上腺：調節血糖平衡／醣類代謝，應付緊急狀況／心跳加速／血管擴張／將血液送到肌肉增加肌肉爆發力，控制體液化學成分，刺激汗腺／產生熱量等，又稱為「壓力荷爾蒙」，長期處於壓力之下，因交感神經興奮，將關閉「免疫系統」。

7、胰腺：分泌胰島素加速葡萄糖轉化成肝醣以供儲存，降低血糖濃度升糖素作用與胰島素相反。

8、性腺：女性卵巢分泌動情／黃體素，男性睾丸分泌睾丸素，促進第二性徵的發展，維持生殖器官構造及生殖能力。

　　脈輪除了是能量通道之外，根據脈輪所在位置影響該位置的腺體／內分泌，脈輪具有能量的特質，活化脈輪／能量提升有助於腺體正常操作。

　　內分泌隨著以下因素產生老化：每 10 年遞減 15%／缺乏營養／情緒壓力／環境荷爾蒙（戴奧辛／雙酚 A／鄰苯二甲酸鹽／日常生活塑膠用品）等影響。

　　女性：更年期／情緒多變脾氣大／掉頭髮／肥胖／面部鬆弛／胸部下垂／失眠／健忘。

　　男性：性功能障礙／失眠／脫髮／情緒委靡起伏大／長痘痘。

靈魂才是身體運作的掌舵者

　　前述內分泌系統中所提，腦垂體控制身體的生長／發育，性腺促進第二性徵成熟，胸腺在出生開始成長，青春期最大，然後就開始縮小，這些腺體為何會隨著年紀的增長再適當時機分泌身體所需要的激素呢？隨著青春期的結束功能就慢慢退化了呢？是誰在控制身體的生長過程而適時的分泌這些激素呢？

　　再仔細研究國外光療資訊所提，個人「光場」七層光體架構，建構此生肉體的所有資訊／生命藍圖／因果命運計畫…。其中以太體所含的生命資訊與藍圖，引導胚胎發育，胎兒按著藍圖逐步生長，出生之後仍然繼續成長發育，直到青春期肉體發展成熟，才完善了物質身體的建構，生長激素就會慢慢減少。

　　情緒體建構目的，在於靈魂獲得五官／五感／五味經神經系統感測到的信息，作為判斷依據，改變心情／情緒的狀態，並透過脈輪系統影響各種腺體進行「動態」的分泌，進而改變身體的「生理機能」，實現各種能力，如性能力／創

造力／意志力／免疫力／實行力／洞察力／覺醒力，以體驗人生。光場第三層「心智體」是讓人擁有「線性思維」能力，擁有此能力人類才能在物質生活中經由「思維」→「心智意圖起心動念」→「影像化」，再透過「能量」來創造「實相」的能力，沒有能量生命無法運作／靈魂亦無從進行創造的過程。

靈魂就是藉由以太體／情緒體／心智體的協助，經由脈輪／細胞的能量補充，始能在地球生存，以「自由意志」充分體驗／享受在地球的上的實相的創造與生活。

靈魂透過何種管道操控身體～身心靈的意涵／迷走神經

靈魂駐紮於「心輪」，藉由「心經」傳遞信號，經由「心臟」迷走神經連接所有器官，經由此雙向管道，一邊收集資訊／信息，一邊下達命令掌控人類「大腦及身體」。

迷走神經是身體最長和最廣的神經，含有「感覺／運動／副交感神經」纖維，75％的副交感神經是迷走神經，支配從支氣管開始到大腸等「呼吸／消化系統的絕大部分和心臟及各器官的感覺／運動和腺體的分泌」，迷走神經連接所有器官，將近 90％傳遞的信息都是從各器官上傳到腦部或是心輪，供靈魂用來感覺身體及操控身體的工具。

身體自律神經系統具有三條神經網路：

· 脊椎交感神經鍊：恐懼／憤怒的動員，以奮勇應付戰或逃的反應
· 迷走神經腹側分支：放鬆和社會性參與的喜悅／滿足／愛的狀態，
· 迷走神經背側分支：恐懼的「癱瘓身體停止運作」，和「抑鬱」行為身體這三條神經系統會同時運作／交互影響，控制身體運作。

靈魂經由物質體驗／心情感受參與運作，如根據情緒狀況／身心慾望控制腺體及決定應付戰或逃／喜悅／滿足／愛的狀態，或癱瘓身體／停止運作的重大決定等等。

脊椎交感神經鍊來自於大腦中樞神經，而迷走神經腹／背側分支可能直接來自於「靈魂」的操控。

脊椎交感神經鍊是「應付戰或逃的反應」屬於動物本能，就交給大腦下達命令，而「靈魂」反而是透過副交感迷走神經來抑制此動物性本能的衝動，靈魂經由物質體驗／心情感受參與運作，如根據情緒狀況／身心慾望控制腺體。

處於喜悅／滿足／愛的狀態時迷走神經腹側分支影響身體程度增加。

且當面對太大的壓力，身心感覺無法承受逃避的時候，靈魂直接啟動迷走神經背側分支癱瘓身體停止運作，和「抑鬱」行為，甚至關閉身體運作造成死亡，許多遭受重大刺激後不再開口說話，應該就是靈魂經由啟動迷走神經背側分支所造成。

這也說明「心理影響身體」是透過「腺體內分泌及迷走神經腹側／背側分支」操控影響的結果。

身體生病的原因

根據 20 年諧振運動理論摸索及設備研發再到人體實驗，我把疾病分成下面幾類，以治療困難程度不同分成第 1 到 5 第類，第 1 類治療最為困難，第 5 類最簡單個人就可以處裡。

累世因果病： （神醫／靈療師處裡光場中因果體問題）

此攸關個人今生需面對的因果業力償還的課題，平常的人根本無法知悉個人須面對的問題，開始追求「靈性生活」的人仍然須先面對／償還此個人任務之後，才能展開世界任務（願力實現）。

因果層獨特的設計會以情緒體／以太體不同層度能量問題，讓身體顯現不同層度的「病痛」或遺傳疾病，個人藉由病痛尋求醫治的過程解決此因果業力問題，面對現代醫學無法解決時，就會開始尋求另類療法，如求神問卜看風水，道家／法師作法，宗教禱告醫治，佛教誦經／迴向，國外流行的心理／催眠／回朔前世治療。「零極限」「療癒密碼」等書籍，身心科疾病大多數跟因果病有關聯，先天遺傳疾病／肢體殘障問題亦可能與因果病有關聯。

採用諧振運動的「動態磁能床」一邊提升光場情緒／以太體能量，能量的提升除了維持身體的健康之外，亦可存著以懺悔的心情把能量迴向給待在無形界的冤親債主／超拔祖先，及使用能量作為「心想事成，創造實像」的本錢，還清同處於世上的債主，償還累世因果業力。

諧振運動也許無法解決「因果病」，但可以讓身體獲得較舒緩的狀態，如精神官能症發作急性期仍需要西藥強制性治療，過了急性期使用諧振運動設備可以舒緩／加速恢復身體的健康，如果平常就持續使用諧振運動設備，應該可以降低發作的頻率，或者發作病狀會較輕微，請參閱圖二十。

能量匱乏病：（上醫處理光場中情緒體／以太體問題）

　　光場就是華佗所說的「三焦」，「人類無形的器官」。

　　黃帝內經「上工治未病」這句話要修正，如果真的沒有病幹嘛還要醫治呢？正確的說法是「上醫治療無形能量場能量匱乏的病」，當情緒體出了問題，會反應到身體身心情緒失常～情緒不穩／焦躁不安／緊張／恐慌，憂鬱，煩悶，記憶力衰退，腺體／甲狀腺亢奮。產生身心科疾病。

　　情緒體／以太體出問題將連帶引發以太體「自律神經」失調問題，以下列舉身體現象，影響範圍非常廣，端視身體哪個部位／細胞／器官缺氧，就發生該部位問題。

　　頭痛／暈眩，眼睛乾澀／眼痛，耳鳴／梅尼耳氏症，口乾舌燥／味覺異常／喉嚨發癢，手腳發麻／冷／燙／痛／下肢無力／水腫，皮膚過敏／搔癢／蕁麻疹／盜汗，肌肉／關節，頸／肩／背／腰緊繃痠痛／肌肉神經痛／無力，心悸／胸悶／心臟無力，頻尿／排尿困難／殘尿感，性功能障礙／疼痛／陰道乾澀，血壓不穩，高血壓／細胞癌化，噁心／吐／食慾不佳／腹部脹痛／便秘／腹瀉／腸胃蠕動異常激躁／潰瘍，神經衰弱／失眠／多夢／倦怠／疲勞，呼吸困難／肋間疼痛／不自主深呼吸或嘆息…。

　　身體之所以產生這些症狀，追根究柢就是肇因於「組織／器官／細胞缺氧」功能失調所致，因管控「小動脈開口的自律神經」失調，無法正常作用產生「末稍循環缺氧／環境酸化／過多自由基攻擊身體」所衍生一系列問題，不能僅只針對身體表徵治療，這種治療治標不治本，根本之道就是恢復自律神經正常操作的能力，而影響自律神經操作的後台老闆就是「以太體」，只要以太體能量充足／流動順暢則自律神經就會恢復正常，身體的循環亦會恢復正常操作。

　　因自律神經失調造成末稍循環局部缺氧問題，根據能量缺乏的狀況身體病狀也有不同程度的顯現，輕微程度小動脈開口尚能操作，只是末稍循環血液流量變少，開始顯現上述症狀，如肌肉痠痛／頭痛問題，分辨程度的輕重可以以「高血壓」的產生來判別，當局部小動脈開口完全關閉，細胞因缺氧會發出求救信號，心臟開始加壓，但因小動脈開口關閉，缺氧的細胞仍舊無法獲得供氧，請參閱圖二。

　　處裡身心／自律經失調問題可採取「光療能量修補或氣功／打坐／修行」方法，目的在於提升光體能量／修補能量流阻塞問題，或採用諧振運動設備。

　　首先以動態磁能床提升能量，接著再以立體諧振床協助身體循環。

1. 動態磁能床：

- 一邊提升光場「情緒／以太體」能量及同時強化「身體末稍循環」，也就是本書「三焦新解」所涵蓋範圍。

- 動態磁能床磁能效果提升能量體能量而恢復自律神經功能，小動脈開口打開了，位於末稍循環處的細胞準備迎接新鮮血液／營養／免疫大軍。

- 高頻振動促進末稍循環／靜脈回流，協助排除酸水／自由基。

2. 立體諧振床：

- 身體能量獲得光場能量的供應，經絡恢復共振，加速血液循環。

- 五臟運動：全面促進身體所有循環，橫膈膜運動所產生的心肺復甦（CPR）作用促進大量氧氣進入血液，並經由加壓按摩心臟效果，增加血流量，將血液打到小動脈輸入口，完善動脈循環。

- 六腑振動：協助血液從已經打開的小動脈開口，引導流入末稍循環，送達細胞／組織處，同時促進靜脈／淋巴回流，將酸水／自由基帶走，增加大腦血流量，完成整個血液循還。

諧振運動設備從「光場能量提升／活化自律神經／恢復經絡共振／末稍循環／五臟運動／六腑振動」一系列精密調整才能解決情緒體失調所引發的身心科疾病，及以太體失調引發上述「自律神經」失調身體產生的症狀。

自律神經恢復正常，小動脈開口得以操作，則末稍循環獲得供血／營養，加上「末稍循環」強化了，紅血球除了攜帶氧氣給細胞之外，接著再將細胞代謝產生的 CO_2／H_2O 組成的酸水經由淋巴管／靜脈帶走，水腫消失了，細胞獲得營養／環境也正常了，血液也帶來「免疫大軍」，細胞獲得修護／器官逐漸恢復功能，原來因細胞缺氧所衍生的高血壓消失了，肌肉不再痠痛，心悸問題沒了，失眠問題改善了，感覺神經正常了，手腳不再有發冷／熱的誤判了，大腦有了血液不再頭痛／暈眩了／記憶力衰退了。

循環不良病： （中醫處裡身體循環問題）

因身體能量不足，經絡共振強度不足將影響血液循環，尤其是末稍循環不良影響最大，因末稍循環涵蓋範圍廣，將近九成微細循環／40 兆細胞／皮膚都屬於末稍循環，本書三焦新解也將末稍循環歸類其中，前述光體能量缺乏會造成自律神經失調，小動脈開口失靈引發局部缺氧產生「高血壓」問題。

而身體尚未達到自律神經失調情況的時候，或因先天造血機能不好／血流速

度緩慢／營養不良／缺少運動／低血壓／手腳冰冷／水腫／靜脈曲張／打呼／年老氣血衰弱／更年期內分泌不足／腦部缺氧引發失眠問題等，我將其歸類在循環不良等級。

採用諧振運動設備可著重在立體諧振床，協助五臟運動／六腑振動，模擬橫膈膜運動心肺復甦效果，避免打呼，增加氧氣及血液循環，恢復末稍循環改善手腳冰冷問題，帶走酸水修復細胞，六腑振動增加大腦血流量，改善失眠／頭痛，及痠痛症。

器官敗壞病：（下醫處裡身體器官病變）

組織／器官／細胞因長期缺氧，又泡在酸水之中，加上累積過多的自由基無法宣洩，攻擊細胞／血管／器官，最後細胞癌化／器官受損／心臟肥大／瓣膜問題／腎衰竭／肝硬化／肺纖維化／腸胃腦癌等等。

此時如果才要進行治療，時效上已經慢了，對於緊急情況西醫介入會比較有效，等度過危險期再佐以諧振運動設備，進行修護的大工程。

生活習慣病：（個人須負責生活習慣問題）

人類飲食太過於油膩，膽固醇／三酸甘油脂／高密度蛋白質堆積於血管壁，形同黃色小米粥樣的斑塊，久而久之使血管壁彈力下降，血液流動受阻，最終引發心／腦疾病，如冠狀動脈堵塞，腦梗塞／溢血…且血管壁阻塞在 70％ 以下是沒又症狀的。

血管堵塞問題必須優先清除，諧振運動加速血流，產生一氧化氮擴張血管之外，還能產生溶解血栓的「血纖維蛋白酶」加速清理堵塞的血管。

現代人缺乏有效運動造成末稍循環不良／肌少症，因缺少肌肉有力支撐造成關節退化問題，加上因為人類整天穿了鞋子而阻隔了自由基／穢氣洩放到大地的路徑，造成細胞／組織遭受自由基攻擊產生發炎反應／細胞癌化／糖尿病等，都是生活習慣所產生的問題。

一般人常患作息不正常／熬夜／酗酒／偏食／營養不均，以為沒事，時間久了最終亦會反應到循環不良／器官敗壞／能量匱乏上，端視時間長短。

預防勝於治療，平常就採用諧振運動設備進行保養，讓身體機能維持在良好狀態，生活品質才會提升，免除病痛的危害。

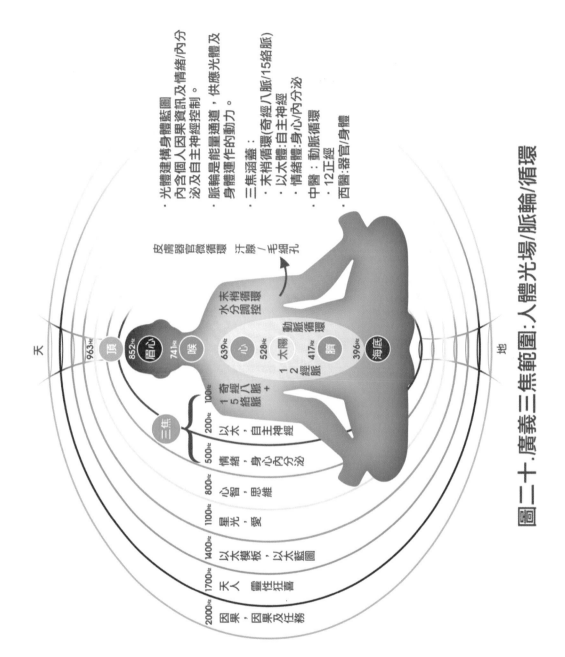

圖二十.廣義三焦範圍:人體光場/脈輪/循環

· 光體建構身體藍圖
內含個人因果資訊及情緒/內分
泌及自主神經控制。

· 脈輪是能量通道，供應光體及
身體運作的動力。

· 三焦涵蓋：
· 末梢循環(奇經八脈/15絡脈)
· 以太體:自主神經
· 情緒體:身心/內分泌
· 中醫：動脈循環
· 12正經
· 西醫:器官/身體

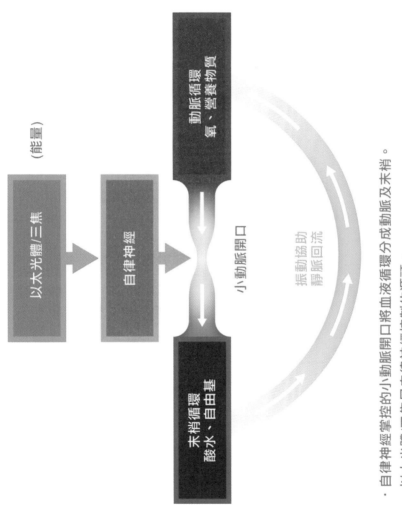

圖二.動脈循環/末梢循環與自律神經關聯

・自律神經掌控的小動脈開口將血液循環分成動脈及末梢。

・以太光體/三焦是自律神經控制的源頭。

・振動有助於末梢循環及靜脈回流。

諧振運動解決困擾現代人自律神經失調暨「身心科疾病」

　　身心科是較新的西醫分類，包括失眠／憂鬱／躁鬱／恐慌／強迫／思覺失調／失智／兒童心智／注意力不足過動／自閉／酒癮／壓力適應障礙／自律神經失調。

　　精神疾病常以多樣化的身體不適來表現，典型恐慌發作感覺就像心臟病／氣喘／加上腸胃炎綜合體，心悸／胸燜／喘不過氣／噁心／胃痛／手腳發麻瞬間來襲／讓人痛苦到立刻掛急診，憂鬱症的身體症狀更是五花八門～頭痛／胸悶／胃脹／便秘／腹瀉／肌肉痠痛／站不起來。

　　而這一切是「自律神經失調」的症狀。表現在身體化症狀為失眠／心悸／焦慮／胸悶／高血壓／高血脂／胃食道逆流，有些是創傷的後遺症，也有些是中毒／戒斷症狀。

自律神經失調症狀種類

涵蓋種類及症狀相當多，以下症狀跟自律神經失調都有關聯～

- 頭：頭痛，頭暈，暈眩。
- 眼：疲勞，乾澀，眼痛，視線模糊。
- 耳：耳鳴。梅尼耳氏症。
- 口：口乾舌燥，味覺異常，喉嚨咽喉發癢，異常咳嗽。
- 手腳：發麻，冷，燙，痛，肌肉不自主跳動。下肢無力。
- 皮膚：過敏，搔癢，蕁麻疹，圓型脫毛症，出汗，盜汗。
- 肌肉／關節：頸／肩／背／腰緊繃痠痛，肌肉神經痛，無力，骨質酥鬆。
- 心臟：心悸，過速，胸悶，壓迫，心臟無力。
- 泌尿系統：頻尿，排尿困難，殘尿感。
- 生殖系統：性功能障礙，疼痛。陰道乾澀。
- 血循環系統：血壓不穩，頭昏眼花，身體微循環不良產生細胞缺氧，衍生高血壓，長期缺氧細胞癌化。
- 消化系統：噁心／吐，食慾不佳，腹部脹痛，便秘，腹瀉，腸胃蠕動異常激躁，

潰瘍。

- 精神系統：情緒不穩，焦躁不安，緊張，恐慌，憂鬱，煩悶，記憶力衰退。
- 神經系統：神經衰弱，失眠，多夢，倦怠，疲勞。
- 呼吸系統：呼吸困難，肋間疼痛，不自主深呼吸或嘆息。

諧振運動器材巧妙之功效

　　「身心」科這二字也說明身體與心理相互影響，心理煩惱影響身體的自動控制系統「自律神經」，表現出來的是失眠，煩惱睡不著又產生恐慌，身體無法獲得修補，後續毛病就愈來愈多，此種惡性循環，根源於心理，表現在身體各種症狀，如果只針對身體症狀治療，只能治標而無法至本。

　　「心理諮商」在身心科治療上佔了很重要的份量，在美國有一個精神科醫生經歷 30 年職業生涯後出版了一本「前世今生」，這本書道出以「催眠」方法進行治療患者的時候，證實許多身體毛病可能根源於童年的遭遇，只要能找到童年創傷，身體毛病無藥而癒。

　　期間治療一位患者，催眠至童年仍然無法治癒，結果竟然催眠過頭了，催眠到前一世，也經由此病患長期合作研究發現人類是不斷的輪迴，身體病痛有些必須追朔到好幾世，只要經催眠到那個當下，讓病患以一個旁觀者角色觀察此過程，許多病痛就消失了。

　　國外另一本書「療癒密碼」也是以作者跟原本快樂正常的太太結婚後，太太十幾年「憂鬱症」的遭遇，長期的禱告中獲得啟示，以很簡單的手法／步驟，竟然治癒了太太「憂鬱症」問題。

　　現在再以人體光場觀點來看療癒密碼這本書，就是以治療師雙手「勞宮穴」進行「情緒體」能量場調整，治癒了憂鬱症，唯一的差別是治療師可以僅僅調整自己的情緒體，加上「禱告／冥想」竟然可以治癒「病人」，這跟另一本「零極限」的觀念不謀而合！強調「凡你所遇見的都跟你有關係，只要清除自己內在的潛意識記憶，就可以治癒病人」，以「愛」為出發點，強調「對不起，請原諒我，謝謝你，我愛你」！

　　我重新詮釋「零極限」的觀念，假設自己是個醫生，病人來看診，那請問醫生：病人生病跟醫生有關係嗎？大部分的人都會說「沒有關係」！！而「零極限」

強調「病人之所以生病，是為了成就這位醫生的治療，不然幹嘛不選擇其他醫生而選擇自己？！」，此是非常重大的「觀念轉變」，「一切因我而起」，醫生面對病人的態度須轉變成「真的很對不起你，讓你受苦了，請原諒我，也謝謝你給我這個治療的機會，僅以我的愛作為回報～我愛你」。

這不就是彷彿來自於因果關聯才會相聚／找上自己，相處之道就是以正面思維去創造新的實像償還因果嗎？

我個人也親身經歷親人遭受「身心症」的打擊，將近 20 幾年照護者的內心煎熬，與病人身體因吃藥物副作用的痛苦，家庭與社會付出的代價實在無法用筆墨來形容，期間用盡了所有方法，包括去廟裡問神明，神明回答是腦部一條神經被血管影響，只要心火上升就開始睡不著，到醫院急診打針強制睡覺，從爆發期到恢復期前後二三個月，一邊要工作一邊要照顧一個「不承認自己生病，不想吃藥，不願意配合，脾氣又大」的病人，除了問神也跑去問「因果」，說是前世的事情導致這一世要受苦，也花錢解了因果，但情況仍然沒有好轉，病情還是沒有解決。

直到我發明了「動態磁能床」才解決了此問題，提升三焦經能量，調整能量場能量，尤其是調控自律神經的「以太體」能量，及影響身心情緒的「情緒體」能量，當以太體及「情緒體」能量提升，能量流動順暢，自律神經及內分泌才能正常操作，也是因此體驗我才知道「振動」竟然可以改善睡眠，病患只要感覺情緒開始波動，開始感覺不太好入睡的時候，只要躺在「振動床」上十幾分鐘就睡著了，真的很神奇。

期間還發生親人因眼睛白內障接受手術之後，停止使用動態磁能床，半年之後產生了「恐慌症」就醫，後來接受我建議重新開始使用動態磁能床，結果不到二天恐慌症症狀就減輕了，再次證實了動態磁能床的效果。

姑且不論所謂「因果及輪迴」這些形而上的問題，我們僅針對身體層面，以經絡共振理論所研發的「諧振運動器材」經十幾年的體驗，確實可以解決大部分的現代文明病，尤其是「自律神經」失調很難解決的症狀。

本書詳細解說「諧振運動」的機制，從人體實驗到大膽揣測「身體細胞那二條膠原纖維是連接細胞／生物體與能量／經絡系統的通道」，解釋了「能量」跟身體相互的關聯及如何運作關係，以中醫艱澀難懂的軟體能量系統，彌補西醫「解

剖死人」的硬體結構的不足，是中西醫連結的重要橋梁，請參閱圖三十二。

　　經過將近 20 年摸索及人體實驗，並參考國外能量場研究成果，說明「以太體掌控自律神經／情緒體影響『身心』疾病」，總算了解為何「動態磁能床」設備，巧妙的結合「經絡共振＋磁能效果」，可以協助改善「自律神經」失調及「身心科」疾病的真正道理，把現代最棘手的二大文明病輕鬆解決了。

　　　有時候只能說「上天」好像安排了一齣戲，為了成就「諧振運動」，特地 安排了親人體現現代醫學最難解決的「身心症」，讓我面對痛苦，研發對策，解決問題，從對醫學完全陌生外行，經由嚴謹工程科學技術學習，技術再精進優化，突破了傳統思維，繼而創新革命，點點滴滴過程，感覺這一切是「上天」冥冥中的安排。

　　　以美國 NIMS（Marvin A. Sackner）醫生一生研究的成果和許照惠博士牽線的機緣，加上王唯工博士此生研究「經絡共振理論」的努力，再加上我以機器人用的「伺服馬達」專利「振動」技術，研發出來的「諧振運動床」，「振動肌力機」，算一算至少花了二代人的智慧傳承，點亮了「諧振運動」的契機，讓中醫再次揚眉吐氣，同時將「中醫升級到未病醫學」理想領域，我相信未來「諧振運動」會更加精進，輕而易舉的解決現代的文明病。

人類光場

圖三十二、人類光場與三焦/關係

自主神經系統

末梢循環

廣義三焦

以太體 自主神經

情緒體 身心情緒

睡眠障礙

現代人遭受身心的壓力愈來愈大,統計約有 30%存在睡眠障礙問題,目前治療方式,西醫對於輕狀會使用鎮靜劑,較嚴重的就需要長期吃安眠藥,但實際安眠藥仍無法讓病患進入深度睡眠,早上起床感覺精神仍然不好。且根據研究長期吃安眠藥會有致癌的虞慮。

從我會員實際體驗的心得,睡眠障礙產生的原因如下:

· 自律神經/內分泌失調,許多身心壓力長期累積所引起。

· 膽經能量弱造成腦部缺氧,此現象也會產生高血壓問題。體能差的,或低血壓貧血者。

· 腦部經絡阻塞,長期頭痛,喜歡吃冰飲,或受風寒後遺症。

· 能量不足/打鼾患者,無法進入深層睡眠,經常打鼾血壓也會飆高。

針對睡眠障礙患者,我會先以「多功能振動肌力機」以單手側拉方式,左手及右手分別進行「振動拉筋」,腦部經絡阻塞位置會有不同程度「痠痛麻」現象,位置也不同,一定要解決此問題,只要拉到不痛為止,長期頭痛/睡眠不好的問題就會獲得改善。

同時會要求患者使用「動態磁能」提升三焦經能量,調整能量場能量,尤其是調控自律神經的「以太體」能量,及影響身心情緒的「情緒體」能量,當「以太體」及「情緒體」能量提升,能量流動順暢,自律神經及內分泌才能正常操作,約一至二個月,患者就可以不再依賴安眠藥了。

對於體能差的,或低血壓貧血者,一定要先使用高頻振動模式,讓滯留在末梢循環的血液得以回流。

患者會再使用「立體諧振」,用運動模式增強「心肺功能」,協助心臟將血打到大動脈之後,再進行振動模式,將已經打到腦幹的血接續的打到大腦前額葉,此模式對於膽經能量差的幫助很大。

經由前述三種諧振產品的協助,因能量提升,又獲得實質內臟按摩,增加全身血液循環,打鼾/高血壓問題也同時獲得改善。

腦部循環只要好了,腦細胞獲得充分休養,身體許多問體也會獲得改善,降低帕金森/失智/阿茲海默症/記憶力衰退/腦瘤/中風…等潛在風險。

呼吸中止症

　　呼吸中止症很多人忽略此症狀的嚴重性，呼吸中止症會不斷地中斷睡眠，整晚身體一直重複缺氧，血氧飽和度（SPO_2）長時間低於90%，造成睡眠品質低落，長時間下來將引發多項慢性疾病。

　　目前已知有三種的睡眠呼吸中止症為阻撓式睡眠呼吸中止症（OSA）、中樞神經病變之睡眠呼吸中止症（CSA）、以及綜合兩種症狀的複合式睡眠呼吸中止症。

　　‧阻撓式睡眠呼吸中止症是最普遍發生的症狀，主要引起阻撓式睡眠呼吸中止症的因素包含體重過重，家族病史，過敏、呼吸管道過小、以及擴張的扁桃體；阻撓式睡眠呼吸中止症狀中，呼吸會因氣流阻塞而被終止。

　　‧中樞神經病變之睡眠呼吸中止症，則是因為缺乏呼吸的力氣，而停止呼吸。

　　一般患者有時沒有意識到自己患有睡眠呼吸中止症為都是等到產生了打鼾、高血壓、無法深度睡眠、睡醒後頭痛、口乾、疲倦、晚間尿頻，需起床如廁、日間專注力、認知能力降低、日間嗜睡、容易打瞌睡、情緒不穩、暴躁及易怒才會有所察覺，此時身體都已經具有相關的疾病了。

　　根據衛福部2018年公布的前十大死因中有9個與呼吸中止症有關聯，腦部缺氧4-6分鐘，腦細胞就開始受損，因此腦部為了吸氣發出短暫醒來的訊號而中斷睡眠，使休息中的身體血壓飆升，造成交感神經系統調控異常，如此反覆惡性循環將會導致猝死，高血壓，心臟衰竭，血管栓塞，中風等心血管疾病，無法深層睡眠導致脾氣暴躁，注意力不集中，嗜睡問題。

　　間歇性缺氧也會啟動身體的發炎反應，造成內皮細胞異常，並出現胰島素阻抗，糖尿病／肥胖等新陳代謝疾病。

　　傳統解決呼吸中止症的方式是採用「外部正壓力」，人須佩戴面罩，空氣經由壓縮機加壓，整個呼吸道壓力持續提高，雖然可以撐開塌陷咽喉，維持呼吸道暢通，但因外部壓力大，不利廢氣的呼出，患者必須要出更大的力量呼吸採能把廢氣吐出來，許多患者最後是因二氧化碳（CO_2）無法排出體外併發其他問題，且須佩戴面罩不舒服。

　　有時候我很納悶，「佩戴面罩的正壓呼吸器」到底是誰設計的？只考慮用壓力將空氣撐開塌陷的咽喉，怎麼沒有考慮如何排除 CO_2 廢氣？身體 CO_2 廢氣無法排出，新鮮的氧氣也進不來啊。

　　睡覺打鼾的患者主要是因疲勞能量不足，咽喉部位塌陷而阻擋了呼吸道，採用立體諧振睡覺的時候，床身向上傾斜，產生的橫膈膜運動，肺部肺活量增大，橫膈膜往下運動的時候，肺部呈現「負壓」狀態，將大量新鮮空氣吸入，橫膈膜往上運動的時候，肺部呈現「正壓」狀態，將塌陷咽喉部位往外吹開，因而打通了呼吸道，將大量廢氣吐出來，睡覺的人無須費力，立體諧振呈現「腹式呼吸」，打鼾及呼吸中止很難處理的問題，輕輕鬆鬆就迎刃而解了。

　　打鼾躁音困擾枕邊人的睡眠，打鼾／呼吸中止症更造成缺氧的嚴重問題，身體一缺氧，心臟就累了，拼命加壓，血壓就飆高了，高血壓問題就來了。

　　我們正在開發的心律諧振功能床，除了振動頻率可以追隨／同步心跳之外，另一項功能是可以偵測血氧飽和度（SPO_2），當低於一個事先設定值的時候，會自動啟動諧振床水平運動，如果血氧飽和度（SPO_2）更低的時候，除了會自動啟動諧振床之外還會自動將床身昇起呈現 30 度傾斜狀態，這樣可以強化腹式呼吸效果，直到血氧飽和度（SPO_2）恢復正常，再慢慢停止運作，達到主動／自動改善呼吸中止症問題。

　　因具備此優越效果，完全顛覆傳統治療方式，因而榮獲國家 20 年發明專利。

　　呼吸中止主要原因也是身體「能量」不足所致，長期使用「動態磁能」，提升身體能量及改善自律神經問題，也可以解決呼吸中止症問題。

請參閱圖 133 頁，如下圖：

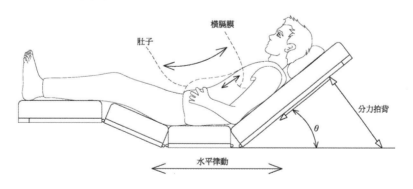

肚子　橫膈膜　分力拍背　θ　水平律動

（3D傾斜運動）

圖 立體諧振 讓身體橫膈膜上下運動產生「心肺復甦」效果， 增加肺部空氣壓力，克服咽喉塌陷所產生的「呼吸中止」症狀。

新冠肺炎症狀（COVID 19）及 PM2.5 空汙問題

2019 年底開始發生全球性「新冠肺炎 COVID 19」，2021 年十一月統計造成 2.5 億人感染，死亡人數已達五百萬人，新冠病毒入侵肺部會攻擊細胞導致受損，身體免疫系統會啟動殺菌機制來清除外來物，例如噬中性球及巨噬細胞會增加氧氣攝入，活化 HMS 並產生 H_2O_2 及 O_2，進行殺菌，在攻擊外來微生物的同時，肺部細胞也會受到牽連而受傷，也就是說免疫反應愈激烈，對肺部造成的傷害也就愈大。且若感染結束後，「宿主沒有足夠保護機制，清除過多自由基，將造成細胞第二次損傷」。

身體製造大量自由基產生組織發炎傷害肺部，約 17% 會出現「急性呼吸窘迫症（ARDA）」，在身體產生抗體二至四個星期之期間，必須設法清除「自由基」，協助肺部維持呼吸功能，以度過發病的危險期，最簡單的方式是「吸氫氣以中和自由基」降低發炎反應。

發病初期肺部會出現大量黏液，肺部細胞受損，死掉的微生物與免疫細胞與組織液混合流出，整個肺部被「浸泡」，肺部無法得到氧氣，必須設法清除黏液及肺部被「浸泡」的問題，身體才能獲得氧氣。

肺部修護時間長達數年，且治療後難完全痊癒，將近八成會出現肺部纖維化，肺活量變小／氣喘後遺症，除了攻擊肺部之外，鼻腔被攻擊引發嗅覺／味覺感官失靈，心臟／腎臟／血管／大腦／肝膽／腸胃道／男性睪丸等器官亦將受損，產生嚴重倦怠／失眠／憂鬱／喘不過氣／記憶力專注力變差所苦，肺部纖維化造成呼吸困難等等，氧氣不足身體器官功能就無法正常運作。

2021 年新冠肺炎 COVID 19 變種病毒發病初期會破壞肺部氧氣吸收，人體無法感知低血氧狀態，人因「隱形缺氧（Silent hypoxia）」或稱「快樂缺氧（Happy hypoxia）」而不自知，病患表現出來的意識清楚／情緒穩定／正常應答，唯獨呼吸急促，平常血氧（SPO_2）至少要 90 以上，而病患因「隱形缺氧」血氧（SPO_2）可能已經低到 50 多，病患很快就瀕臨死亡，影片中常常看到病患前一秒還在路上走路，下一秒瞬間倒下而死亡，就是「隱形缺氧」身體猝死所致，實在是讓人防不勝防。

　　除了隱形缺氧問題之外，會造成猝死另一個重大原因是血管受新冠病毒攻擊會產生「高凝血」，發生在肺部產生急性「肺栓塞」，病患發生胸痛／咳血，病情迅速惡化造成死亡，根據統計 1/3 死因來自於「肺栓塞」。

針對新冠肺炎患者，立體諧振床可提供以下協助。

五臟運動模式

- 在發病期間包括睡眠中全天候持續使用「諧振運動床」可以避免「隱形缺氧」問題，急性期可同時使用「吸氫氣以中和自由基」降低發炎反應，並強化呼吸暨使用「立體諧振床」AI 手環自動感知血氧濃度降低，自動啟動「五臟運動功能」，以防止「隱形缺氧」不自知的問題，除了在急性期使用之外，病癒後修護身體更需要使用。

- 以下焦／腎經（2.4Hz），協助身體自由基／穢氣往雙腳輸送及排除除。

- 增加心臟動脈循環的過程（3.0Hz-3.6Hz），促進血液的流動速度，血管內皮細胞除了分泌「一氧化氮（NO）」擴張血管之外，同時會分泌溶解血栓的「血纖維蛋白酶」及可以抑制血小板凝固的前列環素，既可以「抑制血小板凝固／協助溶解血栓／血管擴張／加速血流」，此四種作用機制可以在新冠患者發病初期作為預防「肺栓塞」急速猝死／隱形缺氧的棘手問題，脾經振動頻率（3.6Hz）改善消化／吸收／造血／防疫能力。

- 以肺經振動頻率（4.8Hz）強化肺經循環，強化呼吸增加氧氣的交換，床身採取傾斜方式還具有「拍背拍痰」的效果，協助排除黏液及浸潤問題。

六腑振動模式

- 強化末梢／組織間液／淋巴／靜脈循環，排除酸水，維持身體正常運作功能，支持急性期的存活力。

- 提升三焦能量平衡自律神經，改善病患因身心遭受重大打擊產生失眠／憂鬱問題，有效協助疫後身體修護重建的工作。

　　立體諧振床結合電動睡床暨經絡共振理論所研發的一種被動式運動床，可以讓身心受創嚴重的新冠肺炎患者，降低身體的痛苦，維持生活品質，睡覺／修護同時進行，縮短修護時間。

另根據醫學臨床研究發現多補充維他命 D3 有助於預防新冠肺炎。

傳統肥皂具有破壞病毒外表的油脂保護膜功能，常用肥皂清洗／洗手助於預防新冠肺炎。

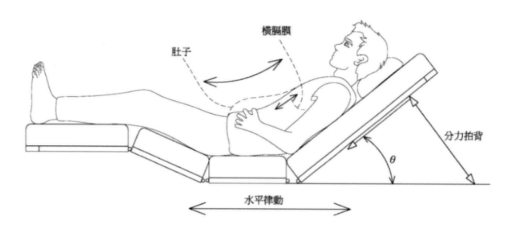

（3D傾斜運動）

圖：立體諧振 強化腹式呼吸，增加肺活量，拍背拍痰改善肺功能

在地球環境遭受嚴重汙染，PM2.5 霧霾／空汙非常嚴重，一年之中看得到清澈天空／綠色大地的日子幾乎微乎其微，每天出門活動，假日跑步爬山運動吸進肺部的粉塵微粒激增，造成肺部病變／肺腺癌患者比率日益增加，肺泡遭受粉塵微粒包覆降低了氧氣暨二氧化碳交換效率。

立體諧振床以肺經振動頻率強化肺經循環之外，床身傾斜的時候，還具有拍背拍痰的效果，體驗館有一個案例，一位女士任職於翻砂廠會計工作十幾年，翻砂廠就是以沙子做成模子進行鐵件澆灌鑄造，生產過程產生相當多的粉塵，該員主訴每年至少咳嗽三個月以上，且無法治療，經使用立體諧振床約二個月時間，開始陸續咳出夾帶灰黑色粉塵顆粒的痰，約半年後咳嗽時間開始逐漸降低，立體諧振床除了增加肺活量之外，在室外空汙嚴重的地區提供一種可以排除呼吸系統粉塵的方案。

立體諧振床亦提供長照銀髮族患者一個舒適安詳的睡床，五臟運動協助腸胃蠕動改善便秘／褥瘡問題，床在傾斜立體狀態，以肺經振動頻率振動的時候強化呼吸／心血管循環，協助拍背拍痰，六腑振動提升大腦前額葉血流量改善失智問題。

心血管疾病：動脈硬化／心肌梗塞／腦栓塞／三高問題

　　台灣 2000 多萬人口，每年進行心臟冠狀動脈支架安裝統計數量達 4.2 萬支，健保支出超過新台幣 60 億元，如再加上血管鈣化進行冠狀動脈繞道手術及相關檢查費用合計將超過此數字。

　　心肌梗塞患者幾乎有高血脂／糖尿病／高血壓等共病，根據統計血管堵塞達 70% 時候，病患尚不會有不舒服感覺，這是非常危險的現象，等病患發現的時候，有可能來不及施救，心肌梗塞好發於冬季因溫度降低造成血管收縮，讓原本已經堵塞的問題更形嚴重，必須進行急救，否則有生命危險。

高血脂發生與西式多油飲食／缺少運動有關，以 NIMS 水平律動研究知道
水平律動加速血流速及血流量的時候，血管內皮細胞將產生下列有益物質：

- ·　一氧化氮（NO）擴張血管同時讓血管恢復彈性。
- ·　血纖維蛋白溶解酶 tPA，可以溶解血栓，降低血栓機會。
- ·　前列環素，鬆弛血管抑制血小板凝固。
- ·　第二型前列腺素，調解免疫反應，放鬆血管平滑肌。
- ·　腎臟腺髓質，降低血壓維持血管張力，強化細胞對於氧化／缺氧的傷害。
- ·　血管新生成長因子，調節細胞和製造各種蛋白質加速血管新生與成長。
- ·　改善「細胞間鈣質恆定性」細胞內鈣平衡，保護心臟細胞，預防缺氧傷害。
- ·　降低血中胰島素，增加脂聯素，增加胰島素敏感度，降低胰島素阻抗，改善糖尿病。
- ·　增加血流剪力，增加骨隨幹細胞與內皮祖細胞，改善內皮功能，提升冠狀動脈儲備值，降低糖尿病人的心血管併發症與死亡率。

　　分析這些有益物質對於降低血管鈣化／擴張血管／溶解血栓／抑制血小板凝固／保護心臟細胞，預防缺氧傷害，其效果非常顯著。

　　根據實際臨床也印證水平律動對動脈血管改善效果非常快速，修護／清除血管阻塞而降低了心血管疾病的發生，天天使用一個小時，約半個月時間血管堵塞

程度就顯著降低了，使用諧振運動床五臟運動模式，可以改善前述動脈循環血管問題，心肌梗塞問題很容易就獲得改善，至於腦栓塞問題較為棘手，最容易產生缺血的位置就是頭部，且因血流速變慢容易造成血小板凝固產生血栓，新冠疫情更加重高凝血問題，如果產生於末梢循環更難處理，微血管非常細，末端可能只有頭髮的二十分之一，腦霧及指甲發白幾乎可以確定就是血栓造成末梢循環不良所致。

針對末梢循環微血管堵塞問題，因牽涉自律神經失調，造成控制小動脈開口失常，一開始會慢慢縮小，流到末梢微血管的血流量開始減少，此問題會產生血壓開始上升，當血壓還不算高的時候，使用諧振運動床六腑震動模式，尚可維持末稍循環，而當小動脈開口完全關閉的時候，就必須要增加「動態磁能床」協助，首先提升以太體能量，恢復自律神經調控小動脈開口能力，再藉著諧振運動床協助末稍循環重新獲得血液，血液同時帶來前述有益物質，血纖維蛋白溶解酶 tPA 溶解血栓，一氧化氮（NO）擴張血管，帶走細胞產生的酸水，同時解決高血脂及高血壓及糖尿病問題。

運動確實有助於預防及改善三高問題，但如果僅僅只是去公園走路散步，無法有效增加血液流速及血流量，就無法產生前述有益物質，對於銀髮族身體已經不適合運動的人，採用被動式運動，本書所介紹的諧振運動絕對是最輕鬆最有效的健康促進方法。

「諧振運動床」如何照顧洗腎患者

　　台灣洗腎人口達 9 萬人？洗腎率更是世界第一！實在是無法想像號稱醫療制度最佳的國家，結果洗腎率是世界第一！

　　究其原因在於就是因為健保個人負擔小，只要一有小毛病就上醫院拿藥吃，而且一拿就是一大包，好像只要吃藥就可以治病，醫生為了賺錢也拼命開藥，殊不知藥物對肝腎臟是最大致命傷，病還沒治好，腎臟已經弄壞了。

　　我母親就是現代醫療典型「無助者」，我母親五六十歲的時候開始「打鼾」，後期嚴重的時候就產生「呼吸中止症」，做孩子的我那時候對呼吸中止症也沒有什麼概念，不知道打鼾就是身體能量太弱，咽喉無法維持產生塌陷而阻礙了呼吸通道，只知道最後到醫院檢查產生「高血壓」，於是開始吃西藥，吃了 10 幾年的高血壓藥物，非但沒有把高血壓治好，接下來「糖尿病」就來報到了，於是同時要吃高血壓的藥又要打胰島素，再過十幾年高血壓糖尿病都沒有好，年紀也已經八十八歲了，接下來醫生說腎臟不堪負荷了，產生尿毒了，要開始「洗腎」了，於是每星期三天載母親去洗腎，洗了將近 6 年，直到 94 歲往生。

　　從打鼾開始到高血壓，接著糖尿病最後淪為洗腎患者，好像是現代人宿命一樣的噩夢揮之不去！！至少要吃 30 幾年的藥，而且不會好，真的很無奈！看著母親愈來愈弱的身體告訴我們說「她好痛苦，生不如死」做兒女的看著母親這麼痛苦沒有尊嚴的活著，心理是在淌血啊。！

　　後面十幾年開始雖然有使用早期開發的「運動沙發」，但那時「動態磁能床」還沒有完善，可能也是吃了太多的藥，就算有在使用運動沙發已經緩不濟急，器官已經被藥物毒害太嚴重了，眼睜睜的看著母親痛苦的過世。

　　為何當今的號稱先進的醫學，不管是西醫還是中醫，無法在人們年紀大一點，能量開始走下坡的時候，快速把身體治好？打鼾好像不會被認定是病，但「呼吸中止」應該可以認定是生病了！小病既治不好，接下來的病狀會愈來愈重，高血壓就是身體局部缺氧問題，竟然也無法改善，一吃藥就是連續一二十年，高血壓既無法治好，三高問題又來報到，到了生命末期太多疾病纏身，真的非常「無助又無奈」痛苦的巴望者生命趕快結束。

　　母親過世後經過了這幾年我才完善了「諧振運動」理論及，陸續開發了本書

所說的設備，也才真正的了解身體的奧秘，掌握銀髮族生病過程的原因，及如何防範不要再讓病情惡化的方法，希望 75％亞健康的人，不要再重滔覆轍了，真正能夠過著快樂健健康康的退休生活，含飴弄孫無疾而終。

洗腎患者平均壽命 8 年，最終是因為洗到最後體力不支，血循環無法維持，血流速太慢，血管縮收，堆積於細胞周圍組織液中的毒素無法被吸入血管，而洗腎是將血管的毒物尿酸及水分排出體外，當身體虛弱到無法將組織間液酸水毒物吸入血管的時候，醫生也只能眼睜睜看著病人含疾而終，一籌莫展。

至於已經在進行洗腎的患者，建議採用以下的方式使用「諧振運動」設備

1、不管是洗腎之前還是洗腎之後，首先一定先進行「熱身」運動。如果是使用「立體諧振」。先將床面調成「水平」狀態，先以「振動模式（6Hz）」進行 10 分鐘熱身，目的是讓身體強化「末梢循環」，攪動在組織間液的酸水，促進流入「靜脈」及「淋巴管」。

2、接著將床面調成「30 度」傾斜狀態，繼續以「振動模式（6Hz）」進行 10 分鐘，確保靜脈回流順暢，流到心臟的血液充足。

3、仍然讓床面維持「30 度」傾斜狀態，改用「運動模式（3Hz）」進行 20 分鐘，此模式協助心臟將血液打出去，先到肺部進行 CO_2／O_2 的交換，同時加速血液流動速度，將更多的紅血球送至末梢組織間液以接收酸水（二氧化碳及水），同時血流速加速將促使血管內皮細胞產生一氧化氮（NO），以擴張血管，身體 96000 公里的血管擴張的時候，血管容積變大，才能容納由靜脈回流的酸水，等待洗腎設備將已經儲存在血液之中的酸水透析排出體外。

此過程如果胸部會覺得不舒服，表示「靜脈回流」仍嫌不足，將頻率降至更低的 2.4Hz，待心臟恢復正常之後再試著往 3.0Hz 調整。

此階段使用 3.0Hz 或是 3.6Hz 都可以，使用者感覺舒服就好。

4、仍然讓床面維持「30 度」傾斜狀態，改用「振動模式（4.8Hz）」進行 10 分鐘目的是增強「肺部功能」，強化肺部 CO_2／O_2 的交換能力先排除 CO_2，同時吸進更多的「氧氣」，讓粒線體可以順利進行能量（APT）作用，以維持體力及修護身體的能力，「30 度」傾斜狀態 4.8Hz 會產生」

拍背／拍痰效果。

5、仍然讓床面維持「30 度」傾斜狀態,改用「振動模式 (6.0Hz)」進行 10 分鐘,目的是將含氧／營養的血液打到頭部,尤其是「大腦前額葉」,以避免「失智症」的產生。

6、總共 60 分鐘,如果有時間可以加倍使用,早晚至少各使用 1-2 個小時。

7、晚上睡覺的時候也可以使用,讓床面維持「30 度」傾斜狀態,或調成「水平狀態)」,使用「運動模式 (3.6Hz)」進行 60-120 分鐘,強化血液循環,同時加強「脾經」功能汰換老舊「紅血球」,製造新「紅血球」及免疫系統,強化身體防衛能力,「脾經」好的話也會幫助「心臟」增加輸出功能。

8、諧振運動床是以多功能方式協助身體運作,從末梢循環／消化／呼吸／心血管／內分泌／神經系統／頭部血液／能量／防衛系統…。讓身體各機能維持正常運作,當然包括流到腎臟的血液也會增加,對於初期洗腎患者,可以協助修護腎臟功能,也許有機會讓腎功能慢慢恢復。

低血壓／貧血／糖尿病患者末梢循環應該都不好,可能也存在造血機能不良缺血的狀態,如同洗腎患者一樣使用水平律動之前必須先以「振動模式強化末梢循環,協助組織液體能夠進入靜脈及淋巴系統,待靜脈充分回流」之後才能以運動模式加壓心臟,恢復血液循環正常作,如到肺部進行氧氣的攜帶,再將帶氧的血液輸送到大動脈,接著再以高頻振動將血液送達末梢循環。

癌症產生的原因與治療機制

　　癌症／腫瘤是現今台灣十大死亡排名第一位，女人以乳癌比率最高，腸癌、肺癌次之，男性腸癌比率最高，肝癌／肺癌次之。

　　許多病患非常注重健康，起居作息正常，也經常運動，卻也發生癌症！身體到底是哪個環節出了問題呢？

細胞癌化過程，分別以中／西醫及經絡能量來說明

西醫的觀點

- 吸菸／飲酒／肥胖／運動不足，及環境感染／Ｂ／Ｃ型肝炎／乳突病毒，游離輻射，環境汙染，造成細胞遺傳物質變異，產生癌化腫瘤細胞侵襲隨後移轉。
- 身心壓力大～身心壓力直接造成號稱「壓力荷爾蒙」的腎上腺皮質醇分泌過多，導致疲勞／內分泌失調／高血壓／糖尿病／抑鬱／失眠／肥胖／免疫系統失調…。
- 腎上腺皮質醇分泌可以讓我們應付緊急狀況，使身體得以逃離災難，此時身體會暫時關閉一些緊急時候不必要的系統，如「免疫系統」，須等緊急情況解除，免疫系統才會再打開。

　　但當人體遭受長期壓力的時候，免疫系統也長期被關閉，免疫系統失調無法有效抵抗病毒及癌化細胞，最終惡化。
- 不當生活／飲食吸菸喝酒／壓力會產生過多的「自由基」，如果不加以釋放，如赤腳接地氣或吸氫氣來消除自由基，長期過多的自由基累積將攻擊細胞產生癌化／發炎反應。

中醫的觀點

　　六淫外邪，七情內傷，臟腑失調，氣滯血瘀，過勞，外邪感染。

身體經絡能量觀點

　　能量弱化～尤其是「三焦經」能量不足的時候，末梢循環變差／自律神經及內分泌會失調，內分泌失調產生前述免疫系統關閉之外，自律神經失調造成掌控身體「微循環」能力變差，身體局部缺氧，此時會產生高血壓問題，細胞長期缺氧為了生存只好轉變成「厭氧」狀態，就是癌細胞。

癌症治療

傳統西醫有手術／放射／化療／標靶治療，但同時導致造血／消化／神經系統等毒副作用，抵抗力及生活品質變得很差，有時候造成患者死亡不是腫瘤問題，而是因營養不良及免疫力差造成感染而死亡。

最近非常風行「免疫療法」，就是抽取患者血液培養抗癌免疫軍團「T-細胞／B細胞產生抗體／NK自然殺手細胞／DC樹突細胞指揮免疫細胞，但因癌細胞容易變異，經常產生復發／神經毒性等副作用問題，有時候也需要配合放／化療法合併實施，效果較好，另外「幹細胞」療法對癌症治療效果也很好。

我個人認為：

我們身體之所以會產生腫瘤癌細胞，是因為身體「身心環境」變差了，加上身體「能量」太弱了，以至於身體「免疫／自癒系統」無法有效修護所造成的結果，也就是說「身體環境／心理壓力／身體能量」是影響治療效果重要因素，如腫瘤喜好酸性體質，當身體體溫降低免疫系統能力也降低，自由基過多造成細胞老化，基因突變引發癌症，脂肪加速癌轉移。必須先進行身體環境的改造／清理及心態調整，同時必須提升「能量」再配合醫療，癌症才容易攻克，不再復發。

以本書立論基礎說明細胞癌化發生／治療方法

細胞位處於身體的末稍循環，細胞需要血液供應氧／中和自由基的抗氧化酵素，帶走細胞所產生的廢棄物（CO_2／H_2O 組成的酸水／自由基），當身體末梢循環不良，細胞在長期缺氧狀態又泡在酸水毒性物質之中，加上過多無處宣洩自由基攻擊細胞 DNA，為了生存只好轉變成「厭氧」型態，就是癌細胞產生的原因。

接著探討為何末梢循環出了問題？就是本書所強調小動脈開口失靈了，小動脈開口會失靈是因為「自律神經」失調了。而自律神經之所以失調就是掌控「自律神經」的「以太體」能量不足暨自身細胞無法產生足夠能量供應所致，高血壓／打呼／睡眠障礙／手腳冰冷都是能量不足的表現，癌症只是其中一項造成的結果。

當「情緒體」能量也不足的時候，情緒出了問題之外，連帶「以太體」也會出問題，身體症狀更多，身心疾病／恐慌／憂鬱／睡眠障礙／三高逐漸發生，癌症只是其中一項造成的結果。

要真正解決問題需從根本著手，就是提升／恢復光體能量，情緒獲得穩定，

以太體能量恢復了，自律神經活化了，小動脈開口正常運作了，末梢循環血液恢復循環了，帶來了「免疫大軍」及氧氣／營養，並將酸水／自由基帶走，而自由基需靠「赤腳接地／吸氫氣中和」，細胞才能逐漸恢復正常，末梢循環恢復正常，連帶高血壓／手腳冰冷／筋骨痠痛／打呼問題亦會獲得改善，不藥而癒。

　　諧振運動的動態磁能床，主要目的就是在提升能量光場能量，有了能量補充，我們身體就是「上醫」，會自行調理／修護身體，或再藉由立體諧振床協助身體「五臟運動＋六腑振動」強化身體動脈／末梢／靜脈循環，改善缺氧／修護細胞環境，加速排除廢棄物／自由基，克服癌症。

　　現在普遍可以接受，先以西醫治療，再以中醫進行調理體質，扶正固本。
中醫調理體質有三調，調節人體陰陽，氣血，臟腑，經絡平衡，手法如下：
・ 調心：消除恐懼焦慮。悲觀情緒，積極面對，此點非常重要，因心情的差異造成腫瘤的消長案例很多，信心是良藥，是治癒身體必備條件。
・ 調體：以湯藥調理陰陽臟腑，針灸平衡經絡氣血，提升免疫功能。
・ 調胃：幫助消化／營養吸收，身體有了能量，免疫系統得以活化。

諧振運動如何幫助癌症患者

　　先以動態磁能直接提升能量場能量，改善身心問題，恢復自律神經正常操作，末梢循環得以正常操作之後，在經由立體諧振床協助強化動脈／末梢／靜脈循環，細胞獲得營養／氧氣／免疫大軍注入殺死癌細胞

　　「立體諧振」強調 12 經絡共振，也就是「五臟運動＋六腑振動」，剛好滿足臟腑陰陽平衡／提升身體經絡共振能量／強化氣血循環。

　　大家都知道「消除壓力最有效的方法就是運動」，符合中醫「調心」的手段。

　　諧振運動中的「五臟低頻運動」是一種被動式運動，就算患者身體已經很虛弱沒有能量「氣」的時候，也能藉著諧振床的橫膈膜運動，產生心肺復甦效果，六腑振動幫助末梢／靜脈回流，調和自律神經，以下分別說明。

五臟低頻運動產生之下效果

1、直接強化了呼吸，增加肺活量／氧氣，氧氣是細胞粒線體產生能量必備的條件，吃進身體的營養才得以藉著氧氣轉換合成能量。
2、加速血液循環，充足的紅血球帶走酸水（$CO_2 + H_2O$）及自由基，降低酸性體質，2.4Hz 腎經增強下焦血液，將自由基／穢氣往雙腳運送，再配合赤腳接地氣或吸氫氣加速排除自由基。

3、血流速增加,血管內皮細胞產生一氧化氮(NO),除了擴張血管功能之外,一氧化氮也能縮小和消滅癌症腫瘤。

4、心臟動脈血流量增加,流到腦幹/器官/心肌冠狀動脈血流量增加,協助器官修護。避免細胞持續缺氧繼續製造更多的癌細胞。

5、腫瘤地方會形成一個高熱壓力區,血流速太慢的話無法將免疫大軍送達病灶之處,諧振運動增加血流速度,突破腫瘤所形成的壓力區,讓免疫大軍得以靠近並殺死腫瘤。

6、橫膈膜運動也大大了幫助腸胃蠕動/增加脾胃腸營養吸收能力,營養足夠才有本錢製造免疫大軍及修補的器官。

7、排除經久累積於腸道的糞便,及協助腎臟將身體毒素排出。

六腑高頻振動 產生效果如下

1、主要就是提升「三焦經」能量,是重中之重,可以提升自律神經總活性,平衡自律神經,內分泌系統才能正常運作,免疫系統才得以重新打開,產生抗體及殺死癌細胞作用。

2、提升了身體「經絡能量」就可以弭補因化療身體虛弱難以飲食,身體營養不足無法產生能量的困境,能量足了,經絡才能正常運作,體溫上升活化免疫能力。

3、振動會促進身體/心理的「壓力釋放」,自律神經的活化及平衡,病患「睡眠品質」提升了,身體才能獲得修護的機會。

4、高頻振動促進身體「末梢微循環」,將已經送達大動脈的血液/營養物質,經由微血管送達細胞處,同時加速「靜脈及淋巴回流」,將組織間多餘液體及細胞排泄毒素確實帶走。

諧振運動是一種幫助身體進行「多功能全方位療癒」的運動,傳統醫療行為屬於單獨功能,而且幾乎都有副作用產生,對於處在身體非常虛弱的時候,很難承受這些副作用的折磨。

諧振運動一方面支持身體各系統正常的運作,一方面改善體質提升能量強化免疫功能,多管齊下,患者唯一必須面對的是須承受「好轉反應」所帶來的疼痛。

「預防勝於治療」如果平常就使用「諧振運動」,再配合「赤腳踩草地洩放掉自由基」,能量充足,12經絡正常運作,循環/內分泌良好/身心得以平衡,睡眠品質好,心情愉快,身體要產生疾病的機會一定會大降低,這就是本書強調的重點「上醫以能量來治未病」的真諦。

諧振運動與傳統中醫暨民俗療法的關聯

　　傳統中醫診所採用把脈／中藥／針灸／熱／電療方式為病患服務，坊間還有所謂民俗療法如刮痧／拔罐／推拿／整骨／脊／復／氣功等，特做一簡單說明。

傳統中醫暨民俗療法

針灸／指壓

　　中醫最常用手法，歷經千年經驗／傳承，根據經絡／穴道特性，及相生相剋屬性，以針或灸結合不同穴位的搭配，調整氣／血流向而達到治療身體的效果，穴道是小動脈／小靜脈／神經集結的處所，是動脈微循環的一部分，穴道是經絡振動的最大點，針刺穴道，造成遠離身體的血流量降低，灸法剛好與針刺的效果相反，遠離身體血液反而增加，手腳冰冷最好是採用「灸」法。

　　坊間還有以手指指壓穴道按摩方式，目的也是藉由刺激穴道／阿是穴／痛點，排除經絡不通問題。

刮痧／拔罐／拍打

　　針對末稍循環尤其是皮膚表層氣滯／血瘀問題，以刮痧板或拔罐設備，目的在疏通經絡活血化瘀，同時將皮膚表層微血管給予適度的刺激／小迫害，誘發身體免疫反應，為了修護表層損傷而加速身體循環，恢復皮膚表層末稍循環／靜脈回流及組織間液流動順暢，常用手法有八個位置，如下：

- · 手腳（行氣通絡）／腹部（通便）／眼周（明目）／頸部（活血舒筋）／
- · 胸骨（寬胸理氣）／脅肋（疏肝解鬱）／腳底（緩解失眠）／頭部（提神醒腦）
- · 拍拍打則是以拍打板給予皮膚刺激，利用拍打瞬間的震波深入皮膚深層組織將氣滯／血瘀之血釣出到表層，排除阻塞問題，協助恢復末梢氣血循環。

推拿按摩／拉筋

　　利用徒手技巧將皮膚較深層的氣滯／血瘀／經絡／筋骨／筋膜沾黏問題以外力協助排除，有時候會搭配精油以提升效果。

整骨／脊／復

　　因運動受傷／長期姿勢不正確，造成身體骨架的錯位，須以專業技巧予與恢

復正常位置。許多神經都位於骨縫處，骨架的錯位有時會影響神經運作／及氣血循環。

氣功／光療癒

以具有氣功鍛鍊的治療師，利用治療師發功調整病患能量場能量，提升能量場能量／流動，患者經絡獲得能量身體氣血循環得以正常運作，身體恢復健康，治療師相對的會消耗其自身三焦能量，氣功外放造成三焦能量不足的時候，會虛化內部脾／膽經能量，對身體有不好影響，如怕冷／身體虛弱。

國外所謂的光療有類似效果，利用靈擺診斷患者能量場問題，經由治療師以雙手勞宮穴的能量小脈輪協助調整／修護患者能量場，而達到治療效果。

治療師在調整過程需與病患做能量場接觸，會吸收到病患汙濁病氣／能量的影響，如果不排除，長期下來治療師身體會受影響

熱／電療

利用加熱發射遠紅外線可以加速經絡／氣血循環，或以電刺激經 絡方式協助經絡／氣血循環。

分析前述的民俗療法有以下幾個特徵

1、指壓按摩／推拿／整骨／脊／復／氣功／光療治療師在調整過程需與病患做身體／能量場接觸，會吸收到病患汙濁病氣／能量的影響，如果不排除，長期下來治療師身體會受影響。

2、指壓按摩／推拿／刮痧／拔罐／拍打／遠紅外線熱療是針對皮膚表層的末稍循環給予疏通，具有局限性及局部性，其效果無法達到深層組織液體循環及靜脈回流效果，且因只有局部性其治療效果較差，患者須長期接受調理，花費較長時間才能見到效果。

3、氣功治療會消耗治療師自身三焦能量，氣功外放造成三焦能量不足的時候，會虛化內部脾／膽經能量，對身體有不好影響，如怕冷／身體虛弱。

4、除了熱／電療之外，治療效果全賴治療師個人專業技巧／技術成熟度及操作手法輕重程度會有所差異，且治療師養成不易，容易跳槽／離職，管理不容易，且治療全靠體力施行職場壽命較短。

諧振運動設備可以協助民俗療法業者之效益

動態磁能床

- 藉由設備提升病患及治療師能量，不用消耗治療師本身能量。且經由磁能床先進行熱身／提升病患能量／末稍循環後，對於氣功／光療／整骨／脊／復推拿／按摩治療師可以輕鬆快速完成療程。

- 提供氣功大師能量修補，增加每天治療人次。

- 協助排除病患及治療師吸收到病患的汙濁病氣。

- 配合一些附屬配件可以協助背部脊椎／腰椎／頸椎按摩，紓解腰痠背痛，及手下臂職業傷害／過度使用產生的痠痛問題。請參閱圖三十三。

立體諧振床

- 五臟運動／六腑振動，具有全身性深層次內臟按摩，及促進身體所有循環，涵蓋動脈／靜脈／淋巴／組織間液／頭部／末稍循環，先藉由諧振床的協助可以把傳統表面處理達不到的氣滯／血瘀鉤出到皮膚表層，再經由治療師以推拿／刮痧／拔罐方式快速排除。

- 使用前採用下焦／腎經頻率，協助排除自由基／穢氣，使用後再經由腎經以予將能量平均分配至全身。

- 協助中醫院所配合中藥理療，諧振床加速氣血循環，幫助藥效的傳遞快速送達病灶處，進行身體修護，縮短治療時間。

多功能振動訓練機

- 協助深層經絡的疏通，如頭部內部密密麻麻的經絡疏通，許多頭部疾病如頭暈／頭痛／失眠／失智等，首先就是因經絡不通造成血液流動不順，頭部缺氧所致，此經絡不通問題很難診斷，造成治療效果不佳。

- 協助深層筋膜沾黏所產生的五十肩／膏肓痠痛問題。

- 先經由振動訓練機初步處理，再交由專業人員徒手精細微調，可達事半功倍之效，最適合專業「物理治療」行業使用。

　　以諧振運動設備協助業者，可以盡量避免與病患接觸，減少吸收到病患汙濁病氣／能量的影響，並以下焦／腎經頻率協助身體穢氣經由雙腳排出。

　　具有快速／廣泛效果，治療效果好，風評好增加收入，治療師輕鬆施行，維持體力延長治療師職業壽命。

　　自動化設備取代專精人力，一位治療師可以照顧更多患者，人員減少好管理，降低人力成本／流動風險。

　　諧振運動設備屬於廣泛「物理治療」器材，涵蓋無形的能量場到身體所有循環／經絡／筋骨／筋膜／深層內臟按摩，與民俗療法傳統人力呈現的不是競爭而是互補關聯性，先佐以設備進行初步／快速處理，再交由人力進行精細微調，相互合作達到業者省時／省力／增加收入，病患快速恢復健康的雙贏目的。

養生鍛練步驟

　　根據這些年的體驗，我把追求健康做了一個順序及定調，大家可以按下列步驟自行鍛鍊，每個步驟都非常重要。前 6 項為基本養生。7，8 項待身體健康，能量充沛的時候再來追求。

以諧振運動開啟全民養生列車

1、接地氣～排除自由基，消除發炎：

　　降低過敏／自體免疫功能混亂／穩定血糖。

　　自由基是許多疾病發生的原因，本來可以靠「赤腳踩大地」來釋放自由基，但因人類發明了鞋子阻隔了自由基的洩放，文明病因而產生，糖尿病的成長曲線跟鞋子成長曲線一樣！根據諧振運動會員體驗經驗也指出，自由基確實影響血糖的控制。

　　「吸氫氣以中和自由基」降低發炎反應，在普遍穿鞋子的現代社會，會是最簡單快速排除自由基的方法。

- 諧振運動根據上中下焦所掌控的經絡知悉，下焦屬於腎經所管轄，可藉由腎經振動頻率（2.4Hz）協助將自由基／穢氣輸送到腳底部位，赤腳經由腳底洩放入大地。

- 赤腳踩大地還可以吸收大地日月精華所孕育的能量，達到上連結天下連接地，達到天地人合一的最佳境界。

2、拉筋骨～筋長一吋，壽延十年：五十肩／膏盲筋膜沾黏問題。

3、養能量～能量是身體運作的來源：

能量光場／身體經絡能量。

以太體能量足，自律神經活化，身體才能正常運作。

情緒體能量足，身心獲得平衡，人生快樂完美。

　　平常開始使用諧振運動，可以以腎經振動頻率（2.4Hz）協助將身體積累的穢氣（包括自由基）先行送至下焦經由湧泉穴以予排除，之後才進入脾經（3.6Hz）及中焦肺經（4.8Hz），上焦膽經（7.2Hz），最後至身體外圍三焦（10.8Hz），及提升身體／光場的能量。

　　諧振運動結束的時候，需要將中／上焦／外圍的能量藉由腎經振動頻率（2.4Hz）導引至下焦，使能量能平均分布於全身上／下／裡／外，完善全身正常運作，避免能量集中／停滯現象。

4、動臟腑～活化器官，促進循環，五臟運動／六腑振動：

　　　．增進心腦血管／呼吸／末梢循環／組織間液／靜脈回流／淋巴循環。

　　　．增加「大腦前額葉」血液流量是銀髮族恢復健康非常重要的手段。

5、長肌肉～下肢鍛鍊。

　　促進年輕：改善銀髮族肌少症／膝關節退化問題。

6、通經絡～氣血通，能量足，百病除：

　　改善頭部經絡阻塞問題為首要。

7、開脈輪～通中脈，開起身心靈之旅：

　　松果體／間腦開發

8、啟光靈～身體光體／脈輪／經絡／器官／細胞：

　　提升「能量光場」能量，恢復「上醫」自我修復功能。達身心靈和諧完美的理想境界。

　　本書著重在諧振運動「理論」的建立及探討，諸如前述我推薦諧振運動「實踐篇」，以更多的人體實驗來印證「諧振運動」的功效。

　　我也期盼當「諧振運動」恢復人類身體的健康之外，完善第一至第六項，逐漸提升身體能量之後，在佐以我所研究的「間腦開發之脈輪音樂」協助第七「開脈輪」及第八「啟光靈」的養生鍛鍊，真正達到「身心靈」和諧完美的理想境界。

諧振運動解決長照問題：長照社區／在地化

傳統照護／輔具：提供照顧者與被照護者的方便。

諧振運動：積極促進被照護者恢復健康，減輕照護者／社會壓力，

立體諧振床：腸胃蠕動助消化／防便秘褥瘡／呼吸拍背拍痰／防失智／助眠／減
輕照護負擔

長照社區化在地化：

現有公寓大樓健身中心只擺設年輕人才能使用的跑步機／重訓機，完全沒有考慮到銀髮族的需求。

白天年輕人上班，銀髮族待在家裡，運動設備閒置無人使用，甚為可惜，如果將這些設備更新為「諧振運動」器材，僅需一個人來協助操作，白天提供在家的退休銀髮族使用，下班的時候青壯年也可以使用，除了重訓之外也可以消除白天上班的疲憊。

這樣的長照安排，白天年輕人不用煩惱要接送長者，長者也免除舟車勞頓，中午回家休息，下午再下來在享受諧振運動，在家／在地安養／家庭幸福／減少社會負擔。

社區大樓本來就規劃了運動／休閒／書報／電影院／烹飪教室，大樓管委會都有充足的資金，如果再加上政府政策協助，聘僱長照人員／或大樓退休身體健康住戶共同參與一起經營「銀髮族」養生的福利事業，還提供中餐服務，退休的銀髮族有個安心／快樂／可以聚在一起運動／聊天／消磨時間的鄰居老伴，相互鼓勵指導運動，快快樂樂／有說有笑度過健康的晚年。在外打拼／上班的年輕人，放心在家的長輩有專業照顧，全力工作。

我公司成立體驗館二年下來，年紀最大的有 92 歲奶奶，六十到八十歲最多，他們來體驗館使用「諧振運動」器材維持健康目的之外，我們特地提供一個交誼場地，可以吃個簡餐，泡個咖啡喝個下午茶，聚在一起快樂聊天，這是一種「關懷」，有時候大家出點錢請廚藝好的會員掌廚炒幾樣菜，中午一起聚餐，熱鬧情景非常值得回味，我會笑說「我們是不同姓的一家人」，有些長者還打趣笑說「我們一家都是人」，確實人很多，這種以健康訴求，以人本關懷所產生的凝聚力量非常大的，老人家要的就是「健康」與「陪伴關懷」，家庭才會和樂，社會才會祥和。

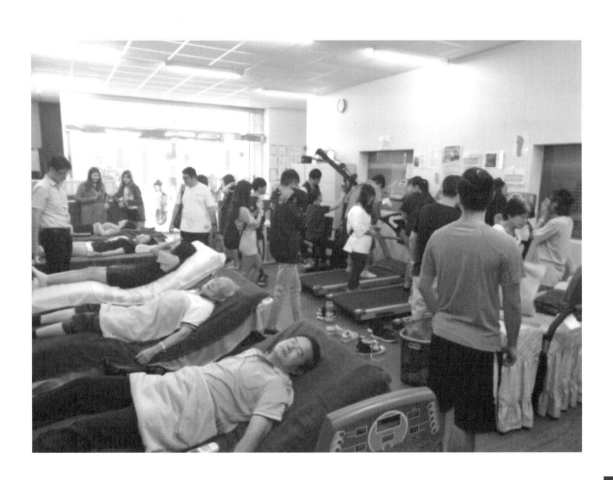

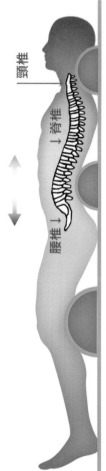

頸椎

↓脊椎

腰椎↓

↑頸枕

↑腰枕

↑腿枕

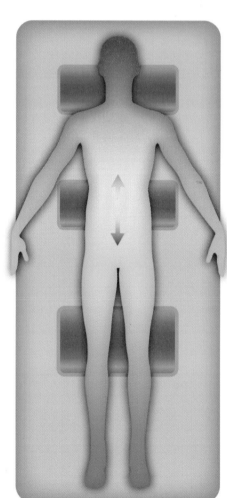

↑雙手抓住床邊，舒緩下臂酸痛

圖三十三.應用配件舒緩脊椎/腰椎/頸椎/手下臂疼痛

諧振運動
遠離病痛

體驗者
心得篇

希望父親所發明的「諧振運動器材」能繼續發揚光大，造福更多需要的人！

文／葉耀翔 (作者葉宏駿之子)

編按：

葉耀翔～是本書作者葉宏駿的兒子。

葉耀翔從小放假的時間，就經常到父親的公司見習，到工廠學習產品組立、安裝、測試，經常陪著父親開著貨車南來北往送貨安裝，作者經常告誡葉耀翔，各項產品研發必須確實了解消費者需求，並隨時根據使用者的使用心得，作為產品改良的依據，葉耀翔長時間親眼見識父親產品研發過程的點點滴滴心血，更佩服父親全心投入、從無到有諧振運動設備及理論，花費了二十年才看到今日的成果。

在父親鼓勵之下，葉耀翔大學選讀中山醫學大學物理治療系，學習專業科目，畢業後先是到「物理治療診所」服務、學習傳統治療手法，假日就在父親所開設的「諧振運動」體驗館服務，結合傳統物理治療手法經由諧振運動設備的協助，發現物理治療效果非常顯著，許多傳統很棘手的問題都能快速獲得改善。

學有所成的葉耀翔以大學階段研讀物理治療學裡與技術，並學以致用詳細觀察、並紀錄蒞臨父親所開設的體驗館的體驗者的療程，特謹列舉幾位實際使用「諧振運動器材」者的體驗心得，以供讀者參考。

因為科技發達以及生活習慣的改變，現代人待在椅子上的時間越來越長，要是又沒有運動習慣，往往會延伸出各種文明病，如肌少症、肥胖、內臟問題、自律神經失調、肩頸痠痛、腰痛腿麻等等惱人的狀況，而這些問題通通都可以靠運動來得到改善。

身為一位物理治療師，在職場上有非常多肌肉痠痛的病人，究其原因，其實多半是因為平時久坐或工作時姿勢不良，導致背部、肩頸的肌肉處於延長狀態，

這種狀態長期累積下來就會啟動人體的神經保護機轉，使其繃緊、僵硬，所以常可以在這些人身上觸診到結成條或塊的肌纖維，而這些慢性形成的問題不僅有不舒服的緊繃感，甚至使關節失能，形成骨刺去壓迫神經，而這些問題必須要靠平時生活習慣調整與運動去加強較弱的肌肉才可根本解決，只做徒手按摩放鬆、電療、熱敷只能短暫舒緩而已，過了不久痠痛一樣找上門。

振動應用在物理治療領域已有一段時間，如振動按摩槍、垂直律動機等等，而目前新興的水平律動應用在物理治療領域仍不普遍，但我認為其效果是非常值得去探討的，以我的觀點來看，水平律動相較於垂直律動，因為較不受重力的影響，所以對於人全身律動的效果較佳，這種全身律動對於內臟按摩、筋膜整合、全身循環（血液、淋巴液、腦脊隨液）與自律神經調節應當都有很好的促進作用，這應用在一些不方便自我進行有氧運動的人來說會有不錯的效果，那當然垂直律動也有它的優點在，特別是在骨密度增加這一環，水平律動的效果就不會那麼明顯。

我開始接觸健身，到現在也有五、六年的時間。本書中提到的振動肌力機，我認為未來可能成為運動產業界的一項產品革命。

肌肉訓練的原理，是先造成肌肉微小撕裂，再補充營養與休息，使其成長、更加茁壯，如果訓練時再加上振動刺激呢？我認為能在同一時間內，比起傳統訓練對肌肉產生更多拉扯，進而形成更多微小撕裂，會讓訓練更加有效率、節省時間。且振動能刺激神經，訓練神經靈敏度，並營造一個不穩定的環境，此時神經反射就會徵召更多小肌群去穩定肢段，長期訓練下來，可以增加穩定度與控制能力，降低運動傷害的風險，這對於一些需要追求更好運動表現的運動員來說，應是一項很好的訓練工具。

我能成為物理治療師，似乎都是上天安排指引的，因為父親的各項發明其實與物理治療息息相關，而目前仍需更多研究與臨床試驗去證實其效果。

我很高興能在彙集父親一生所學的書中時能為父親說上幾句話，也希望父親的發明能繼續發揚光大，造福更多需要的人！

案例分享

體驗館根據 健康三部曲～修護／成長／茁壯，依次協助會員恢復健康。

修護（動態磁能／立體諧振床）：提升能量，運動臟腑，清除廢物，自我療癒。

成長（振動跑步機）：站起來走路／跑步，開始成長。

活力（振動肌力機）：拉筋骨／鍛鍊肌肉，身體茁壯，恢復年輕。

首部曲修護包含四個程序，是「諧振運動」最重要的階段：

1、提升能量：提升三焦經／膀胱經能量，讓三焦經將能量分享到各經絡。

2、運動臟腑：協助身體「五臟運動＋六腑振動」，使身體各系統可以開始運轉。

3、清除廢物：組織液中的酸水，自由基／穢氣，內臟脂肪，其中酸水須優先排除

4、自我療癒：放心交給身體「總管理師」進行自我療癒。

以下案例基本上就循著此四個步驟幫助體驗者恢復健康

【案例一　長期吃安眠藥／糖尿病／身體虛弱，蹲下無法起身。】

年齡：65 歲／女性

　　台灣體驗館的會員，第一天來，告知有睡眠障礙，安眠藥已經吃了十幾年，而且一次需要吃很多顆安眠藥才能入睡，尿蛋白高達 3800，醫生通知要進行洗腎了，腿沒有力量，蹲下去無法自己站起來。

　　開始使用「動態磁能床」約十分鐘（頻率 12hz ／強度 90%），立即要求停止，她說頭漲痛得很厲害，好像有千萬隻螞蟻在頭裡面鑽動，但是床一停了下來，

頭就又不痛了,她知道這是瞑眩好轉反應,是因血管擴大時產生的脹痛感,於是決定開始使用。

振動強度先從輕度開始使用,確保頭部漲痛在可以忍受的範圍,一個星期後頭就不再脹痛了,一個月後再去抽血檢驗,尿蛋白從 3800 竟然降低到 411,睡眠情況也好多了,二個月後,不吃安眠藥也可以入睡了。

前面半年目的在修護身體,使用的設備以躺的為主,站的為輔,先使用「動態磁能」二十分鐘,「立體諧振床」二十分鐘,「NIMS 床」二十分鐘。

「振動跑步機」二十分鐘,進行拉筋(背部/小腿),走路二十分鐘

「振動肌力機」二十分鐘,簡單進行拉筋動作(手/頭/背)

半年後身體情況修護了約 70%,開始進入第三階段肌力訓練。

「振動肌力機」蹬腿(Leg Press)十分鐘(從 50kg 開始),每天增加 1-2kg 持續使用約二個星期,發現已經可以自主蹲下去又可以輕鬆站起來了,身體也開始瘦了下來。

現在睡得好心情好整個精神愉快,成為體驗館最熱心的義工,協助新來的會員如何使用設備。

【案例二　心臟傳導不正常～竇房結/房室結傳導不正常】

年齡:62 歲/女性

這位女士現年 62 歲,30 歲開始因為是職業婦女可能壓力大,睡眠一直都不好,會心痛曾經暈倒送醫院急救,背部酸痛經常做針灸/按摩,看遍中西醫,頭暈/氣喘/心悸/胸痛等症狀仍無法去除,嚴重的時候根本無法睡覺,幾年前去長白山高山旅遊,發生頭痛/胸痛/喘不過氣來,差點回不來。

醫生跟她說心臟的問題也沒有方法可以根治,等到左右心房都出問題再手術處理。

來體驗,使用「四合一振動肌力機」單手側拉方式,幾秒鐘頭側/後腦非常痛,續拉的過程頭頂面也逐漸產生痠痛,告知必須要忍耐這個過程,約二個星期頭痛問題就慢慢解決了。

每次來體驗約花 2 個小時,包括「動態磁能」20—40 分鐘,給予三焦經能量,及膀胱經「俞穴」能量補充,當然她的情況「心俞」是最重要的,以動態磁能床

會全部活化所有俞穴，及督脈的命門，全部在高頻振動及磁能的協助下三焦經獲得能量。

她有十幾年打坐習慣，但氣一直無法上到頭部，我使用「四合一振動肌力機」掛上頸椎治療的頭套，力量調整的很輕約 7kg，頻率 15hz，振幅 60％，使用五分鐘，她就明顯感覺氣可以往頭部循環了，大概只做了二三次後，再使用「動態磁能床」的時候可以感覺氣從背部的督脈，上到頭頂百會穴，之後往前面沿著任脈而下，回家打坐的時候氣就很順暢地在身體流動了。

再使用美國 NIMS 水平律動，協助心肺復甦，強化心臟輸出同時修補心臟。

後續再立體諧振床「振動功能」將血液打到「大腦前額葉」及身體末梢循環。

經過二個月的調整，心臟的問題獲得全面改善，睡不著的問題也解決了。

還有 16 歲盲腸開刀後遺症就是右腹部經常肚子痛，現在也不痛了。

再次提起勇氣參加日本層雲峽及大陸雲南旅遊團，結果身體完全正常，非常高興，竟然只花了二個月時間就把 30 幾年無法根治的毛病全部解決了。

【案例三　心臟肥大】

年齡：68 歲／男性

此會員患心臟肥大問題有十幾年了，只要爬樓梯或運動就很喘，心律不整，晚上洗完澡也喘，心跳又快，必須休息一個多小時以上，等心跳下降不再喘了才能睡覺，同時間頭痛問題也很困擾，經常喝感冒糖漿止痛，開車頂多 50 公里一定要停下來休息，才能繼續上路，有固定吃藥，控制心跳維持正常跳動，三高問題檢查至少有五項紅色的…。

到體驗館使用約 2-3 個月之後，心臟氣喘問題獲得改善，開車 100 多公里往返不用中途停下來休息，頭痛問題也改善了。

感覺現在食慾變好了，營養夠精神也好多了，後來他持續來體驗館最大的原因是他有便秘的困擾，只要二三天沒有排便，他就乖乖的到體驗館躺諧振床，不管是「動態磁能」或是「立體諧振床」只要 20 分鐘一定上廁所。

他都有定期到醫院定期檢查，確認心臟功能愈來愈好，而且 3 高檢查數據都沒有紅色的了，肚子腰圍也小了許多。

【案例四　心臟冠狀動脈堵塞患者】

年齡：56 歲／男性

107 年 5 月初開始感覺胸部心臟部位有不舒服麻痛感，且產生不規則顫動，一天早晨因心臟不適用救護車送醫院，檢查確定三條冠狀動脈一條完全堵塞，一條也堵塞 50%。醫生警告不立即裝支架心臟隨時會發生危險，因患者想工作告一段落再來裝支架，期間 7 月剛好到加盟店進行裝潢工作，知道立體諧振原理後接受三天，每天一小時共 3 個小時的體驗，第四天早上起來胸部心臟部位不舒服麻痛感已經消失，再繼續作三天共 9 個小時，到台中榮總作 256 心臟切片攝影斷層掃描，醫生說堵塞不到 20%，不用裝支架了，於是購買了一台「運動沙發」回家使用。

至今 8 月連續使用能量床一個多月，除了心臟問題獲得解決之外，感覺肚子也逐漸縮小了瘦了約 8 公斤，另外因一氧化氮（NO）的產生真的提升了性能力了，一氧化氮（NO）就是威爾剛。

三個月之後我去拜訪，結果她太太使用的結果的效果讓我大吃一驚，她至少減重了 10 公斤以上！原來的褲子穿上去，左右二隻手握拳都還塞得下去。

我問他們是怎麼使用的，她說也是下班晚上二人輪流各使用一個小時啊，早上有空也會使用約半個小時，我猜他們夫妻從事水泥塗牆壁工作，新陳代謝率高，肥胖的脂肪尚未成為硬塊，可能是「能量」不足，「末梢循環」太弱，在使用諧振床之後，促進「末梢及淋巴」循環，很快就將脂肪排除了。

由此案例也可以看得出來，諧振床只是起了提供「能量」及協助「五臟運動＋六腑振動」的作用，其他的調整完全是自己的身體去調整，外界不用去干擾身體這位最精明的「上醫」，身體最清楚自己的情況。只要能量足夠「上醫」就會進行修護身體。

【案例五　洗腎患者】

年齡：46 歲／男性

洗腎時間：8 年

肇因：高血壓引起腎衰竭

使用情況：開始使用振動能量床連續三天之後發現睡眠情況改善了，腳水腫也大

幅改善。經二個月天天持續使用，臉色不再暗沉，精神好了洗腎前不會那麼疲累。

1、立體諧振以 3.0hz-3.6HZ 往覆運動時，讓躺在能量床上的使用者產生類似跳繩運動的效果，身體內部橫隔膜產生上下往復運動，此運動造成類似心肺復甦（CPR）效果，使得心臟血流量及流速增加，血流速增加促使血管內皮細胞產生一氧化氮（NO），一氧化氮的產生促使血管擴張，因血管擴張的結果血管容積增加及血流速加速產生血管內壓力降低現象將血管外組織之間的多餘水分及毒素吸收進到血管內部。

2、對於洗腎患者，是透過將動脈血管抽出體外藉由體外透析將血管內的多餘水分及毒素排出體外，如果洗腎患者因血液流速太慢無法將滯留在血管外部的水分及毒素事先吸進血管裡面， 這些滯留在血管外部的水分及毒素就無法經由血液透析而排出體外，有些洗腎患者花費很長時間仍然無法將水分及毒素排出，其根源問題可能就是發生在這裡，也就是說如果可以在洗腎之前預先使用運動床將滯留在血管外部的水分及毒素先吸收進血管內部之後再進行洗腎，洗腎效果會很好，或者進一步在洗腎的同時使用運動床也許可以縮短洗腎時間。

3、當洗腎完身體虛弱，血流速又變慢了，此時會產生一個現象，那就是靜脈血液回流不良，流回主動脈的血液不足，此時如果直接使用運動模式會因靜脈的血液回流不足造成心臟空打現象心臟不舒服，症狀有如中醫所謂心腎不交，所以洗腎完身體虛弱血流速又變慢的時候重點是優先促進靜脈回流，諧振床以 6hz 的高頻振動方式其效果類似肌肉收縮因而促進末稍血液循環，包括加速靜脈血液回流入中心血管，中心血管血液充足之後再以運動模式將血液打出，心臟就不至於空打產生不適現象。

4、使用諧振床對洗腎患者還有另外的好處，諧振床可以提高身體能量，當身體能量充足的時候身體肌餓感就不會很強烈，身體正常運作需要能量，而能量的產生目前人類就是依靠食物而來，但能量的獲取並非只有食物這條路，修行者可以很長時間處於禁食情況作息依然正常。

身體吃進食物經由消化系統吸收食物各種營養素供應細胞粒線體與肺部吸進來的氧氣行化學作用產生能量，此過程會產生「自由基／ CO_2 及水分」，如果因為使用了能量床之後直接提昇了「身體能量」因而減少食物食用量，將

相對的減少身體為了產生能量而連帶產生的廢棄物，只要廢棄物減少了，洗腎的次數應該就可以降低，生活品質就會改善，這對於洗腎患者可能是一條很好的生活之路。

對於洗腎患者，最痛苦的莫過於洗腎洗到後期，身體沒有體力，晚上也睡不好，身體已經無法進行修護，當血液循環愈來愈差的時候，組織液體廢棄物如水分與二氧化碳產生的酸水與自由基（OH）根本無法吸入血管，怎麼洗也無法把毒素排除，最後鬱鬱而終，病患與家人的無奈看了都好心疼。

現在的醫學到底怎麼了？為何會把人搞得如此不堪呢！

【案例六　高血壓】

年齡：66 歲／女性

　　台灣體驗館的會員，第一天來告知有高血壓，如果不吃降血壓的藥，血壓曾高達280，除了高血壓沒有其他問題，她瘦瘦的，吃素至少有40幾年，也很養生，就是不知道為何會高血壓，她說年輕的時候看中醫，中醫師說她心臟沒力氣，而且那時候就經常頭痛，有吃中藥調理，但是問題還在。

　　開始使用「動態磁能」、「立體諧振」，三天後告知我她背部靠近脖子附近左右二邊肌肉／筋痠痛，告知是好轉反應，於是繼續使用，再經過二天，她產生耳鳴，等耳鳴好了接下來血壓突然升高到180，趕緊吃了一顆強降血壓的藥，但血壓沒有像以前那樣降下來，請她放心繼續使用，過了一個晚上血壓就自動降了下來。

　　接著經過幾天之後反映發生心悸現象，心臟突然跳得很快，每次發生時間只有短暫幾秒鐘，也伴隨約 2 秒鐘暈眩問題，眼睛感覺模糊，此情況從一天發生 3 次，逐漸地每天減少發生次數，一個星期後心悸問題沒有了。

　　接下來產生心臟很深沉的跳動，每次有十七至十八下，一天發生 20 幾次，也會產生暈眩，如此使用一個月之後，現在每天仍會發生心臟很深沉的跳動，但每次只跳動 3 下，一天才發生 2-3 次。

　　血壓持續下降，目前血壓已經降到 125，心跳由早期 63 下上升到 74 下。

　　長期不明的高血壓問題也不藥而癒，原來有手汗症的問題也逐漸改善了。

　　使用一個月後休息 15 天去旅遊回來告訴我，旅遊的這段期間好轉反應仍然

持續產生，現在感覺幾十年累積的毛病就消除了，以前只能慢慢爬樓梯，現在已經可以快速爬樓梯了，頭也不暈了。

高血壓前面有說明是因為不明原因身體局部缺氧，也檢查不出哪個地方缺氧，此案女士已經很注重身體保養了，現在醫學就是檢查不出哪個地方造成高血壓。

根據好轉反應的地方及顯現症狀，我判斷應該是自律神經有偏差，缺氧的部位應該是在頭部，而阻擋不通的地方是在背部靠近脖子附近左右二邊肌肉及筋骨／經絡。首先反映了不通位置，等血液打通開始流到頭部的時候，產生了耳鳴，接下來血壓突然升高應該是原本不通的地方突然間打開了，需要更多的血液供應，於是心臟加壓使血壓升高將血送過去，過了一個晚上，血液確實送達了，於是血壓自動就降了下來，我判斷到此刻頭部缺氧的地方已經獲得改善了，從開始使用「諧振運動」設備不到十天的時間就解決了高血壓問題。

接下來反映有心悸現象，我想現在是在調整自律神經不平衡問題，用了十幾天動態磁能床之後，能量比較充足了，神經系統開始活化了，心悸現象就是「好轉反應」，應該是自律神經總活性提升，交感／副交感調控心臟的節奏加快，但還不穩定所產生的現象。就好像太久沒有運動突然去操場跑步，有點力不從心的感覺，心臟沒有控制好，暈眩問題當然伴隨發生了。

接下來產生心臟很深沉的跳動，應該是自律神經調控能力已經恢復了穩定，開始發出命令加強心臟跳動的力道，有可能是心臟能量還不足，或是「靜脈回流不彰」所產生的現象，心臟已經可以大力深沉的跳動，但血液還來不及供應，此時造血功能也正在加強，但有時候靜脈回流不及所產生的現象，身體真的非常複雜，必須同時調整才能提升整體性能。

年輕的時候看中醫說心臟沒力氣，也經常頭痛，這二項問題不就是前面所判斷的，年輕的時候頭部就有缺氧問題，高血壓就逐漸產生，心臟也沒有能量，自律神經總活性也不夠，「好轉反應」都顯現了這些問題。

使用「諧振運動」器材，不必吃藥，只提升身體三焦經能量，及協助「五臟運動＋六腑震動」身體有了能量就啟動了自我修護功能，身體自己最清楚哪個地方發生問題，且修護過程好像也依據症狀的輕重，先處理輕症接著才處理重症方式，按照順序逐漸解決，外界根本不用擔心，也不必插手。

只要連續使用一至三個月，長年身體的病痛就解決了。

　　根據王博士十幾年人體實驗研究，「高血壓只是虛證，高血壓是因身體重要器官缺氧，要求心臟加壓設法解決缺氧問題」，而容易發生缺氧問題的地方有二個地方：

　　一是腦部缺氧，可能肇因於膽經弱化使得往頭面的血不足。

　　二是肺功能不良，舒張壓升高患者，通常是外面肌肉受傷，沒有能力把肋骨打開或抽菸／粉塵／病毒感染肺部纖維化／肺血管栓塞造成氧氣交換效率不好，血中氧氣不足，只好加壓努力提供更多的血給各器官和組織。

缺氧除了因肺功能不良之外應該增加下列二項因素：

　　第一，是脾臟造血機能不足，低血壓／貧血患者，沒有足夠紅血球進行氧 O_2 與二氧化碳 CO_2 的交換效率，心臟只好加壓工作。

　　第二，是身體虛弱三焦經能量不足，自律神經失調，身體只能免強維持生存所需的系統運作，關閉了一些不會立即造成生命危險的地方，如末梢皮膚及較不使用到的肌肉，這些地方仍然會發出求救信號，心臟功能還好的話，就會持續長期加壓。

　　打鼾／呼吸中止症也歸屬於「能量不足」咽喉塌陷，心臟只好拼命加壓的結果。

　　高血壓之所以難根治就是產生的因素太多了，根本很難診斷產生缺氧的地方，就算找到缺氧的問題，也很難改善。

　　「諧振運動」之所以能夠改善「高血壓」問題，就在於多方面促進及改善身體運作功能：

1、先從「能量不足」的問題切入，先提升能量，三焦經能量足了，自律神經的
　　調控功能恢復了，控制「心臟」的能力就恢復了，「心悸」問題獲得改善，
　　三焦經能量足了就可以把多餘的能量往內部五臟六腑經絡傳送。
2、「五臟運動＋六腑振動」物理治療協助身體進行改善循環及清除毒素。
3、膽經能量足了，腦部缺氧的問題就改善了。
4、脾臟造血機能恢復了，肺循環正常了，身體不再缺氧了，血壓自然就降下來了，
　　心臟負擔小了，不會過度負擔產生心臟衰竭問題。

5、能量足了打鼾／呼吸中止症的問題也就解決了。

「提升身體能量」為主軸再加上「五臟運動＋六腑振動」物理治療的雙效模式，就是「諧振運動」可以快速改善身體，促進銀髮族恢復健康的重要原因。

【案例七　腦鳴患者】

年齡：47 歲／男性

我一位認識很久的朋友，上個星期突然來找我，告訴我我他患有嚴重的「腦鳴」症狀已經八九年，根據他的描述許多創業的老闆，創業過程面對許多壓力，又缺少運動，造成腦部循環很差，只要白天去跟客戶洽談業務，晚上腦「不得安寧」發出「戰車／噴射機」高分貝噪音，長期的睡眠困擾，加上生意上的壓力，他說有時候真的不想活了。

查閱了一下「腦鳴」患者產生原因，都是因為壓力太大，又缺少運動造成腦部循環缺血，望其嘴唇發紫，可以確認頭部血液循環真的很差，另外二頰微微隆起，應該是大腸經也不順，雙手慘白，一看知道「血氣」嚴重不足。

為了確認腦部循環阻塞位置，我首先使用「四合一振動肌力機」單手側拉方式，幾分鐘就找到後腦勺右側風池穴位以下約有 4 公分長度非常痠痛，繼續拉的過程頭頂側面也逐漸產生痠痛。

風池穴屬於「膽經」，前面我們也分析往頭上的血管需仰賴「膽經」的振動頻率，風池穴痠痛也代表膽經該部位不通，「四合一振動肌力機」在單手側拉的時候，協助疏通膽經。

之後使用「動態磁能」，目的在提升全身能量，尤其是三焦經，藉由第 9 諧波的三焦經能量幫助第 6 諧波的膽經，同時活化「膀胱經」的「俞穴」活化自律神經調控「五臟六腑」的能力。

「動態磁能」還促進細胞組織間液體／淋巴／靜脈循環，我相信還包括協助「腦脊髓液」膠細胞淋巴系統循環，清除腦廢棄物，改善腦鳴症狀。

接著才使用美國 NIMS 床，以 130CPM／24mm 條件，約五分鐘感覺胸悶，可以確認是「靜脈回流」不彰所產生「心腎不交」的問題，只好降低強度，胸悶問題改善，持續使用約 20 分鐘，停了下來口述全身麻麻的，尤其是手非常麻，確認血液已經可以打到手及腳，頭部血液應該也到達「腦幹」位置了。

　　接著使用「立體諧振」床身呈現 30 度曲線，從運動模式開始 3.0hz 心肺復甦，3.6hz 脾經，4.2hz 大腸（8.4hz），再進入振動模式 4.8hz 肺經，5.4hz 三焦經（10.8hz），胃經 6hz 及小腸（12hz）。

　　立體諧振在振動模式最大的特色就是在最高頻率的時候，大腦前額葉血流量增加很多，是美國 NIMS 床的 200%，前面先使用 NIMS 床先把血液打到「腦幹」，再使用「立體諧振」將血液繼續打到腦部末梢位置，如「大腦前額葉」，使用中患者口述「頭頂」漲漲的，也可以確認血液已經送達頭頂了。

　　隔天打電話給我說「腦鳴」問題改善了很多，睡覺睡得很好。

　　持續使用「諧振運動」設備幾次後，風池穴經絡不再痠痛了，嘴唇顏色也開始變為粉紅，手部比較有「血氣」了，嚴重的腦鳴不再困擾他了。

　　「四合一振動肌力機」單手側拉目的就是在「疏通經絡」經絡不通會影響「血循環」，使用產品也要按照程序～

　　先「拉筋／經絡」，再提升「能量」，活絡「末梢循環」，協助加速「靜脈回流」之後才能進行「心肺復甦／內臟按摩」，最後再將血液打到「大腦前額葉」，完善腦部的供血。

【案例八　三叉神經痛】

年齡： 60 歲／女性

　　該女士三叉神經痛二年多，看遍了中西醫，也專程到大陸尋訪名醫，吃中藥／針灸，但是一直無法改善臉頰右側三叉神經痛，痛起來是椎心的痛，像電擊，針刺般的疼痛感，曾經連續 20 天無法睡覺，每隔 3 分鐘痛一次，每次痛一分鐘，根本無法入睡，她說這種椎心的痛真的是無法以言語來形容。

　　中醫「把脈」因為身體虛弱，根本把不到「脈」。

　　該女士第一次來體驗館身穿長袖，不敢吹風，手腳冰冷，詢問之下知道她十幾年來幾乎不會流汗，夏天不敢出門，因為不會流汗無法調整體溫一出門就中暑，冬天手腳冰冷身體寒濕，全身看起來從頭到腳都有水腫現象。

　　這是典型「三焦經」能量太弱，而且到了幾乎沒有能量了，連皮膚汗腺及毛細孔都失去調整能力，三叉神經從腦幹出來，一條到眼皮，第二條到上牙齦，第

三條到下牙齦，很容易被誤診為牙齒痛，該女士也真的被拔掉了幾顆牙齒，才確診是三叉神經痛，傳統說法是附近的組織或血管莫名擴張壓迫到屬於感覺神經的三叉神經，患者連吃飯／刷牙，甚至吹風都痛，嚴重影響生活品質，末梢循環不良無法將體內酸水廢棄物排出身體就愈來愈差。

三叉神經屬於「脈外」系統，三焦經管轄的神經／皮膚及末梢循環及淋巴屬於高頻波，「脈象」也把不到。西醫用什麼貴重的儀器也更難偵測，找不到問題，就無從下手。

現在醫學研究太偏向「量測」的學問，對於真正有效的治療研究太少了，要嘛就搬出細胞療法，分子療法，量子療法，而沒有真正去探討人類到底是如何運作及修護，然後再根據人運作的系統給予正確的協助，才是正途。

諧振運動就針對「三焦經」能量，及協助心肺快速將體內毒素排出。

1、「動態磁能」提升「三焦經能量」，調整膀胱經「俞穴」自律神經調控「五臟六腑」能力，同時改善組織液／末梢循環不良的問題。

2、立體諧振「運動模式」協助「心肺功能」提升，加速血液／淋巴循環幫助排除酸水毒物。及幫助脾臟造血及免疫能力，腸胃蠕動／消化／營養吸收／排便。

3、立體諧振「振動模式」，強化「肺經」，及膽經，增加腦幹及大腦前額葉血流量，幫助神經系統的修護。

4、開始不敢使用「振動肌力機」單手側拉，一拉神經就痛。

該女士在體驗館使用了第一個月，三叉神經痛問題已經改善很多了，連帶睡眠充足，心情開始有笑容了，繼續使用到一個半月已經開始流汗了，十幾年來幾乎不會流汗的問題竟然在還不到二個月時間就改善了，手腳也暖活了。

以前不敢吹風／冷氣／洗手這些問題都改善了，身體水腫問題也改善了，全身瘦了一圈。

此案例確實驗證「三焦經」的重要性，傳統中藥／針灸已經很難提升三焦經能量，神經系統能量不足，加上末梢循環太差酸水排不出去，神經都泡在酸水之中，自律神經也沒有能量，影響了「感覺神經」無法正常操作所造成。

三焦經有了能量之後，根據李時珍「奇經八脈考」中說明奇經八脈是「氣之江湖」，奇經八脈就是屬於三焦經，三焦經能量多的話，若哪一個經不好，它可

以去幫忙，經過二個月的調理身體「脈象」就強了，這應該就是「動態磁能」持續給予三焦經能量，經由三焦經將多餘的能量往內傳入「五臟六腑」了。

再加上「立體諧振」五臟六腑個別經絡的加強之下，身體快速恢復了。

諧振運動調整身體的方式，根本無需吃藥，只是給予身體需要的能量，及協助「五臟運動＋六腑振動」改善循環／排除毒素，其餘的就交給身體「總管理師」自己療癒，修護身體。

該女士「好轉反應」問題不明顯，只有開始使用前面三天有發生心悸及睡不著問題，接下來二個月使用諧振設備都很平順。

【案例九　車禍頭部嚴重受傷後遺症】

年齡： 65 歲／女性

此女士於 9 年前因車禍頭部眼部及鼻樑受傷後，休養一個月恢復上班，可能因工作壓力造成，會發生暈眩症狀，每次發作感覺天旋地轉，身體脖子酸，肩膀僵硬，原本就有胃潰瘍，胃食道逆流症狀。

經過中醫調理了八個月稍有改善，但頭部／後腦還是感覺漲漲的，偶而仍然會發生暈眩，有二次開車因暈眩發生了小車禍，真的很危險。

晚上睡眠品質一直不好，有時候 2-3 還睡不著的時候要起床吃一顆安眠藥才能入睡，於是二年前決定退休專心休養，朋友介紹認識了「諧振運動」。

二年前開始使用使用「諧振運動」設備，包括「動態磁能」，「立體諧振」「振動肌力機」…才一個月時間，睡眠問題就改善了，暈眩問題也不再發生了，持續來體驗館使用快二年了，現在感覺精神／心情都非常理想，以前下午以後都不敢喝茶／咖啡，現在都可以喝了，不用怕睡不著。

以前每 2-3 年會做大腸鏡檢查，醫生都會夾出息肉，但今年 2 月再次做大腸鏡，醫生說竟然都沒有息肉了，這應該也是「諧振運動」所產生的效果。

諧振運動 遠離病痛

遠離病痛

要

點

整

理

篇

簡要整理出閱讀本書的重點

本書要點整理

上醫治未病

我們自己身體就是最佳的「上醫」，而「能量」是修護身體最重要的本錢，平時就要以諧振運動來提升「身體及能量場能量／改善身心環境／壓力」，修護的工作就放心的交給最了解自己狀況的「自我身體」來執行，這就是「上醫治未病」的真諦。

·「三焦」是「上醫」最需要的能量來源，提升「三焦」能量是「諧振運動」的最主要的訴求，本書光場與三焦新解以陰／陽觀點來說。

· 光場是維持身體運作，無形能量系統為陰，有形三焦肉體為陽。

三焦能量提升之後身體彷彿被一層無形能量場團團包覆著，以太體／情緒體有了能量才會將（氣）注入經絡，活化了「自律神經」及穩定「身心情緒」，內分泌才得以恢復正常，能量充足了上醫才能使喚它的「尚方寶劍」，也就是自律神經來照護身體的健康。

三焦有了能量會自動將能量分配到體內各經絡及器官，產生「相生」效果，身體各器官才不會因缺少能量，讓細胞疲勞工作而衍生「火氣」造成各經絡產生「相剋「問題。。

上醫以能量治療「脈外及能量場」情況，中醫以針灸／中藥處理「肉體脈內」的症狀。

諧振運動原理

根據「經絡共振理論」而來，12 經絡各有不同的振動頻率，且是以心臟為基礎由 1 到 12 倍頻的方式振動，以此研發諧振運動器材，協助／提升經絡共振能量。

諧振運動技術

以「伺服馬達精密振動控制」技術，同時加入「磁能」提升能量場能量，結合「心率感測技術」同步追隨心率達成經絡共振理想。

以科技感測技術，配合學校／長照中心臨床實驗研究，找到可以將血液打到「大腦前額葉」的技術。

諧振運動目的

· 提升光場及身體能量，尤其是「三焦」能量，讓身體「自動修護」。

· 促進「五臟運動／六腑振動」，達到排除酸水，清理環境目的及將血液打到「大腦前額葉」，改善失智腦部退化問題。

腦部缺氧所衍生的問題佔現代文明病將近 70%-80%，為了避免腦部受到病毒侵襲，微細血管特殊結構構成「血腦屏障」，間接造成腦細胞更容易產生「缺氧」問題，尤其是銀髮族心血管弱化的時候，腦部首當其衝發生問題，藉由諧振運動協助血液打到頭部，尤其是「大腦前額葉」對維持或修護身體健康是非常重要的手段。

· 諧振運動屬於被動式運動，最大的特色就是「身體完全處於放鬆進行修護狀態」，而其中的運動模式協助身體產生「橫膈膜運動或稱為腹式呼吸法」，大量增加肺活量及血流量，此時所增加的氧氣暨加速的血液完全送達「五臟／六腑／大腦及身體需要進行修護的部位」，而傳統主動式運動，血液被送達「肌肉」，內臟／大腦／需要修護的部位反而缺氧狀態，而且被動式運動「既不消耗能量，反而增加能量」。

有效提升能量

必須「精準」控制經絡共振的「頻率與強度」，頻率不對／強度太強會傷害身體，強度不足也無法發揮作用，只有伺服馬達可以達成「低頻高強度，高頻低強度」，及精確的頻率控制能力，滿足五臟運動六腑振動要求。如果要增加能量場能量，還要加入「動態磁能」技術。

健康三部曲～修護／成長／活力

被動式運動：提升能量／修護身體，最適合銀髮族輕鬆養生需要。

主動式運動：增長肌肉／永保青春，振動肌力機，省力省時。

動態磁能

提升包覆身體外圍的「以太體／情緒體」能量，改善「能量失衡或能量流阻

塞／洩漏」問題，強化三焦及膀胱經「俞穴」能量，活化自律神經／恢復免疫防衛／內分泌功能，改善身心疾病／末梢循環／淋巴循環／靜脈回流運作，是維護身體健康最重要的手段。

諧振運動之所以有效就是可以同時提升包覆身體外圍的「以太體／情緒體」能量，活化了自律神經，身處末梢循環的器官／組織／細胞獲得供血恢復正常操作，且內分泌因情緒穩定而恢復正常分泌，這就是「上醫治未病」的真諦。

立體諧振

五臟運動／六腑振動／預防心血管／消化系統疾病／降低呼吸中止症／增加「大腦前額葉」血流量預防失智。

振動肌力機

· 拉筋骨／疏通經絡／頸椎／脊椎／膏肓痠痛

· 強化肌耐力及靈敏度，省時／省力／預防肌少症／膝關節退化問題。

· 愛吃冰的人／睡眠障礙的人，幾乎都存在腦部「經絡阻塞不通」的問題，必須先用「振動肌力機」找出阻塞位置，同時清除阻塞問題，頭部血流才會順暢。

好轉反應

是身體自行修護的時候，必須經歷的過程，毋須恐慌，實行諧振運動養生的過程，身體許多檢測數據會有大幅波動現象，酸／麻／漲／痛會隨著身體好轉而逐漸降低。

自由基／身體穢氣必須經由雙腳排除

接地氣／赤腳踩草地／吸氫氣／降低身體發炎反應，預防免疫系統混亂所衍生的文明病，如糖尿病／三高疾病。

內臟脂肪

胰島素注射會將血糖轉化成號稱「萬病之源」的內臟脂肪，消除內臟脂肪／糖尿病必須以運動為正途，銀髮族可以以「Leg Press 振動肌力機」訓練腿部肌肉，省時／省力符合速效運動，減少脂肪，增加肌肉量，細胞年輕活化，

細胞生物體產生的能量與經絡系統是靠著二條膠原纖維連結

完整的能量之旅是從「脈輪—能量場—三焦奇經八脈—12 經絡—各器官—細胞」，細胞生物體產生的能量是靠著二條膠原纖維連結到經絡系統，經絡的能量也可以供應細胞來使用，這些能量是雙向的相互支援／使用。

經絡光纖系統應該是「可繞性的彈性體」，將細胞所提供的能量轉化成經絡共振的「動能」來儲存，而且根據 12 經絡頻率的不同，經絡結構可能是採取不同的「直徑」來自動改變振動頻率，愈到高頻經絡直徑可能就變小，五臟低頻其相對的經絡直徑就變粗。

經絡的振動也就是中醫把脈的「脈動」，經絡也只有在共振狀態，才能儲存這些能量，這是最佳的能量儲存方式。

經絡能量與該經絡相對應臟腑／細胞是可以相互支援，不同經絡之間的能量亦由相生／相剋關係相互支援。

身體能量取得的方式

打坐修行／飲食／諧振運動三條路。建議多增加「諧振運動」獲取能量的比率，身體有了能量就不餓了，自然就減少飲食的份量，身體負擔小，不會吃多，不產生脂肪，身體就瘦下來了，「能量是維持身心靈完全健康最重要的必備條件」。

「身／心／靈」三位一體： 靈魂－（心輪 - 心經 - 心臟）- 身體

「靈魂」駐紮於「心輪」，透過「心經」下達命令至「心臟」相連的「迷走神經」做為橋樑與「身體」大腦連結，靈魂並透過迷走神經知曉身體所有器官運作狀態，根據需求適時啟動「腺體」內分泌，並向大腦下達命令，大腦再根據靈魂命令，透過「中樞神經」控制「新人類」的軀體體驗人生，這就是「新人類」得以運作的原理。

「能量」除了恢復身體的健康之外，也是開創未來「美好人生」的動力

使用「諧振運動」設備提升身體「能量」之後，再試著以「清晰的意圖及正面情緒」進行打坐／靜心／冥想，及在睡前以愉快的心情冥想，在經驗確實

發生之前想像已經體驗到欲達成的狀況，愈逼真愈好，同時先去感受那樣的情緒，如高興／感恩／歡喜，將誘發「右腦神經重新連結」而創造出「全新未來」契機，產生改變未來「命運」的機會，實現所謂「心想事成」的創造力。

我相信我們來世上所遭遇的一切，除了基於累世因果業力而產生「命運」的計畫安排之外，偉大的靈魂所發的願力愈大，命運計畫就愈加嚴苛與艱辛，而刻意安排更苦難的「人生」磨練，這樣的人怎麼「算命」命都不好！但如果可以臣服於靈性帶給我們此生所要學習的功課，心態上不要抱怨上天為何給我們一條艱辛而難走的道路，要「認命」但生活上要以更「正面積極」的態度來「運命」，創造全新的未來，償還個人因果業力，實踐世界任務「願力」等艱難的挑戰，才不枉來世上走一遭，自願選擇崎嶇道路的靈魂，其勇氣更加令人佩服，此種因發了大願行善或此生累積不少功德之人，算命師是無法預測其未來命運的變化的。

    我要勉勵生活在艱苦困頓的人不要氣餒，這是你靈魂選擇的道路，苦難是上天化妝的祝福，經由磨練思想會更加成熟，心性更加豁達，處事會更加圓融，有益於社會的和諧與進化。

使用「諧振運動」，讓你相信身體是最棒的醫生

身體要健康除了採用「諧振運動」器材之外，維生素／礦物質／食物多酚蔬果營養補充也是不可或缺，能量是身體運作的動力，而營養則是身體運作的材料，能量及營養必須兼顧，許多人為了減肥採行節食，更需要注意補充維生素／礦物質／多酚蔬果，否則減肥不成反而弄壞身體。

根據「諧振運動」能量運作的觀點，只要給予 12 經絡各個能量，身體會自動進行修護工作，不需要特別儀器冗長的時間及大量的金錢來檢查身體，往往身體已經發生了問題到醫院檢查卻檢查不出來，再換醫院檢查，等查出來了，病情也惡化了，遺誤了寶貴治療時間。

很多時候病人不知道病情身體都還正常，但當醫生宣布病情且告知存活期的時候，病人「情緒」遭受重大打擊，根據「心情」影響「身體」的道理，尤其是「負面情緒」會消耗大量「能量」，導致自律神經更加失調，加速病情

的惡化，這樣的例子太多了，許多病人是被醫生「死刑宣判」或因「誤診」而被嚇死的。

使用「諧振運動」，只要存著相信「身體是最棒的醫生」，只要提升身體的能量，身體自己知道如何進行修護，現代科技技術對身體而言仍然太原始了。現在的儀器無法看清身體全盤問題，與其花時間檢查，不如提早使用諧振運動，把它當成日常生活使用設備，養成這個好習慣全家都照顧得到。

也不需要以體外醫療／藥物行為進行身體干預，對於身體因好轉反應而來的生理指數變動，需放心交給身體自己處理，不要進行強制的阻擋。

平時身體就要保養，所謂「預防勝於治療」，身體正常情況的時候就要多做戶外運動踏青，或使用「諧振運動」設備，提升身體能量，其目的就是不要等到發生了問題，會心生恐懼，一到醫院檢查，又被檢驗數據嚇死，再經醫生宣判，不死也半條命了。

如果平時就使用「諧振運動」讓身體在你不知不覺的時候，已經悄悄的把身體所有潛藏風險都降低了，這才是「諧振運動」最佳的寫照。

「諧振運動，無形之中改善身體健康，降低生命的無常」

我們之所以感嘆生命無常，常歸咎身體生病跟「遺傳基因」的關聯，真正的原因其實是因為我們對身體的「無知」，才造成生命的「無常」反撲，平常如能注重身體發出的信息，及時調理／修護，縱然有「遺傳基因」的缺陷，只要好好強化／降低身體這些弱點所產生的問題，定可以維持身體健康。

本書前面有提到「公園走路運動無助於腦部缺氧所衍生的高血壓／頭痛／失眠／腦中風問題」，體驗館就有一個因對身體健康知識不足，差點造成腦中風的例子：

有一位會員的先生幾乎每天到公園走路，有時候一走就是 1-2 小時，每天都走到汗流浹背，走路運動確實可以協助改善腳部「靜脈回流」作用，降低腳水腫／靜脈曲張問題，但心臟所增加的血液卻也被「集中調往腿部的肌肉」，加上地球引力影響，當下非但無法增加腦部血液，甚至腦部有可能更加缺氧，反而增加「腦血管栓塞」的風險。

她一直希望先生來使用諧振運動設備，但她先生認為走路就足夠了，結果一

年後她先生差一點就發生中風，幸好及時搶救，後來願意跟太太一起來體驗館，結果不到二個月，先生高血壓問題不藥而癒，臉色恢復紅潤，氣色都變好了，血壓之所以可以降下來就是因為腦部缺氧問題在「諧振運動」設備幫助下改善了，腦中風的潛在風險就降低了。

最近體驗館來了一對母女，母親述說她先生退休後是多麼注重養生，家裡有蒸汽室／遠紅外線床，吃得清淡不油膩，還特地補充營養品，而且每天去爬山／泡溫泉，結果竟然因「淋巴癌」過世！！很多人確實很注重養生，這個案例可以從每天消耗太多的體力／流汗去爬山有關聯，因為這種行為消耗太多的「能量」，年紀大的人「養生首重養能量」，能量消耗太多而來不及補充，只要從晚上打呼聲就知道能量／體力透支了，造成自律神經失調，免疫系統不正常，淋巴癌就是病毒入侵淋巴系統，免疫系統無法應付所致。

諧振運動理論可能較為複雜，但結論卻很簡單，就是協助運動量太少，或是已經無法運動的人，以「被動式運動」設備，全面提升內臟／大腦／免疫系統的循環恢復有效運作，提供一條非常簡單／高效／輕鬆的實施方案，居家休息／睡覺的時候隨時都可以使用，「既達成身體養生需求，又不消耗身體能量，反而增加身體的「能量」，這可能是人類幾千年來頭一次因科技文明所帶來的「健康饗宴」吧！

套一句體驗館會員所說的「怎麼有那麼好的事情發生！世界上再也找不到這麼簡單就可以獲得健康的方法了」，會員恢復了健康，再度綻放了往昔笑容，家庭也更加和諧了。

2019年開始發生全球性「新冠肺炎 COVID 19」，至今已經造成2.5億人感染，五百萬人的死亡，疫苗的研發速度感不上病毒的快速變異，預防之道唯有提升自己的「免疫系統」才是最佳防衛方式，而諧振運動全面提升「身體能量，恢復免疫防護功能」，相信在後疫情時代可以幫助人們維繫健康，渡過此劫難。

在「新冠肺炎 COVID 19」病患發病期間，包括睡眠中全天候持續使用「諧運動床」可以避免「肺栓塞」及「隱形缺氧」問題，或使用「立體諧振床」AI 手環自動感知血氧濃度降低，自動啟動「五臟運動功能」，以防止「隱形缺氧」不自知的問題。

「諧振運動 遠離病痛」付梓前的幾句話

我這一生之所以會走入「諧振運動」，我相信是「上天冥冥之中的安排」。之所以有這種想法是因在創業這條路，我碰到好幾次想打退堂鼓的時候，就會產生一些事情讓我再打起精神繼續往前衝，記得有一次在我「非潛意識」狀態下，「指導靈」被迫出手救了我的命，他再不出手我就沒命了！

記得還在馬達廠服務的時候，有一次出差去美國，接待我們的一位美國人，因為曾經經歷飛機空難而不敢搭飛機，他住在美西，而我們拜訪的客戶是在美東，不得已他開一輛 6000cc 的跑車開了 4000 公里來接我們拜訪客戶，最後我們陪他回美西，回程看他那麼累，我只好跟他輪替開，記得一次我從高速公路內線打方向燈要走外線，因後視鏡的死角，開到一半才發現外側有車，情急之下大力將方向盤往內線打，6000cc 跑車非常靈敏，眼看車子就要撞到中間分隔島，我又快速把方向盤往外側打，結果眼看又要撞到路旁護欄，幾次方向盤左右控制的結果我已經無法把車子穩定下來，車子愈晃愈大，幾乎快要失控翻車了，我開車將近 20 年生平第一碰到無法駕馭車子，我相信不出幾秒鐘鐵定翻車，此時瞬間腦中聽到一句中文話「把手放開」，當下我真的毫不猶疑很勇敢地立即放開方向盤，汽車前輪設計有一個傾角就是可以讓車子往直線前進，很幸運的車子恢復正常了，逃過一個在我小時候算命流連命冊提到的「車劫」，此劫如果逃不過，這輩子的任務就無法完成了。

另外一次是我曾經接到「指導靈」親口告訴我的資訊，讓我確信 「世上還有我們看不到的維度空間及人物正協助我們完成我們來世上的任務」，有一次午覺睡醒瞬間，有一句非常清晰的話進入我耳邊說「這個床可以用在孕婦臨盆的時候使用」。

我既不是醫生，更不是婦產科醫生，我不可能會有此想法的，真的是上蒼特地派人告訴我的。

仔細想一想這還真的非常有道理，當孕婦臨盆，胎位正常，子宮口打開的時候，只需要讓孕婦躺在 NIMS 水平律動床上，以約 120 次／分鐘的頻率，動個幾次，利用胎兒是個具有重量的球體，具有慣性的特質，當床身將孕婦往頭方向加速度運動時，胎兒慣性要維持在原地的作用，相對於孕婦產生往下分開的力量，

這個力量剛好就足以把胎兒推出來，而不需要外力的壓迫。

希望有婦產科醫生來研究這種「幫助孕婦生產的水平律動床」，相信可以讓婦女生產更輕鬆更快速，無痛分娩。

還記得 2012 年 6 月的時候，因為美國 NIMS 訂單無法如簽約時的條件三年6000 台「水平律動床」訂單，只生產了第一批 430 台，而為了要接美國 NIMS 訂單公司聘請不少研發人員，雖然也有找到投資者也看好 NIMS「水平律動床」題材而繼續投資公司入注資金，及一家日本公司也給公司繼續研發非醫療級的「運動沙發」的研發經費，但可能因產品尚未成熟，市場接受度沒有打開，在收支不平衡的情況下資金告急，在友人牽線找到竹科一位上市公司老闆也想投入「無刷馬達」的市場，於是我與投資的股東在很無奈的情況下準備結束營業，公司所有的人都去新成立的公司於中科所承租的廠房上班，我仍然繼續帶領研發團隊調整產品方向，進行無刷馬達開發，薪資待遇很好。

我心想總算可以不用再承擔公司經營的壓力了，但相對的我也放棄了我堅持開發「諧振運動」的理想，同時也辜負了當時投資我的股東們，我內心仍有些許的「不甘心」，向上天發出「既然要我來開創可以帶給人類健康器材的使命，為何讓我同時面對既要負責產品開發，又要承受經營推廣的壓力？最終的結果是要放棄了我的理想呢！」。

新公司廠房是我規劃及裝潢的，預定於 2012 年 11 月全部人員進駐新公司，沒有想到就在 10 月發生一件事情，我向美國申請已經五年一直沒有獲得通過的「振動肌力機」發明專利，經過幾次核駁及修改竟然於 10 月通過了！！此帶給我精神上莫大的振奮，我知道這個產品的價值，我毅然決然跟我的兄弟三個人獨自留下來，放棄高薪優渥的待遇，繼續為我的理想奮鬥下去。

上天又再次展現一個「奇蹟」，再次把我「拉了回來」，且同時為我解決了所有人事費用，帶走已經完成階段性任務的研發人力，公司在最少的開銷下，獨自與兄弟苦撐，繼續投入研發，期間總會遇到「貴人」，在我急需資金的時候讓我公司資金勉強「低空掠過」，此刻回想起來應該算是上天對我的考驗，也應該說「技術還尚未完善，產品還沒全部完成，『諧振運動』理論也還須建構，總的說時間未到，仍需繼續努力」，我必須繼續為理想而忍受「創新路上孤獨的煎熬」，但上天好像並沒有忘記我，仍然默默的從旁協助與支持吧！

我二個孩子所學的竟然都是「物理治療」！！！這又是另一個上天「奇蹟般的安排」，諧振運動就是廣義的物理治療，就是需要物理治療專業的人接續推廣的工作，而我只負責諧振運動產品技術的開發及理論建構的使命而已。

本書於 2020 年 6 月就完成「初稿」，本來已經打算進行出版，但期間因中國醫藥大學附設醫院前總執行長許重義教授的建議，我延後出版的腳步，結果在 2021 年 1 月讓我看到喬 - 迪斯本札（Joe Dispenza）「開啟你的驚人天賦」這本書內容，把我對「身心靈」尚有疑問，仍不清楚的部分架構全部「補齊」，「融會貫通」之後再次修改了後面幾個章節，走完最後一哩路，知道了靈魂駐紮於「心輪」，並根據「情緒／心情」掌控脈輪及內分泌／副交感系統，及如何連結大腦來操控身體的機制。

最後再對照芭芭拉‧安‧布蘭能（Barbara Ann Brenman）「光之手─人體能量場療癒全書」對於包覆身體周圍的能量氣場之以太體暨情緒體功能說明，印證華佗所言就是三焦經「無形的器官」的說法，解釋了 12 經絡唯獨三焦經沒有相對器官對應的疑慮，包覆身體能量場就是經絡／五臟／六腑運作的能量來源，對於古代名醫華佗如此看重三焦的原因有了一個合理的解釋，完善了本書立論基礎，相信這仍然是另一個上天「奇蹟般的安排」，書尚未完善是不允許出版的，也希望能夠盡可能在正確無誤的情況下讓讀者了解「經絡共振與諧振運動理論／能量場作用機制／身心靈架構」，如果尚有疏漏或者錯誤，敬請讀者見諒，也歡迎指正與探討。

為了讓廣大讀者讀懂此書，再次接受許重義教授的建議，增加了 30 幾張圖，以圖解方式讓讀者可以充分了解／吸收本書觀念，很感謝許重義教授殷殷教誨／提醒，讓本書得以充實／完善／淺顯易懂。

我曾經發了一個願，願「在我後續的有生之年，至少要有『十億人』使用我所開發的『諧振運動』產品」，我相信「有願就有力」，我也相信「諧振運動 遠離病痛」這不單單是我個人的使命，這是個志業，是上天在我尚未投胎此生，已經有一大群「靈性存有」早就安排好的計畫，我負責技術養成與產品開發，而有些人要出錢，有些人要出力，大家各盡其職，共同完善「救人」的工作。

古今中外名人智慧論述

　　「諧振運動」理論的誕生不是我一個人努力而來，真的要說只是我有系統的研讀「古今中外」名家及創新公司成果，經由我加以分析整合／研究其中蜘絲馬跡片段，運用現代科技實驗驗證及大膽遐想假設，才得以更正確的描述「人體奧秘」，並以較為完整／系統性的「諧振運動」理論呈現給大眾。

前人論述如下～

黃帝內經：　（戰國時期／公元前 450 年前）

· 「上工治未病，中工治已病，下工治末病」。
· 人受氣於穀，穀入於胃，以傳與肺，五臟六腑皆受其氣，其清者為營，濁者為衛，「營在脈中，衛在脈外」

華佗（中藏經）　（東漢末年／公元 145 年）

· 三焦者，統領五臟，六腑，榮衛，經絡，內外左右上下之氣也
· 有其名而無形者也，亦號曰孤獨之腑

孫思邈「千金方」（西魏－唐朝／公元 581 年）

· 上醫治未病，中醫治欲病，下醫治已病。

李時珍「奇經八脈考」（明朝／公元 1587 年生）

· 奇經八脈是「氣之江湖」，奇經八脈就是屬於三焦經，三焦經能量多的話，若哪一個經不好，它可以去幫忙，協助身體恢復健康。

美國 NIMS 公司：

· 發現「水平律動床」完善了「動脈循環」，改善了動脈所到達的心腦血管疾病，如「冠狀動脈阻塞」／腦幹「帕金森氏症」臨床報告，但對於周邊如大腦前額葉的「失智症」的臨床有所欠缺，且強調「低血壓」患者不能使用，因為 NIMS「水平律動床」沒有解決「靜脈回流」問題。
　且因缺乏提升高頻「三焦經」能量功能，控制小動脈開口的自律神經無法正常運作，血液當然無法有效地送到周邊微血管／細胞。

台灣王唯工博士：

· 「經脈共振」理論找出了我們身體經絡運作的方式。主要論點已經涵蓋「心臟動脈循環到自律神經控制小動脈開口的周邊微血管送血機制」這部分，但缺乏

身體「能量或運動量不足」造成「組織間液及靜脈回流不彰」的論述及如何解決方案，對於「三焦經」以上的經絡高頻能量的探討也顯不足，三焦經缺乏能量，自律神經失調，小動脈開口無法正常操作，身體仍然無法恢復健康。

我所創新的「諧振運動」理論所開發出來的設備，涵蓋了完整循環系統：

- 心臟—動脈—小動脈—微血管—組織間液體流動—靜脈／淋巴回流

- 以伺服馬達振動技術及磁能巧妙結合，實現及強化古人所揭櫫的「三焦」重要性，提升包覆身體能量場的能量，活化／平衡了「自律神經」及穩定「身心情緒」，內分泌／小動脈開口得以正常運作，全身微血管／細胞獲得養分。恢復了「上醫」對身體健康調控的機制。

- 光場是維持身體運作的無形能量系統為陰，包覆全身的三焦肉體為陽。

- 光場是三焦對應的無形器官。

芭芭拉 · 安 · 布蘭能 (Barbara Ann Brenman)

- 「光之手—人體能量場療癒全書」詳細說明包覆身體的能量場層次／功能及脈輪作機制。能量場不再是神祕／空洞／不著邊際的名詞，以太體剛好連結了中醫三焦，並交代了中醫經絡共振所需能量的來源，也解釋了華佗三焦無形器官千年的謎題。

喬 - 迪斯本札 (Joe Dispenza)

「開啟你的驚人天賦」，解開了「身心靈」架構，協助我將人類生命旅程有了更廣泛的描述：

- 靈體 - 光場 -- 脈輪 --- 能量 - 奇經八脈 -12 經絡 - 身體器官 - 細胞

上醫勿需外求，就是你自己

我所研發的「諧振運動」設備將「中醫」功能提高至黃帝內經及孫思邈所言「上醫」的位階，而上醫不是別人，就是你自己！！

諧振運動已經觸摸到人類身體運作奧秘，諧振運動設備全方位協助人類身體維持健康品質，夾著「簡單又速效」的特質，我相信未來將逐漸顯現東方「宏觀能量」預防醫學的優越性，將弭補西方「微觀物質」醫學的偏頗，造福人類不再遭受病痛之苦。

古往今來有倡導「知難行易」，也有人說「知易行難」，以我這一生所從事的「諧振運動」理論來說，應該以「知不易，行亦難」來形容，人類幾千年來至今對身體架構仍然一知半解，現今所謂的科學仍無法看清人類身體的奧秘，我個人微薄之力，只是從各種面向學說，從各自描述的現象／表徵中，大膽連結揣測，才逐步解析人類大架構，就算本書立論基礎正確，就算明白光場以太體的能量不足因而影響自律神經的失調，對於如何提升光場能量，促進能量的流動／防止能量洩漏，又是一門很深的學問，到底要採用何種技術／方法／設備，才能有效提升光場能量，談何容易啊！

動態磁能床只是一個起步開端，我相信後續還會有更好的設備／儀器的搭配來滿足人類大架構中更多的需求，本書拋磚引玉，希望後面有更多的人投入研究，以造福人類。

人在浩瀚宇宙時空之中，非常的渺小，我們對宇宙的認知太少了，連自己身體運作的道理至今都還在摸索，現今所謂的科技文明真的算起來只有幾百年的時間，人類偏重物質文明，造成現今地球的浩劫，人類濫用地球石化資源，人造化學藥物對身體及環境生態的危害，已經造成地球的反撲了。

年紀愈大，對宇宙愈心存敬畏之心，我們靈魂自願投胎來地球，受困於三維世界，為了體驗「二元性」而被賦予「自由意志」，造成人類歷史是個數不清的「戰爭史」，人類真要從中解脫，必須擺脫物質對人性的夾持，擺脫「負面恐懼情緒」的圍困，運用「能量」為動力，以「正面積極快樂」的心來追求靈性的成長。

我五十歲那一年突然感悟到孔老夫子所言～「五十知天命」這句話：

· 為何我此生所學的學問及技術「既廣又深」呢？目的做什麼呢？

· 為何我出生選在既是「雙子」 星座月份，身體又具有「AB」血型的家庭中，具備此雙重非常極端衝突的個性目的是做什麼呢？

· 為何我身體有「手汗症」的困擾？為何我還要面對親人「身心科」病痛？照顧身心病人那種「椎心的痛苦」，但感覺又是「無怨無悔」呢？

因為唯有如此的特徵，才得以敏銳細膩的思維，及敢跳脫既有框架束縛的另類創意，再藉著既廣又深「沒有死角」的科學紮實技術養成，加上前輩們努

力成果的累積，經過我的整合，創造了今日「諧振運動」理論及設備造福人類。

當初就因為我敏銳的觀察，把原本無刷馬達因控制不良產生「頓轉矩」現象，讓跑步機上的使用者感覺「腳麻麻」的缺點，看出一個契機，還特意加入振動功能，放大振動強度，才造就了今天「諧振運動理論」的創建，上天刻意的規劃，安排我投胎的「時間」及家庭特有的「基因」創造我今生的特質，真的用心良苦，至此我總算知道這就是我此生的 天命 。

- 因為有「身心科」親人參與實驗，我才知道高頻振動可以幫助睡眠！
- 因為有手汗症的困擾，我才驗證單純振動仍然無法解決自律神經失調的問題，必須持續精進研究，直到找到了「動態磁能」方案，提升光場能量才解決手汗症問題，且經由此問題的解決，又讓我發現人類生命的大架構：

「光場能量／三焦／身體末梢循環／動脈循環／細胞粒線體」之間的關聯。

「諧振運動」應該就是上天靈性存有刻意安排，是我此生的「生命課題」。

記得已經在工研院上班的時候，因為「手汗症」的困擾，決定進行手術，且已經住進彰化基督教醫院，準備進行「胸腔交感神經燒灼術」，隔天早上竟然跑來一位巡防外科醫生，告訴我他也是「手汗症」患者，因為需要進行開刀手術，手不能流手汗，不得已只好進行「胸腔交感神經燒灼術」，但因此每天需要更換四套衣服，因他的出現讓我打消動手術的念頭，此刻想起來應該也是我的「指導靈」刻意示現提醒，讓我打消手術念頭，因為手汗症是為了成就「動態磁能」的研發所精心安排的「生命課題」，怎麼可以隨便去除呢！雖然這都是「自由意志」的選擇，可能我此生的生命課題就無法完成了，指導靈只好再次出手提醒了我打消原本的選擇，基本上也沒有違背「自由意志」的精神，真的很神奇又巧合！重要的關頭總是有奇蹟發生。

此刻回想起來不覺莞爾會心一笑，內心感激指導靈默默隨侍身旁，從小一路陪伴著我們成長，既不能發出聲音又深怕我們跌倒，無微不至持續一輩子的照顧著我們，前面提起二十幾年前我出差去美國，就差幾秒鐘即將發生車禍的時候，要不是我的指導靈「不再避諱」適時發出聲音救了我，我想今生就無法完成「諧振運動」這個「生命課題」了，回去繳白卷了。

指導靈也好或是「天使」也好，都是宇宙高維存有為了靈性 「二元性」 體驗

目的所設計的架構，設計一物質的「化身」，讓靈魂得以進駐以體驗物質生活，另外又設計無形「天使王國」架構協助化身完成二元性物質生活的體驗。

這輩子之所以選擇面對親人「身心科」病痛，一來是為了償還前世「因果」的需要，所以才有「無怨無悔」的感覺，二來亦藉此的完美安排體驗，得以完成我此生的「生命課題「，如此獨特的設計讓一個人藉著完成個人任務來做好準備，用以完成世界任務，個人任務透過釋放能量使靈魂得以解脫業力束縛，且運用這些能量繼而為世界任務所用。

比對我此生的經歷，完全應驗在芭芭拉‧安‧布蘭能（Barbara AnnBrenman）「光之手」這本書中的見解，佩服西方能量醫學精深的研究，且經由「動態磁能」自動化設備的協助，不需要徒手來調理，算是我回饋給能量療癒最佳禮物了。

衷心讚嘆生命美妙的計畫，以「輪迴」架構，既能償還個人「命定因果業力」的需求，又能滿足「世界任務的願力實現」，「自由意志」的賦予讓人生充滿了多重變化的可能性，讓生活變得「多采多姿」，地球真是「靈性」體驗「二元性」最佳的美麗星球。

我內心裡面了解諧振運動不單單只是「救人身體」而已，那只是過程，藉諧振運動這本書同時啟發「能量光場及身心靈」架構，讓人類真正知曉宇宙真理，從而喚醒「靈魂歸向揚升的道路」才是真正目的，且病懨懨的身體既沒有能量，更加失去信心，如何去教化／教導而讓人類走向覺醒揚升的道路呢？沒有「能量」講太多大道理也沒有用！！

願「諧振運動」帶來能量，恢復身體健康，願此書可以讓世人進一步正確認知身體運作的奧秘，感恩神創造人的目的與恩典，當人類能夠再度從「二元性」的地球生活體驗中，知曉「合一無私的愛」才是最美麗的新境界，不再執著／批判／妄念，遠離顛倒夢幻生活，擺脫「負面恐懼對人類的束縛枷鎖」重新以「積極正向愉快心情開創美麗人生」，並藉著能量幫助身體打開「身心靈」追求靈性覺醒的道路，伴隨著地球的揚昇期待再次與「神人」相會。

願以此「諧振運動」作為物質科技文明用來幫助人類揚升的獻禮！

文章結尾再套用「張永賢」教授為我提序文一段內容：

1921 年特斯拉曾說：

「如果你想發現宇宙的奧妙，那就請從能量、頻率和振動的角度去思考它」。

2021 年的此刻， 就在特斯拉整整 100 年後，我也下了以下這段文字

「如果你想發現身體的奧秘，那就請從能量、頻率和振動的角度去思考它」。

宇宙真空生妙有，萬物皆由能量而起，思維是高頻的振動，經絡是低頻的振動，萬事萬物一切都在振動！！！

在此仍然用本書封面這句話與讀者勉勵

諧振運動連結上醫／中醫／下醫，助人快速遠離病痛！！！

願「諧振運動」提升身體能量，幫助人類追求身心靈的成長！！

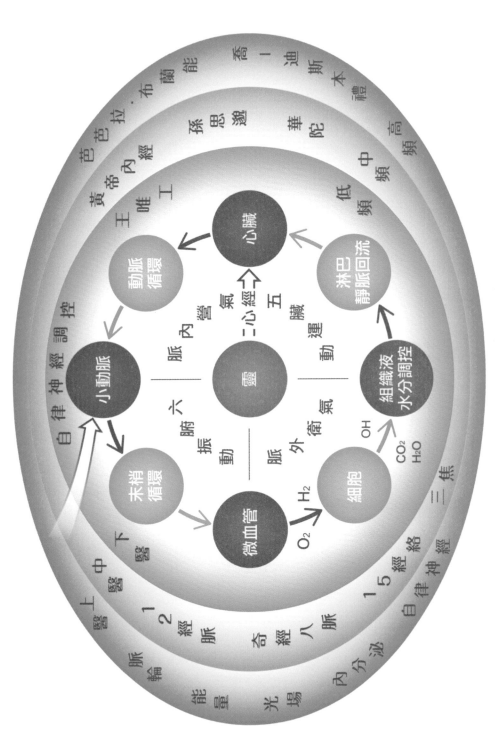

圖三十四.人的身體/光體循環

國家圖書館出版品預行編目（CIP）資料

諧振運動 遠離病痛 / 葉宏駿著 . -- 初版 . -- 臺中
市 ： 優至俙健康科技有限公司， 民 111.10
　　面 ；　　公分
ISBN 978-626-96580-0-8(精裝)

1. CST: 動力學 2. CST: 醫療器材業 3. CST: 醫療
用品

487.1　　　　　　　　　　　　　　111014520

諧振運動 遠離病痛

作　　者：葉宏駿

執行編輯：郭家圖

美術主編：林永昌

承　　印：金墨印刷廠有限公司

出版單位：優至俙健康科技有限公司

公司地址：台中市北屯區昌平路二段 10 巷 72 弄 93 之 1 號

通訊地址：台中市北屯區太順東街 106 號

傳　　訊：TEL:04-2437-6893　FAX:04-2437-7672

網　　址：www.i-harmonics.com

郵　　件：tonyeh1958@gmail.com

郵政劃撥帳號：22312911 葉宏駿

定　　價：新台幣 780 元

I S B N：978-626-96580-0-8

出版日期：中華民國 111 年 10 月 26 日出版

版　　次：初版

諧振運動　遠離病痛